高强化柴油机热端部件可靠性评定

黄渭清　刘金祥 ◎ 著

RELIABILITY EVALUATION OF HOT COMPONENT IN HIGHLY-INTENSIFIED DIESEL ENGINE

北京理工大学出版社
BEIJING INSTITUTE OF TECHNOLOGY PRESS

内容简介

本书是一本以高强化柴油机气缸盖的可靠性评定作为研究内容的专著，全面系统地介绍了高强化柴油机气缸盖的可靠性研究流程及评价方法。本书共分8章，其主要内容包括：高强化柴油机气缸盖可靠性评定基础；高强化柴油机气缸盖铸造工艺控制；铸造及热处理铝合金气缸盖组织特性及基础表征方法；高强化柴油机气缸盖力学性能表征方法；高强化柴油机燃烧室广义热疲劳及表征方法；高强化柴油机气缸盖热－机负荷特征；高强化柴油机气缸盖热－机耦合模型；高强化柴油机气缸盖评价方法。

本书着重论述了高强化柴油机气缸盖铸造工艺控制过程的复杂性及气缸盖损伤累积模型的建立，力求减少研究过程的冗繁性和复杂性，努力突出其学术性、创新性及实用性。通过本书的研究内容分析，可为高强化柴油机气缸盖建立较完整的评价流程，为气缸盖可靠性评价方法体系的建立提供有效参考。

本书主要面向科研院校师生、发动机研究所工程师以及各类发动机相关科研单位研究工作者，可作为相关专业工程技术人员参考用书。

图书在版编目（CIP）数据

高强化柴油机热端部件可靠性评定／黄渭清，刘金祥著．--北京：北京理工大学出版社，2022.4
ISBN 978－7－5763－1244－7

Ⅰ．①高… Ⅱ．①黄… ②刘… Ⅲ．①柴油机—汽缸盖—可靠性估计 Ⅳ．①TK423.2

中国版本图书馆CIP数据核字（2022）第063244号

出版发行／北京理工大学出版社有限责任公司
社　　址／北京市海淀区中关村南大街5号
邮　　编／100081
电　　话／（010）68914775（总编室）
（010）82562903（教材售后服务热线）
（010）68944723（其他图书服务热线）
网　　址／http://www.bitpress.com.cn
经　　销／全国各地新华书店
印　　刷／保定市中画美凯印刷有限公司
开　　本／710毫米×1000毫米　1/16
印　　张／16.25
彩　　插／3
字　　数／283千字
版　　次／2022年4月第1版　2022年4月第1次印刷
定　　价／88.00元

责任编辑／陈莉华
文案编辑／陈莉华
责任校对／刘亚男
责任印制／李志强

前　言

PREFACE

“装备发展、动力先行”，动力系统性能提升是促进运载装备机动性的有力保障。以缸盖燃烧室为主的热端部件结构强度失效，一直是以往柴油机设计中的痛点、难点。纵观国内装甲装备动力型号研制历程，均出现频繁的疲劳、断裂、热裂等问题。我国装甲装备动力的性能提升，历经引进生产到仿制到自主研制整个过程。随着国家各专项计划的不断投入，国内研究人员对缸盖等热端部件的结构分析和多学科优化设计技术已基本掌握，攻克了以往对关键部位破坏规律完全不清楚、设计评价准则不具备等关键技术。

本书主要围绕现有高功率密度柴油机系统的热端部件在研发过程中的方法及可靠性评定需求，开展了相关基础性工作。全书共分8章，“高强化柴油机气缸盖可靠性评定基础”章节，主要对结构可靠性进行了概述，对气缸盖可靠性评价流程做出简要介绍。“高强化柴油机气缸盖铸造工艺控制”章节，从气缸盖成型工艺的角度，分析了气缸盖性能分散的诱因，包含铸造工艺介绍、工艺过程仿真及工艺过程残余应力的体现。“铸造及热处理铝合金气缸盖组织特性及基础表征方法”章节，从材料表征方法的角度，对气缸盖组织特性及基础力学性能表征方法进行了介绍总结，并尝试建立“微观组织－宏观性能关联性”体系。“高强化柴油机气缸盖力学性能表征方法”章节，从气缸盖取样分散性表征的角度，从材料级、非标试样级及类结构级等维度，对气缸盖力学性能进行了表征。“高强化柴油机燃烧室广义热疲劳及表征方法”章节，从热裂纹群萌生失效机制以及广义热疲劳损伤累积模型及抑制方法的角度，为燃烧室构件的广义热疲劳损伤进行表征。“高强化柴油机气缸盖热－机负荷特征”章节，针对气缸盖热负荷及热－机负荷等外载特征进行了总体介绍及计算。“高强化柴油机气缸盖热－机耦合模型”章节，描述了高强化柴油机气缸盖热－机耦合特征及热端部件紧密相关的蠕变、高温疲劳模型表征及热机耦合损伤累计模型。“高强化柴油机气缸盖评价方法”章节，基于高周循环载荷、低周循环载荷及耦合因素，建立了气缸盖可靠性评价流程方法。

本书由黄渭清讲师与刘金祥副教授共同完成，其中刘金祥副教授撰写了第 2 章、第 5 章、第 6 章及第 7 章的内容，其他章节及总体合稿校对由黄渭清讲师完成。作者愿借此机会，对与作者团队长期合作的中国北方发动机研究所、国营 5640 工厂等单位表示感谢。左正兴教授、冯慧华教授为本书的定稿提出了详细意见建议；此外，作者所指导的研究生任培荣、李冬伟、李媛、水有富、闫康杰、赵承章、李宁及杨浪洪等参与了资料整理等工作，在此一并表示感谢。限于作者水平及经验，不妥之处在所难免，特别是对一些名词术语解释，虽仔细比较及推敲，仍不乏偏颇之处，敬请读者予以批评指正。

作　者

目　录
CONTENTS

第1章 高强化柴油机气缸盖可靠性评定基础

1.1 引言

当前柴油机工作载荷越来越大，工作环境也越来越残酷，气缸盖结构因疲劳破坏而造成的损失也越来越大，由于经济性要求，结构件必须要最大限度地发挥其结构潜力。为了满足在经济性要求的前提下充分发挥结构的使用潜力，对其进行可靠性评估是必要的。结构可靠性评估是可靠性工程的一个重要分支，对于掌握和保障结构的使用安全是十分必要的。据统计，柴油机气缸盖因交变载荷引起的疲劳断裂占机械结构失效总数的90%以上。为了保证柴油机正常的安全工作，精确地进行可靠性设计至关重要。目前，气缸盖结构强度设计朝向以可靠性设计的概率方法演进。高强化柴油机气缸盖结构疲劳可靠性研究，综合运用概率论、数理统计学、疲劳学、断裂力学、材料科学等理论，旨在从经济性和维修性要求出发，在规定工作条件下，在完成规定的功能下，在规定使用寿命期间，使结构因疲劳强度不足而失效的可能性（破坏概率）减至最低程度。

由于在结构上的外载荷随机波动和结构材质、工艺的内在不均匀性，使得同一类型结构在同一工况下体现不同的效能，导致结构疲劳寿命可相差数倍之多，可靠性评估结果会存在很大的分散性。作为疲劳寿命标志的裂纹萌生、裂纹扩展、后期断裂，受必然性和偶然性协同作用控制。必然性反映总体基本规律，偶然性反映个体随机差异，二者的耦合行为对物理系统产生的效应以概率演化出现。疲劳现象变化的基本规律可以由确定性方法表达其因果关系，紊乱无序的随机差异则无法用定值方法描述，但它的群体却遵循某些统计规律，可以使系统由无序变为有序，从而构成疲劳可靠性的理论框架。本章将对可靠性定义、分类及结构可靠性进行综述，并针对气缸盖结构可靠性评价提出具体流程思路。

1.2 可靠性

1.2.1 可靠性定义及分类

（一）可靠性的定义

可靠性是指产品在规定的条件下，在规定的时间内完成规定的功能的能力。简单地说，狭义的可靠性是指产品在使用期间没有发生故障的性质。可靠性分析是指研究导致薄弱环节的内因和外因，找出规律，给出改进措施和改进后对系统可靠性的影响。

（二）可靠性的分类

1. 以失效方式对可靠性进行分类

（1）设计可靠性。设计可靠性也可成为固有可靠性，指产品在设计阶段依据结构可靠性理论及结构失效标准和失效模型等确定结构的设计可靠性指标过程中赋予的固有属性，产品的开发者可以控制。

（2）制造可靠性。制造可靠性指在设计从原材料转变为具体产品的全过程中，工艺、检验、运输等过程中的可靠性。

（3）使用可靠性。使用可靠性指产品在实际使用过程中表现出的可靠性，除固有可靠性的影响因素外，还要考虑安装、操作使用，维修保障等方面因素的影响。

（4）人的可靠性和人－机系统可靠性。人的可靠性是指产品是否对操作人员是安全可靠的。人－机系统可靠性是指在保证系统可靠性的基础上，操作人员的操作可靠性，即系统故障是否因人因差错而造成损害等。

（5）参数可靠性。参数可靠性是指描述系统产品的参数是否具有可靠性。

2. 结构出现某种极限状态时的可靠性分类

（1）强度可靠性。强度可靠性包括静强度可靠性、动强度可靠性、寿命可靠性。机械静强度可靠性设计，通常以应力－强度分布干涉理论与可靠度计算为基础。

（2）刚度可靠性。刚度可靠性包括稳定性可靠性、位移可靠性。它是指结构在载荷作用下抵抗弹性变形的能力是否可靠。

（3）疲劳强度可靠性。疲劳强度可靠性指产品结构在极限应力循环下破坏的可靠性。

（4）蠕变可靠性。蠕变可靠性指结构在长时间的恒温、恒载荷作用下缓慢地产生塑性变形的可靠性。

（5）密封性可靠性等。密封性可靠性指结构中易造成密封件泄漏的相关部件设计的可靠性。由于密封不可靠导致的工作介质泄漏，会造成系统无法正常工作，效率降低，严重时甚至引发事故。

1.2.2　结构可靠性

所谓结构可靠性，就是结构在给定使用条件和环境条件下，在规定的寿命内，不发生破坏或不发生影响结构性能而保持必要的强度或刚度。即研究结构在载荷作用下的应力或变形和承受此应力结构的强度随使用时间的变化情况，以及论述与此二者相关的静强度或疲劳寿命等的可靠性的特性值。因此结构可靠性的重点应该是疲劳问题。

工程中需要预测结构破坏事件的数量，在设计阶段要从各个方面预估结构件强度或载荷 - 挠度特性，综合其概率模型。这个模型应该包括所受载荷和对结构抗破坏能力有影响的所有随机不确定因素。结构的随机可靠性分析从本质上是基于经典可靠性理论。结构可靠性理论能合理地处理结构工程设计和分析中的不确定性，因此结构可靠性分析与设计在结构安全性的评价中尤为重要。在结构可靠性分析中，设计变量的随机性可按其来源分为以下三类。

（1）物理不确定性。在结构疲劳强度分析中，有很多物理量，如载荷、材料性能、几何尺寸等均存在分散性，通常称这类物理量直接相关的不确定性为物理不确定性。

（2）统计不确定性。对变量的分布特征的分析与分布函数的确定离不开统计和推断。任何一个统计与推断都是以变量的样本作为依据进行的，所以任何一种参数统计方法都带有不确定性。

（3）模型不确定性。结构设计首先需要建立输入与输出量之间的关系模型，这一模型通常按力学原理或经验建立，同一实际问题可以建立不同的模型。模型可能是确定的，也可能是随机的。很多情况下，模型不确定性对结构可靠性分析结果有很大的影响。

结构可靠性设计的目的就是以最经济的手段，赋予结构以适当的可靠度，使结构在预定的使用期限内，具备预定的功能性。也就是说，结构可靠性即要求，在“规定时间”内，在“规定条件”下，完成“预定功能”的能力。它研究的是结构在各种因素作用下的安全问题，包括结构的安全性、使用性、耐久性、可维修性等。一般情况下，将安全性、适用性和耐久性三者称为结构的可靠性。所谓“规定时间”，是指分析结构可靠性时考虑各项基本变量与时间关系所取用的设计基准期以及结构使用期；所谓“规定条件”，是指设计时所确定的结构的正常设计和正常使用条件，即不考虑认为过失的影响；所谓“预定功能”，是以结构是否达到“极限状态”来标志的。如果结构达到极限状态的概率超过允许值，结构就失效，即不可靠。

结构可靠性的要求：

（1）正常使用时，能承受可能出现的各种作用，即能承受正常使用期间可能出现的各种作用。

（2）正常使用时具有良好的工作性能。

（3）在正常维护下具有足够的耐久性能。

（4）在设计规定的偶然事件发生时及发生后，仍能保持必须的整体稳定性。

影响结构可靠性的因素：

（1）时间。气缸盖的服役时间若超过了设计允许时间，那么结构的可靠性很有可能会降低到规定的标准以下，此时不宜继续服役。

（2）规定条件。依据气缸盖的铸造工艺及加工过程，其所处的服役环境都受其设计的规定条件限制，同一设计条件下的气缸盖在不同外部环境条件下，其可靠性可能完全不同。

（3）功能。气缸盖设计的每一处结构都具有一定的功能，结构可靠性研究的就是这些功能的实现情况。在结构可靠性计算中，用概率将功能的实现情况定量表示，即说明功能存在着可靠和失效两方面。

本专著从高强化柴油机气缸盖铸造工艺控制、铸造及热处理组织特性分析、热－机负荷、力学性能表征、热疲劳及热－机耦合疲劳等方面展开论述。

1.3 结构可靠性评价方法

1.3.1 应力强度干涉方法

在疲劳强度设计计算和应用中，材料强度、零部件应力和载荷、零部件尺寸等数据，一般为其平均值。但在实际中，由于多方面原因，包括制造尺寸误差、工况循环变动、材料制造差异等因素，对制造零部件的检验要求很严格，因此在特定载荷下，同一种零部件材料的差异性不可避免，同一批零部件的疲劳寿命数据的离散型也是存在的，因为无论材料强度、载荷及实际零部件尺寸（考虑尺寸误差），都可以看作一个独立的分布函数。结构的可靠性评价方法，就是使用实际零部件的强度分布和应力载荷分布的统计规律，进行疲劳强度计算分析的方法。这种计算，能将该零部件在运行中的破坏概率，限定在给定的某一很小值下，使所研究的零部件的重量减轻到最小的范围内。

疲劳强度的可靠性设计，在应用时需要以下三方面的内容支撑开展：

（1）所用材料的疲劳强度的概率分布；

（2）零部件上所拟计算的应力点，以及其工作应力（即载荷）的概率分布；

（3）工作应力与疲劳强度相联系的统计方法。

如图 1－1 所示为应力强度干涉方法示意图，将作用于零部件上的应力（载荷）取作 x_1，零部件的强度取作 x_s，x_1和 x_s 都服从一定的概率分布，大多数情况下均服从正态分布规律（对于疲劳强度，威布尔分布在很多情况下更合理，但正态分布参数少，较为简单，以下以正态分布进行举例说明）。机械零部件的可靠性，是指在给定的应力及强度的分布规律下，存在一个不破坏的概率。

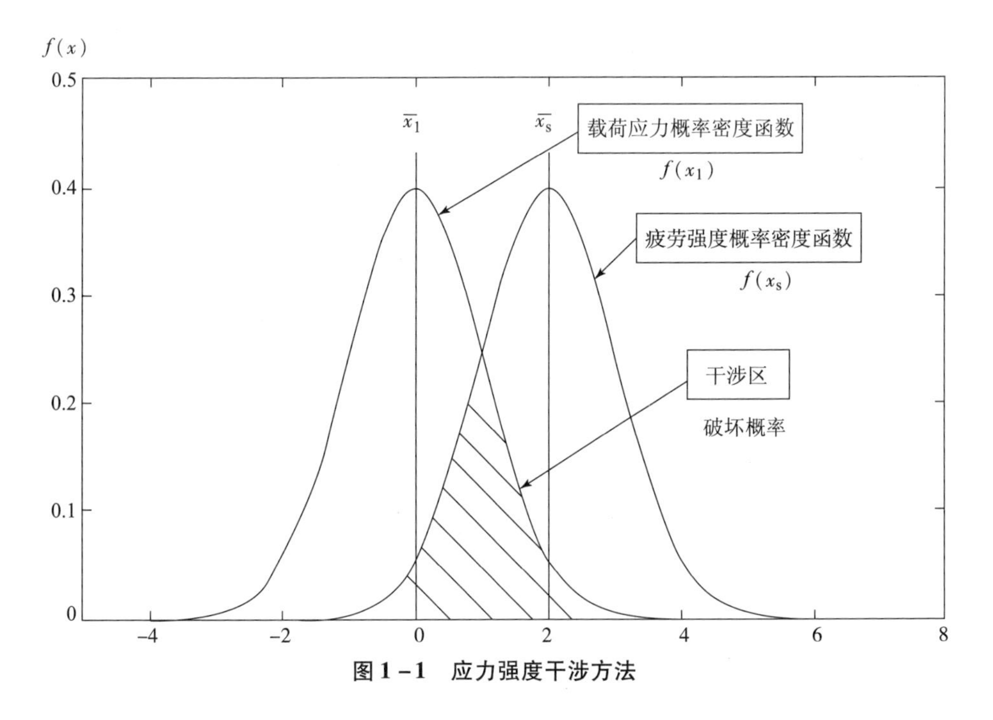

图 1－1　应力强度干涉方法

如图 1－1 所示，应力分布的右尾和强度分布的左尾相互干涉，假设所研究点的工作应力均值为x_1，则工作应力在$\left(x_1-\frac{dx}{2}\right)\sim\left(x_1+\frac{dx}{2}\right)$区间的概率，以面积$A_1$表示为：

$$P\left(x_1-\frac{dx}{2}\leqslant x\leqslant x_1+\frac{dx}{2}\right)=f(x_1)dx_1\approx A_1 \tag{1-1}$$

强度超过x_1的概率，以面积A_2表示为：

$$P(x_s>x_1)=\int_{x_1}^{\infty}f(x_s)dx_s=A_2 \tag{1-2}$$

计算确定为x_1的零部件不产生破坏的概率（或称为可靠度）为 dR，dR 为上述两个概率的乘积：

$$dR=f(x_1)dx_1\cdot\int_{x_1}^{\infty}f(x_s)dx_s \tag{1-3}$$

零部件可靠度为强度大于所有工作应力的可能值的整个概率：

$$R=\int dR=\int_{-\infty}^{\infty}f(x_1)\left[\int_{x_1}^{\infty}f(x_s)dx_s\right]dx_1 \tag{1-4}$$

亦可写成：

$$R=\int dR=\int_{-\infty}^{\infty}f(x_s)\left[\int_{-\infty}^{x_s}f(x_1)dx_1\right]dx_s \tag{1-5}$$

根据疲劳强度分布f（x_s）和载荷应力分布f（x_1），即可以计算得到零部件的可靠度。当疲劳强度概率密度函数和载荷应力概率密度函数均为正态分布时，可靠度计算得到简化，疲劳强度分布f（x_s）和载荷应力分布f（x_1）分别写为：

$$f(x_s)=\frac{1}{s_s\sqrt{2\pi}}\exp\left[-\frac{(x_s-\overline{x_s})^2}{2s_s^{\ 2}}\right] \tag{1-6}$$

$$f(x_1)=\frac{1}{s_1\sqrt{2\pi}}\exp\left[-\frac{(x_1-\overline{x_1})^2}{2s_1^{\ 2}}\right] \tag{1-7}$$

式中，$\overline{x_s}$和$\overline{x_1}$分别为疲劳强度分布和载荷应力分布的均值；s_s和s_1分别为强度和应力的标准离差。计算可靠度为：

$$R=\frac{1}{\sqrt{2\pi}}\int_{-\infty}^{z}e^{-\frac{t^2}{2}}dt \tag{1-8}$$

$$z=\frac{\overline{x_s}-\overline{x_1}}{\sqrt{s_s^2+s_1^2}} \tag{1-9}$$

$$t=\frac{(x_s-x_1)-(\overline{x_s}-\overline{x_1})}{\sqrt{s_s^2+s_1^2}} \tag{1-10}$$

式中，z 为可靠度系数。

确定可靠度计算方法后，在计算可靠度前主要需要得到所研究材料的疲劳强度分布规律和所研究零部件危险点的应力载荷。材料疲劳强度通过 $P-S-N$ 成组试验获得。零部件材料的疲劳强度分布有较高的空间分散性，需要考虑零部件强度空间分散性。以高功率密度柴油机气缸盖为例，考虑疲劳性能空间分散性，即对不同厚大位置和易失效薄壁位置分别取样。厚大位置一般包括顶板、底板、力墙，易失效薄壁位置一般包括进气道和下水腔隔板、排气道和下水腔隔板、排气道夹壁、进气道隔板、上下水腔隔板。同时应考虑气缸盖不同批次分散性，即对不同铸造批次气缸盖不同厚大和易失效薄壁位置分别取样。厚大位置试样按标准试样尺寸取，薄壁位置试样按非标试样尺寸取。每个位置取样数量根据可靠度评价置信度要求确定，建议在 95% 置信度要求下确定取样数量，根据疲劳强度试验组数按比例分配每个位置试样。例如在寿命区间内进行 5 组试验，即把试样均按比例分配，可以平均分配，也可提高重点关注的寿命组数的试样数，降低其他寿命组数的试样数。

$P-S-N$ 成组试验流程为：

（1）确定气缸盖高周疲劳寿命范围，例如 $10^6 \sim 10^7$ 次。

（2）对高周疲劳寿命范围分组，每组对应一个寿命值，寿命值的选定依据气缸盖目标寿命要求，例如目标寿命为 2.5×10^7 次，则首先选取目标寿命为一组，同时该寿命两侧在寿命范围内各取 2 ~ 4 组。

（3）确定各寿命对应试样比例，目标寿命比例应较高，其他基本相同。

（4）根据各位置取样数量和各寿命对应试样比例，确定各寿命各位置的试样数量。

（5）采用升降法进行各寿命下的高周疲劳试验；升降法试验应依据 GB/T 24176—2009《金属材料 疲劳试验 数据统计方案与分析方法》和 GB/T 3075—2008《金属材料 疲劳试验 轴向力控制方法》规范开展。

（6）升降法各寿命下初始应力幅根据气缸盖材料存量 $S-N$ 曲线数据预估，应力增量可采用 $0.02\sigma_{\mathrm{UTS}}$。

以给定寿命 N 下的疲劳强度为自由变量，根据各寿命对应的各取样位置的疲劳强度试验值，拟合各寿命下的概率密度函数，通常其分布为正态分布或威布尔分布：

$$f(x_s)=\frac{1}{s_s\sqrt{2\pi}}\exp\left[-\frac{(x_s-\overline{x_s})^2}{2s_s^{\ 2}}\right] \tag{1-11}$$

$$f(x_s)=\frac{\beta}{t_0}\left(\frac{x_s-\gamma}{t_0}\right)^{\beta-1}\exp\left[-\left(\frac{x_s-\gamma}{t_0}\right)^{\beta}\right] \tag{1-12}$$

式中，$\overline{x_s}$为疲劳强度均值；s_s为疲劳强度标准差；β 为形状参数；γ 为位置参数；t_0为尺度参数。

若取所有位置数据进行给定寿命的概率密度函数拟合，则得到气缸盖某寿命下整体概率密度函数。由于气缸盖不同位置所受载荷差距大，同时各位置疲劳强度和载荷应力分散性不同，因此建议采用各位置的局部概率密度函数进行可靠度计算。

疲劳强度 $P-S-N$ 数据通过光洁度较高的标准或非标试样在应力比为 -1、单轴、常温工况下得到。而实际气缸盖受平均应力、温度、几何形状、零件尺寸、表面加工情况、多轴应力、缺口效应（梯度应力）、缺陷和微组织、腐蚀环境等因素的影响，因此需要疲劳强度分布函数进行修正。需修正的影响因素包括：（a）平均应力影响；（b）温度影响；（c）缺口效应（应力梯度）；（d）尺寸效应；（e）多轴应力效应；（f）表面光洁度。修正方法为通过试验或存量数据分析确定各影响因素对各给定寿命下疲劳强度概率密度函数内各参数的影响系数。以正态分布为例，平均应力影响需确定给定寿命下平均应力值（或载荷比 R）对疲劳强度均值和疲劳强度标准差的影响系数。即在不同载荷比下，疲劳强度概率密度函数位置和形状发生变化。

材料疲劳强度分布确定后，需要确定零部件应力载荷分布。零部件载荷应力分散性由于循环载荷变动、公差影响、弹性模量、泊松比分散等原因造成。零部件不同位置高周载荷应力通过试验测试和有限元仿真手段获得，一般以有限元仿真和对应验证为主要方法。通过有限元计算获得不同工况和变化情况下所关注点应力载荷值后，即可拟合应力载荷分布。应力载荷分布通常为正态或威布尔分布函数，分布形式与疲劳强度概率密度函数相同。

$$f(x_1)=\frac{1}{s_1\sqrt{2\pi}}\exp\left[-\frac{(x_1-\overline{x_1})^2}{2s_1^{\ 2}}\right] \tag{1-13}$$

$$f(x_1)=\frac{\beta}{t_0}\left(\frac{x_1-\gamma}{t_0}\right)^{\beta-1}\exp\left[-\left(\frac{x_1-\gamma}{t_0}\right)^{\beta}\right] \tag{1-14}$$

式中，$\overline{x_1}$为载荷应力均值；s_1为载荷应力标准差。

上述所计算的可靠度也是一个分布函数，所求的可靠度是可靠度的均值，因此需要衡量所求可靠度的可信程度，通常用置信水平进行衡量。

置信水平由疲劳强度概率密度函数和载荷应力概率密度函数所依据的子样容量决定，在给定的可靠度下限情况下，有效字样容量越高，置信度越高，即可靠度分布的下限值越高，越靠近所计算的可靠度。当有效字样容量确定，计算的可靠度确定，可以对应曲线图查到实际可靠度，即计算的可靠度下限。

有效子样容量n_e为：

$$n_e = \frac{\left(\frac{s_s^2}{n_s} + \frac{s_l^2}{n_l}\right)^2}{\frac{\left(\frac{s_s^2}{n_s}\right)^2}{n_s - 1} + \frac{\left(\frac{s_l^2}{n_l}\right)^2}{n_l - 1}} \tag{1-15}$$

式中，n_s为疲劳强度子样容量；n_l为载荷应力子样容量。

如果完成试验（即有效字样容量已确定），并已求得可靠度（或可靠系数），可以根据要求的置信水平，在可靠度下限曲线图中得到给定置信水平下的实际可靠度（即计算的可靠度分布的下限）。例如，当实际有效子样容量为30，置信水平要求为95%，计算所得的可靠系数为4（可靠度为0.999 968 3）时，通过查图可得实际可靠度为0.999 0。

在试验前，根据要求的可靠系数（或可靠度）、要求设计对象的置信度，以及要求设计对象实际可靠度，可以在曲线图中得到对应的有效测试样本数，继而根据容量要求开展试验。例如，当置信水平要求为95%，计算所得的可靠系数为2（可靠度为0.977 25），实际可靠度要求为0.950 时，查图可得对应的有效字样容量约65，因此，试验时有效测试样本为65。

1.3.2　应力强度干涉准则

气缸盖结构应力强度干涉失效概率及可靠性计算流程为：

通过有限元方法计算气缸盖各位置高周载荷，同时考虑载荷分散性，即循环变动、安装公差、材料分散等因素造成的载荷分散性，得到载荷分布函数。

首先确定气缸盖设计寿命，高强度柴油机气缸盖一般寿命要求高于2.5×10^7次，因此需通过$P-S-N$高周疲劳试验获得该寿命对应所用材料强度分布，并拟合该强度分布曲线。基于得到的载荷和强度分布函数，通过应力强度干涉方法计算得到失效概率及可靠度。

由于气缸盖结构复杂，包含大量薄壁及过渡曲线，各位置加工质量存在分散性，继而导致材料疲劳强度存在分散性，因此，需要首先确定易失效位置，对易失效位置材料进行疲劳强度试验评估，得到易失效位置高周疲劳强度，继而计算易失效位置失效概率。其失效概率计算流程如图 1-2 所示。

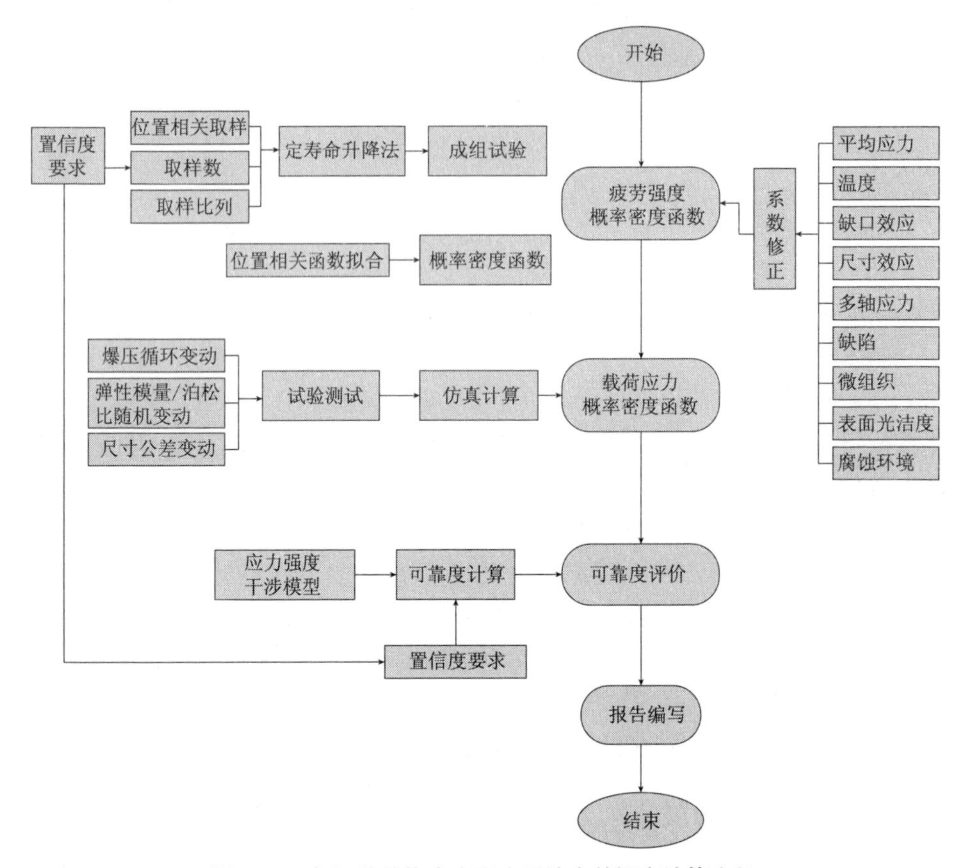

图 1－2　气缸盖结构应力强度干涉失效概率计算流程

1.4　气缸盖结构可靠性评价流程简介

气缸盖结构可靠性设计的基本目的，是使所设计的气缸盖结构在设计基准期内满足安全性、适用性和耐久性，使气缸盖有足够的可靠性。结构强度校核工作中元件可靠性分析是结构可靠性分析的基础。与包含众多元件的结构系统相比，结构系统的安全可靠比单个元件的安全可靠更具有重要意义。通常情况下，结构系统的疲劳可靠性很大程度上依赖于组成该结构系统的元件的可靠性。

对气缸盖结构进行可靠性评价，可依据以下步骤：

（1）确定气缸盖结构可靠性中涉及的随机变量，用数理统计方法进行统计分析，求出其分布规律及统计特征。

（2）确定结构失效的判别准则，对气缸盖结构的强度失效进行分析。

（3）依据可靠性设计规范，利用应力强度干涉准则对气缸盖可靠性进行评价。

具体气缸盖结构可靠性评价流程如图 1－3 所示。

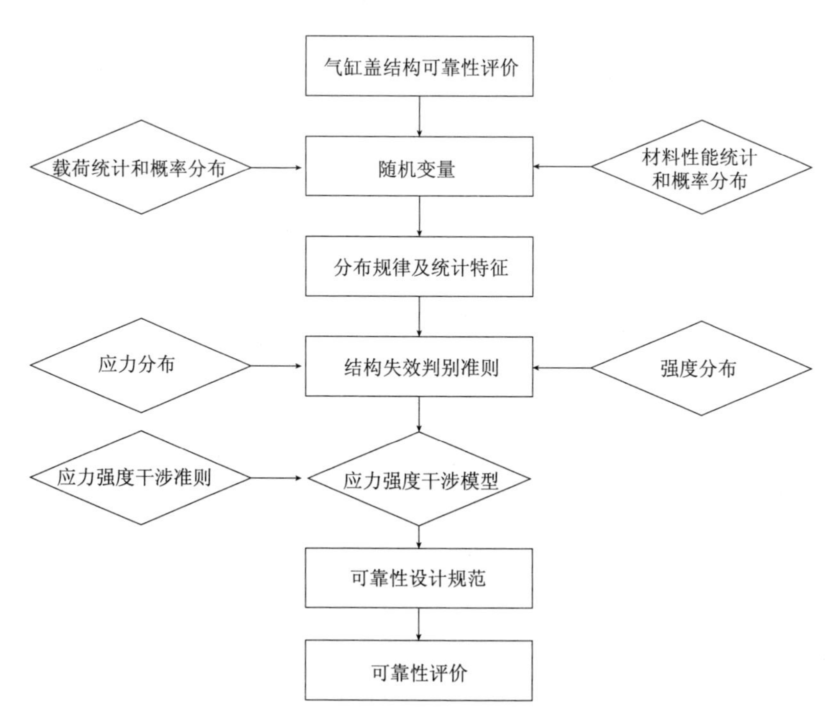

图 1－3　气缸盖结构可靠性评价

第2章
高强化柴油机气缸盖铸造工艺控制

2.1 引言

气缸盖作为柴油机主要部件之一，其作用是对气缸起到密封作用，并与活塞顶部、气缸套共同组成燃烧室，因此其结构可靠性直接影响整机工作的可靠性。一方面，柴油机气缸盖具有结构复杂、强度高、形状准确、尺寸精度高的特点，其内部贯穿进、排气道以及结构复杂的水套系统，其最薄处只有3~5 mm，使其生产难度较大；另一方面，气缸盖承受螺栓预紧力、气门座圈和气门导管过盈力和循环交变燃气压力等机械负荷作用，会在气缸盖的顶板、力墙、水套表面及一些过渡圆角处形成机械疲劳；同时气缸盖与高温燃气直接接触，工作温度很高，铸铁气缸盖的最高温度能达到300~400 ℃，且温度分布不均匀，产生很大的热应力和应力梯度，形成热疲劳；机械应力和热应力的共同作用形成气缸盖热－机耦合疲劳，最终使气缸盖易发生疲劳失效。

柴油机气缸盖载荷交变特性及结构复杂性，一般均采用铸造方法生产。铸造是一种包含了大量复杂物理化学过程的金属成型方法，铸件的质量与浇注过程、生产环境密切相关，且合金材料具有复杂的凝固行为和组织结构形态，由于铸件结构、金属熔炼、工艺设计等方面的原因，铸件会出现热裂纹或者在某些部位产生过大的残余变形的缺陷，这两种铸造缺陷都直接与凝固过程中热应力的产生和发展有关；同时在铸造过程中必不可少伴随着各种铸造缺陷，如缩松、气孔、冷裂、夹渣等。这些缺陷的存在不仅破坏材料的局部连续性，也会大幅度降低材料的力学性能和机械性能，使得材料过早地破坏，严重影响铸件的服役性能。本章将从气缸盖成型工艺的角度对气缸盖成型工艺流程、铸造工艺仿真及铸造残余应力分析等方面进行介绍，为后续章节建立基于铸造工艺参数的气缸盖强度评价方法提供参数输入。

2.2　气缸盖成型工艺

2.2.1　气缸盖铸造工艺

根据铸造要求，气缸盖的材料应满足铸造性能好、导热系数好、热强度高和相对密度小的要求，最常用的材料有铸铁和铝合金两种，其中铝合金因密度小、比强度高以及综合性能好等特点，有利于减轻柴油机重量、增强柴油机性能，广泛应用于柴油机零部件上，但其机械性能相对铸铁较低。目前最常用的铝合金气缸盖铸件的成型方式有低压铸造、重力铸造等。低压铸造是将液态金属或合金在压力作用下由下而上压入铸型型腔，并在压力作用下凝固获得铸件的铸造方法，主要原理是将铸型安置在密封的坩埚上方，坩埚中通入压缩空气，在熔融金属的表面上造成低压力（一般为0.06～0.15 MPa），使金属液由升液管上升填充铸型和控制凝固。低压铸造可以采用砂型、金属型、石墨型等，有补缩性好、铸件组织致密、容易铸造出大型薄壁复杂的铸件、降低金属消耗率和铸件废品率、无须冒口、无污染、易实现自动化等优点，但是也存在设备费用较高、生产效率较低等缺点，一般用于有色金属的铸造。重力铸造是指金属液在地球重力作用下注入铸型的工艺，也称重力浇铸，广义的重力铸造包括砂型浇铸、金属型浇铸、熔模浇铸、消失模浇铸、泥模浇铸等，存在铸件内部气孔少，强度高、工艺简单，适合大批量作业，模具低成本长寿命，材料使用范围广等优点，但也存在产品光洁度不高、抛光后易产生凹坑、生产效率低、生产成本高、不适合生产薄壁件等缺点。高强化柴油机气缸盖的铸造方法一般选择低压铸造，同时需要合理的热处理工艺才能得到高质量、高品质的铸件。

低压铸造是通过加压的方式使金属液向上充填铸型，保证铸件的凝固结晶过程在压力的作用下进行的一种铸造方法，属于特种铸造，可以简化铸造工艺，降低金属消耗和铸件废品率，其示意图如图2-1所示。

将干燥的压缩空气或惰性气体经过进气道通入密闭坩埚内的金属液表面上，此时坩埚内压力会高于型腔内压力。金属液在较低的气体压力（为0.01～0.05 MPa）下沿升液管自下而上通过浇道平稳地充满铸型。当金属液充满型腔后，等待5 s左右，适当增大气压，约0.02 MPa，保持压力值，使型腔内金属液在较高的压力作用下从铸件上部分向浇口方向结晶，直至铸件完全凝固。这时卸掉作用在坩埚液面上的气体压力，在自身重力的作用下，若浇注系统中的金属液还没有凝固，即可回流到坩埚中。静置后，即可将铸型

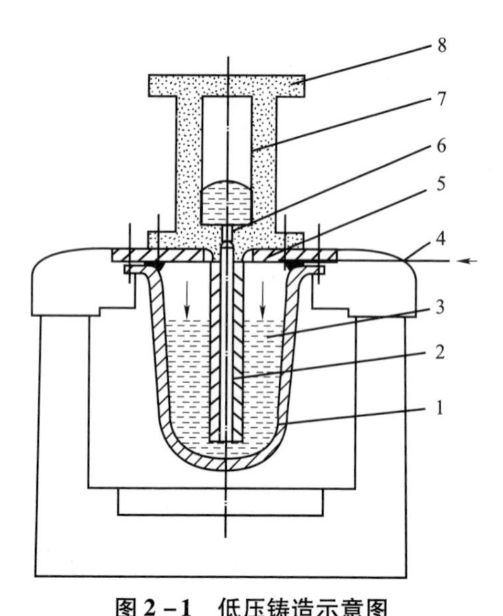

图 2-1　低压铸造示意图

1—坩埚；2—升液管；3—金属液；4—进气管；
5—密封盖；6—浇道；7—型腔；8—铸型

打开，获得铸件。

简单地说，低压铸造工艺过程即合型→升液→充型→增压凝固→卸压冷却→开型取件。升液充型速度的快慢影响到金属液的流动状态和温度分布：充型速度太慢，容易产生浇不足、冷隔等缺陷；充型速度过快，容易产生飞溅、紊流等现象，导致气孔、夹渣等缺陷。一定程度的增压，有利于获得组织致密的铸件，但是压力过大不仅会使铸件的表面粗糙度增大，还会造成粘砂等缺陷。卸压时间也很重要，如果卸压过早，有可能铸型还没填满，尚未凝固的金属液就回流到坩埚中；如果卸压时间太晚，金属液会凝固在浇道中，不仅减低金属液回收率，还会导致铸件出型困难，影响生产效率。一般卸压后冷却 1 ~2 min，防止铸件未完全凝固，开型时拉伤铸件。

由此可见，低压铸造方法巧妙地利用坩埚内的压差，将金属液由下而上充填铸型。在低气压下保持浇道与补缩通道合二为一，始终使铸型温度梯度与压力梯度保持一致，这也就解决了重力铸造中浇注系统充型平稳性与补缩两者之间的矛盾，使铸件品质大大提高。

2.2.2　气缸盖热处理工艺

气缸盖通常是先铸造毛坯件，再经过热处理工艺（固溶 - 淬火处理）提高其力学性能。热处理工艺可以减小或消除铸锭中出现的非平衡组织和成分不均匀的现象，还可以决定第二相的形貌及分布，从而提高气缸盖材料的使用性能和工艺性能，为后续加工做好准备。

（一）合金的强化方式

一般合金的强化方式有固溶强化、沉淀相强化以及细晶强化等。

1. 固溶强化

固溶强化是指基体合金融入其他合金元素形成固溶体时，使得合金的力学性能得到提高的方法。多种因素决定合金元素对基体金属的强化效果，主要包括以下几种情况：

（1）添加到合金中的合金元素与合金基体的原子尺寸不同起着明显作用。一般来说，两者的尺寸相差特别大时，对于置换固溶体，其强化效果会更加明显。

（2）添加的合金元素的负电性对固溶体的强化作用有一定的影响，当合金元素的价电子与合金基体原子的价电子相差越大，合金元素的强化效果也越大。

（3）弹性模量大小的差错度对合金元素基体金属的强化效果也有一定的影响，强化效果由于差错度增加而越好。

2. 沉淀相强化

沉淀相强化是指时效强化合金中强化相的固溶度受合金温度的影响而发生变化。合金在较高温度进行热处理时，强化相完全地溶入基体，淬火后迅速冷却处理，降低合金溶质固溶度，过饱和固溶体完全形成；合金在不是高温度下进行时效处理时，过饱和基体中析出强化相，应力应变场由于存在细小、弥散的强化相而形成，沉淀相与位错线相交时，位错相的移动被沉淀相阻碍，导致增加合金强度。Al - Mg - Si 系列合金中共格亚稳 P″相周围的应力应变场最强，导致强化效果最强，共格 GP 区和半共格亚稳 P″相强化效果一般，完全非共格平衡 e 相强化效果最差。由于沉淀强化相晶粒细小、弥散，阻止合金的塑性成型时的阻力不大，导致合金的变形稳定，合金强度提高的同时也保持着较高的塑性形变能力。

3. 细晶强化

细晶强化是指细化组织，对于单相合金是指晶粒细化，对多相合金是指基体相晶粒大小变形均匀。材料的力学性能在细化晶粒过程中都被改变，是提高金属力学性能常用方法之一。晶界上原子错乱分布，杂质较多，并存在大量缺陷，而且晶界两侧晶粒的取向不同，这些缺陷将会阻碍位错从晶界的一侧向晶界的另一侧运动。当单位体积内晶界的面积特别大时，晶界对位错的阻碍作用也会特别大。这样导致合金的性能改善，大量晶界的存在也可以使合金的性能得到强化，对于多晶体晶粒，在塑性变形过程中，会产生大量的位错，位错在运动过程中除了需克服晶格的阻力以及存在于滑移面上的杂质原子对位错的相互作用力外，另外还得克服晶界对位错的阻力。晶粒越小，晶界数目越多，晶界对位错的阻力也就越大，因此增加材料的强度就越高。根据位错理论，Hall – Petch 提出了屈服强度与晶粒尺寸的计算公式：

$$\sigma_s = \sigma_0 + kd^{-1/2} \tag{2-1}$$

式中，σ_s为强度；σ_0和 k 为常数；d 为晶粒的直径。

通常晶粒的长大过程以及晶粒粗化过程是晶界的迁移过程，合金中弥散的第二相粒子越细小，粒子的分布越是密集，这些第二相粒子对晶界就会起到更强的阻碍作用。

（二）合金的热处理方式

合金的热处理有三种：均匀化热处理、固溶处理、时效处理。

1. 均匀化热处理

均匀化热处理是指合金均匀热处理，它是将合金材料温度加热到一定的温度，保温一定的时间，消除铸件的偏析缺陷，获得组织均匀、成分均匀的材料，为后续的加工做好准备，利于后续加工成型处理的方法。合金迅速地凝固，导致非平衡凝固迅速地发生，基体元素首先凝固形核，在固液中分解出合金元素，随着温度的降低，合金元素与基体元素随着温度的升高在晶界处发生共晶效应，网状的共晶化合物在晶界处生成，合金晶体内外化学成分由于凝固的顺序而分布不同，造成偏析发生。合金温度升高，原子的扩散速度也快速加快，合金晶界处的共晶相分解，使合金的成分组织分布均匀。

2. 固溶处理

固溶处理是指当合金加热到一定的温度，保温一定的时间时，会促进析出相重新融入合金基体中，之后进行淬火处理以获得过饱和固溶体的热处理方法。其主要工艺参数有：固溶处理温度、保温时间、冷却速度等。固溶处理是所有合金热处理强化的前提。后续的时效强化效果受固溶处理的温度以及保温时间的影响很大，基体过饱和度随着固溶处理的不充分而逐渐下降，导致时效强化效果降低；固溶处理温度如果较高，导致晶粒迅速长大以及粗大，过于粗大时还会产生过烧现象，从而降低了材料的力学性能。理论上时效强化的效果会随固溶处理的充分程度而明显地增加，因此，通过固溶处理来改善合金的性能被广泛研究。曾有学者采用高温短时固溶处理来研究高温固溶处理对铝合金的组织和性能的影响，结果表明，通过高温短时固溶处理可以提高合金元素在铝合金基体的溶解度。

3. 时效处理

时效处理是指合金经固溶处理，从高温淬火或经过一定程度的冷加工变形后，在较高的温度或室温放置以保持其形状、尺寸、性能随时间而变化的热处理工艺。合金和钢铁不同，淬火以后的变形合金不能立即强化，得到的是一种过饱和固溶体组织。这种过饱和固溶体不稳定，它有自发分解的趋势。在一定的温度下，保持一定的时间，过饱和固溶体发生分解称为脱溶，引起合金强度和硬度大幅度提高，这种热处理过程称为时效。在室温下自然停放一段时间，合金强度及硬度提高的方法称为自然时效。人为地将合金制品在高于室温下的某一温度，保温一段时间，以提高合金强度及硬度的方法称为人工时效。在自然时效状态下，固溶处理之后的塑性和耐蚀性都比较高，但强化效果较低，达不到人工时效的效果，并且一般自然时效时间要多余 10 天。当铝合金进行人工时效时，硅元素的含量在增加时，铝合金的抗拉强度也会随之增强，直到硅的含量增加到一定比例的时候（理想的是 2% 左右），铝合金的强度保持稳定或者有下降的趋势。当铝合金中的 Mg_2Si 相含量减少时，就会剩余一些硅原子，这些硅原子对铝合金的力学性能、固溶强化效果以及时效的效果会显著地提高。

为了保证柴油机气缸有良好的密封性，要求气缸盖应具有足够的强度和刚度。但是铸造状态下的气缸盖的力学性能往往不能满足使用要求，因此需要对铸造后的气缸盖进行热处理，以提高其力学性能和使用性能。进行热处理的具体目的主要有以下几个方面：

（1）消除由于气缸盖复杂的结构，各处壁厚不均匀导致在前期结晶凝固过程中因为冷却速度不均匀而引入的内应力。

（2）保证气缸盖尺寸及组织的稳定性，防止和消除前期高温相变而产生的体积变化。

（3）综合提高气缸盖的力学性能，即在提高铸件抗拉强度和硬度的同时保证不过于损失气缸盖的塑性和切削加工性能等。

（4）消除结晶凝固过程中的成分偏析和粗大化合物组织，改善材料的微观组织情况，使组织均匀化。

气缸盖热处理工艺不仅要考虑气缸盖本身的尺寸、规格等，还需要考虑铸造所采用合金的具体元素组成以及具体的热处理设备等，一般可采用固溶处理和完全人工时效处理。

2.2.3 气缸盖增材制造工艺

金属增材制造技术是20世纪80年代中期发展起来的基于数字化离散堆积思想的新型材料成型技术，区别于传统金属减材或等材制造技术，它采用逐点逐层材料堆积的方式直接从数字模型制造零件，被誉为“第三次工业革命”的核心技术，这种制造方法无须原胚和模具，给制造行业带来极大的设计灵活性，其主要应用包括快速成型、快速模具、直接零件生产以及塑料、金属、陶瓷和复合材料的零件修复。金属增材制造技术的成型过程存在复杂的传质和传热过程，其产品的精度、组织和性能与金属增材制造设备（热源参数、运动参数、控制方式）、材料（材料种类、材料形状、材料质量）和工艺（成型原理、扫描策略、成型参数）密切相关，金属增材制造技术通常需要先构建产品的三维模型，再根据材料及工艺特点将其处理成一系列二维成型路径，最后由金属增材制造设备在特定的工艺条件下将材料按照二维成型路径逐层堆积成所需产品，如图2-2所示。

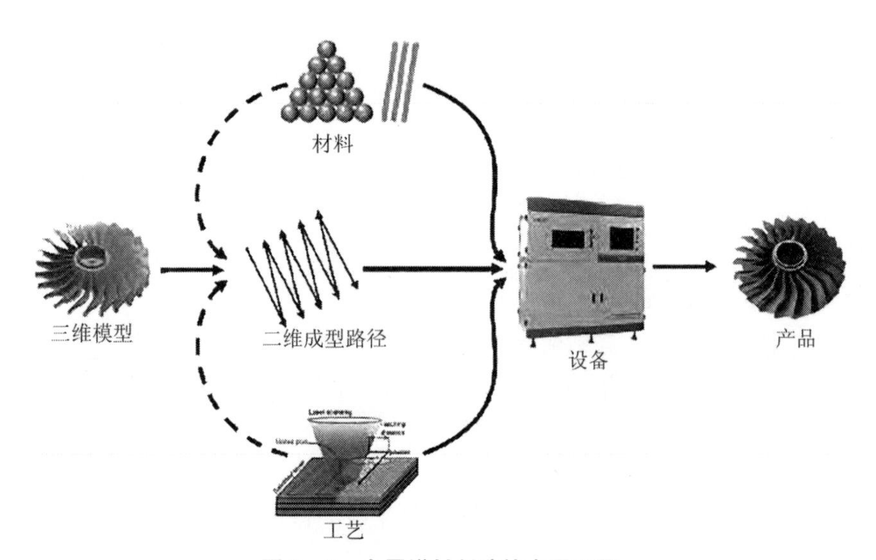

图2-2 金属增材制造技术原理图

从制造工艺方面来讲，金属增材大致可分为两个主要大类：粉末床熔合技术（Power Bed Fusion，PBF）和定向能量沉积技术（Directed Energy Deposition, DED）。这两种技术按照使用能源类型可进一步进行分类，在PBF技术中，热能选择性地融化粉末层区域，其主要代表性工艺有选择性激光烧结（Selective Laser Sintering，SLS）、选择性激光熔化成型（Selective Laser Melting, SLM）、直接金属激光烧结（Direct Metal Laser Sintering，DMLS）、电子束熔化成型（Electron Beam Melting，EBM）、电子束直接制造（Electron Beam Direct Manufacturing，EBDM）等；在DED技术中，通过使用聚焦的热能来熔化材料（粉末或丝状）而沉积。一些常用的DED技术包括激光工程化净成型（Laser Engineered Net Shaping，LENS）、直接金属沉积（Direct Metal Deposition，DMD）、电子束自由成型制造（Electron Beam Free Form Fabrication，EBFFF）和电弧增材制造（Wire Arc Additive Manufacture，WAAM）。

金属增材制造工艺无须制备模具和大尺寸毛坯，从而节省材料、缩短开发周期，且生产过程灵活，具备高度柔性和快速反应能力，因此在产品创新中有显著作用。目前，3D打印技术在航空航天、生物医疗、车船兵器等领域都得到了应用。在柴油机零部件生产方面，国内外均有研究人员采用SLM工艺打印出符合性能要求的柴油机缸盖、缸体、活塞、曲轴等零部件，而对于结构复杂的气缸盖，中国一汽借助金属件激光3D打印技术制造出铝合金缸盖这一复杂金属结构件，突破了复杂空腔结构件不加支撑无法打印的技术壁垒，中国兵器装备研究院提出了一种基于SLM技术的柴油机缸盖成型方案，对打印缸盖提出了系统的零件外部支撑设计方案，并打印了国内首次有报道的原尺寸3D打印柴油机缸盖结构样件。SLM技术是目前应用最广的铝合金、钛合金等轻质合金的打印技术，SLM采用高功率、高密度激光对金属粉末进行逐层熔化，从而制备得到致密的精密复杂构件。SLM工艺光斑直径小、扫描速度快，适用于复杂形状构件的制造，且得到的构件尺寸精度高，力学性能优异，经抛光或简单表面处理后就可直接使用。SLM工艺的缺点在于激光对先前固化的凝固层反复加热，然后冷却，堆积的凝固层容易产生较大的热应力，同时激光能量密度高，容易造成铝元素的蒸发损失，影响成分分布和显微组织及成型后合金的力学性能。当提高激光体积能量密度及添加改性剂元素后，采用增材制造工艺生产的样件具有更细的微观组织及更高的力学性能，生产的样品孔隙率水平、二次枝晶臂间距、晶粒尺寸分布得到了不同程度的改善，其宏观力学性能如硬度、强度、延展性得以提升。目前，3D打印生产的零件能够在满足强度使用需求的基础上，对进一步实现轻量化目的具有显著贡献。因此，通过拓扑优化调整气缸盖结构以及选用合适的SLM制造工艺参数，解决制造中零件中的热裂纹和残余应力等问题后，对于气缸盖的一体化成型而言，SLM工艺具有广阔的应用前景。

3D打印技术将生产制造从大型、复杂、昂贵的传统工业过程中分离出来，人类将以新的合作方式进行生产制造，制造过程与管理模式将发生极大变革。3D打印将对传统铸造气缸盖工艺产生“革命性”冲击，其将取代模具、部件、半成品到成品等生产环节，实现气缸盖一体化工艺成型。

2.3 基于工艺参数的铸造模拟

2.3.1 仿真环境准备

ProCAST软件是目前最流行的金属铸造过程数值模拟软件之一，本书主要用ProCAST软件进行高强化柴油机气缸盖铸造过程的数值模拟分析。

1. ProCAST软件概述

ProCAST软件是由美国UES（Universal Energy System）公司开发的铸造过程模拟软件，是为评价和优化铸造产品与铸造工艺而开发的专业CAE系统。采用基于有限元（Finite Element Method，FEM）的数值计算和综合求解的方法，对铸件充型、凝固和冷却过程等提供模拟，提供了很多模块和工程工具来满足铸造工业最富挑战的需求。作为ESI集团热物理综合解决方案的旗舰产品，ProCAST是所有铸造模拟软件中集成化程度最高的。它率先在商用化软件中使用了最先进的有限元技术并配备了功能强大的数据接口和自动网格划分工具。

ProCAST可以模拟金属铸造过程中的流动过程，精确显示充填不足、冷隔、裹气和热节的位置以及残余应力与变形，准确地预测缩松缩孔和铸造过程中微观组织的变化。借助ProCAST，铸造工程师在完成铸造工艺编制之前就能够对铸件在形成过程中的流场、温度场和应力场进行仿真分析并预测铸件的质量，优化铸造设备参数和工艺方案。

ProCAST是基于有限元模拟技术的计算机铸造模拟仿真系统，其主要特点如下：

（1）全部模块化设计，适合任何铸造过程的模拟。

（2）采用有限元技术，是目前唯一能对铸造凝固过程进行热－流动－应力完全耦合的铸拟软件，不需要与第三方软件进行耦合计算，得到的结果精度更高。

（3）更精确地进行几何描述，对薄壁零件和复杂形体更有优势，能更好地处理流动问题。尤其适合缸盖、缸体、离合器壳体、变速箱壳体等复杂铸件。

（4）CAD/CAE高度集成，可以直接读取主流软件数据并具备强大的几何修复功能工程化界面，操作效率高，具备自学习功能，越用效率越高。

适用于高压、低压铸造，砂型铸造，消失模铸造，重力铸造，倾斜浇铸，熔模铸造，触变铸造，连续铸造等。

2. 模拟分析能力

ProCAST 几乎可以模拟分析任何铸造生产过程中可能出现的问题，为铸造工程师提供新的途径研究铸造过程，可以看到型腔内所发生的中间过程，从而辅助设计方案迭代。ProCAST 可进行如下预测分析：缩孔、裂纹、裹气、冲砂、冷隔及浇不足、应力、变形、压铸模寿命、工艺开发和优化及可重复性。

（1）缩孔。缩孔是由于凝固收缩过程中液体不能有效地从浇注系统和冒口得到补缩造成的。由于冒口补缩不足而导致了很大的内部收缩缺陷。ProCAST 可以确认封闭液体的位置。使用特殊的判据，例如宏观缩孔或 Niyama 判据来确定缩孔缩松是否会在这些敏感区域内发生。同时 ProCAST 可以计算与缩孔缩松有关的补缩长度。在砂型铸造中，可以优化冒口的位置、大小和绝热保温套的使用。在压铸中，ProCAST 可以详细准确计算模型中的热节、冷却加热通道的位置和大小，以及溢流口的位置。

（2）裂纹。铸造在凝固过程中容易产生热裂以致在随后的冷却过程中产生裂纹。利用热应力分析，ProCAST 可以模拟凝固和随后冷却过程中产生的裂纹。在真正的生产之前，这些模拟结果可以用来确定和检验为防止缺陷产生而尝试进行的各种设计。

（3）裹气。由于液体充填受阻而产生的气泡和氧化夹杂物会影响铸件的机械性能。充型过程中的紊流可能导致氧化夹杂物的产生，ProCAST 能够清楚地指示紊流的存在。这些缺陷的位置可以在计算机上显示和跟踪出来。由于能够直接监视裹气的运行轨迹，从而可以指导浇注系统的设计、合理安排气孔和溢流孔。

（4）冲砂。在铸造中，有时冲砂是不可避免的。如果冲砂发生在铸造零件的关键部位，那将影响铸件的质量。ProCAST 可以通过对速度场和压力场的分析确认冲砂的产生。通过虚拟的粒子跟踪则能很容易确认最终夹砂的区域。

（5）冷隔及浇不足。在浇注成型过程中，一些不当的工艺参数如型腔过冷、浇速过慢、金属液温度过低等都会导致一些缺陷的产生。通过传热和流动的耦合计算，设计者可以准确计算充型过程中的液体温度的变化。在充型过程中，凝固了的金属将会改变液体在充型中的流动形式。ProCAST 可以预测这些铸造充型过程中发生的问题，并且可以随后快速地制定和验证相应的改进方案。

（6）压铸模寿命。热循环疲劳会降低压铸模的使用寿命。ProCAST 能够预测压铸模中的应力周期和最大抗压应力，结合与之相应的温度场便可准确预测模具的关键部位进而优化设计以延长压铸模的使用寿命。

（7）工艺开发和优化。在新产品市场定位之后，就应开始进行生产线的开发和优化。ProCAST 可以虚拟测试各种革新设计而取之最优，因此大大减少工艺开发时间，同时把成本降到最低。

（8）可重复性。即使一个工艺过程已经平稳运行几个月，意外情况也有可能发生。由于铸造工艺参数繁多而又相互影响，因而无法在实际操作中长时间连续监控所有的参数。然而任何看起来微不足道的某个参数的变化都有可能影响到整个系统，这使得实际车间的工作左右为难。ProCAST 可以让铸造工程师快速定量地检查每个参数的影响，从而确定可重复的、连续平稳生产的参数范围。

3. 基本分析模块

ProCAST 是针对铸造过程进行流动－传热－应力耦合分析的系统。它主要由 8 个模块组成：有限元网格划分（MeshCAST）基本模块（网格生成模块）、传热分析（Base License）模块、流体分析（Fluid flow）模块、应力分析（Stress）模块、辐射分析（Radiation）模块、显微组织分析（Micromodel）模块、电磁感应分析（Electromagnetics）模块、反向求解（Inverse）模块，如图 2－3 所示。这些模块既可以一起使用，也可以根据用户需要有选择地使用。对于普通用户，ProCAST 应有流体分析模块、应力分析模块和网格生成模块。对于铸造模拟，有更高要求的用户则需要有更多功能的其他模块。

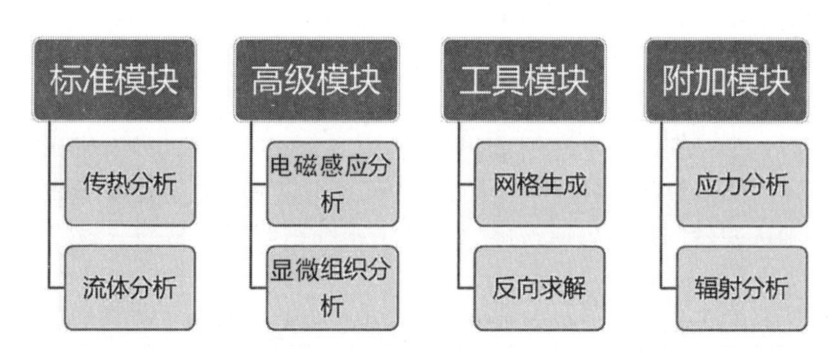

图 2－3　主要模块组成

（1）传热分析模块。本模块进行传热计算，并包括 ProCAST 的所有前后处理功能。传热包括传导、对流和辐射。ProCAST 的前处理可以准确设定所有已知的铸造工艺的边界和初始条件，边界条件可以是常数，也可以是时间或温度的函数。铸造的物理过程就是通过这些初始条件和边界条件为计算机系统所认知的。

ProCAST 配备了功能强大而灵活的后处理，与其他模拟软件一样，它可以显示温度、压力和速度场，又可以将这些信息与应力和变形同时显示。不仅如此，ProCAST 还可以使用 X 射线确定缩孔的存在和位置，采用缩孔判据或 Niyama 判据也可以进行缩孔和缩松的评估。ProCAST 还能显示紊流、热辐射通量、固相分数、补缩长度、凝固速度、冷却速度、温度梯度等。

（2）流体分析模块。流体分析模块可以模拟包括充型在内的所有液体和固体流动的效应。ProCAST 通过完全的 Navier – Stocks 流动方程对流体流动和传热进行耦合计算。本模块中还包括非牛顿流体的分析计算。此外，流动分析可以模拟紊流、触变行为及多孔介质流动（如过滤网）。流体分析模块包括以下求解模型：①Navier – Stokes 流动方程；②自由表面的非稳态充型；③气体模型：用以分析充型中的囊气、压铸和金属型主宰的排气塞、砂型透气性对充型过程的影响以及模拟低压铸造过程的充型；④紊流模型：用以模拟高压压力铸造条件下的高速流动；⑤消失模模型：分析泡沫材料的性质和燃烧时产生的气体、金属液前沿的热量损失、背压和铸型的透气性对消失模铸造充型过程的影响规律；⑥倾斜浇注模：用以模拟离心铸造和倾斜浇注时金属的充型过程。从以上列出的流体分析模型可知，在模拟金属充型方面 ProCAST 提供了强大的功能。

（3）应力分析模块。本模块可以进行完整的热、流场和应力的耦合计算。应力分析模块用以模拟计算领域中的热应力分布，包括铸件、铸型、型芯和冷铁等。采用应力分析模块可以分析出残余应力、塑性变形、热裂和铸件最终形状等。应力分析模块包括的求解模型有 6 种：线性应力，塑性、粘塑性模型，铸件、铸型界面的机械接触模型，铸件疲劳预测，残余应力分析，最终铸件形状预测。

（4）网格生成模块。MeshCAST 自动产生有限元网格。这个模块与商业化 CAD 软件的连接是天衣无缝的。它可以读入标准的 CAD 文件格式如 IGES、Step、STL 或者 Parsolids。同时还可以读诸如 I – DEAS、Patran、Ansys、ARIES 或 ANVIL 格式的表面或三维体网格，也可以直接与 ESI 的 PAMSYS 和 GEOMESH 无缝连接。MeshcastTM 同时拥有独一无二的其他性能，如初级 CAD 工具、高级修复工具、不一致网格的生成和壳型网格的生成等。

（5）辐射分析模块。本模块大大加强了基本模块中关于辐射计算的功能。专门用于精确处理单晶铸造、熔模铸造过程热辐射的计算。特别适用于高温合金如铁基或镍基合金。此模块被广泛用于蜗轮叶片的生产模拟。该模块采用最新的“灰体净辐射法”计算热辐射自动计算视角因子、考虑阴影效应等，并提供了能够考虑单晶铸造移动边界问题的功能。此模块还可以用来处理连续性铸造的热辐射，工件在热处理炉中的加热以及焊接等方面的问题。

（6）显微组织分析模块。显微组织分析模块将铸件中任何位置的热经历与晶体的形核和长大相联系，从而模拟出铸件各部位的显微组织。ProCAST中所包括的显微组织模型有通用型模型，包括等轴晶模型、包晶和共晶转变模型，将这几种模型相结合就可以处理任何合金系统的显微组织模拟问题。ProCAST 使用最新的晶粒结构分析预测模型进行柱状晶和轴状晶的形核与成长模拟。一旦液体中的过冷度达到一定程度，随机模型就会确定新的晶粒的位置和晶粒的取向。该模块可以用来确定工艺参数对晶粒形貌和柱状晶到轴状晶的转变的影响。

（7）电磁感应分析模块。电磁感应分析模块主要用来分析铸造过程中涉及的感应加热和电磁搅拌等问题，如半固态成型过程中用电磁搅拌法制备半固态浆料及半固态触变成型过程中用感应加热重熔半固态坯料。这些过程都可以用 ProCAST 对热流动电磁场进行综合计算和分析。

（8）反向求解模块。本模块适用于科研或高级模拟计算之用。通过反向求解可以确定边界条件和材料的热物理性能，虽然 ProCAST 提供了一系列可靠的边界条件和材料的热物理性能，但有时模拟计算对这些数据有更高的精度要求，这时反向求解可以利用实际的测试温度数据来确定边界条件和材料的热物理性能，以最大限度地提高模拟结果的可靠性。在实际应用技术中首先对铸件或铸型的一些关键部位进行测温，然后将测温结果作为输入量通过 ProCAST 反向求解模块对材料的热物理性能和边界条件进行逐步迭代，使技术的温度－时间曲线和实测曲线吻合，从而获得精确计算所需要的边界条件和材料热物理性能数据。

4. 铸造模拟计算流程

用 ProCAST 开展铸件模拟计算的基本步骤为：生成有限元网格模型，设置计算参数，模拟计算，显示计算结果。主要通过有限元网格剖分工具 Visual－Mesh、前处理界面 Visual－Cast 以及后处理界面 Visual－View 实现模拟过程。

2.3.2 边界条件参数集

1. 工艺参数的选择

铸件铸造数值模拟过程，一般包括两个过程：充型过程和凝固环节。其中铸造工艺参数的确定是极其重要的一个环节。根据实际浇注情况，确定合适的初始条件和工艺参数，才能得到比较精确的仿真结果，从而实现对实际生产的指导作用。工艺参数包括重力方向、浇注压力和初始温度。

高强化柴油机气缸盖采用低压铸造方式，因此应保证重力加速度的方向与金属液的浇注方向相反，重力加速度值取为 9.8 m/s^2。根据预定的铸造工艺，将金属液的浇注温度设置为 700 ℃，浇注压力曲线按照图 2－4 进行设定。砂箱和冷铁的初始温度取 20 ℃，初始填充率为 100%。

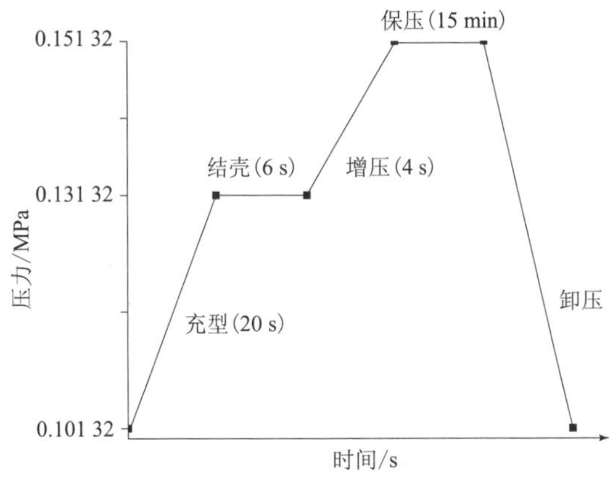

图 2－4 充型压力曲线

2. 边界条件的设置

气缸盖铸造过程数值模拟过程涉及三种材料，即铸件、冷铁和虚拟砂箱。两两之间均存在传热过程，数据参考如表 2－1 所示，并结合工程实践经验，相应模型之间的界面换热系数设定如表 2－2 所示。由表 2－1 可知，金属与金属间的换热系数范围为 1 000～5 000 W/(m^2·K)，本次仿真取较低值 1 000 W/(m^2·K) 作为铸件和冷铁之间的换热系数。虚拟砂箱与铸件和冷铁与铸件之间的换热属于金属－砂型，根据取值范围和实际经验，可将铸件与虚拟砂箱之间的换热系数定为 800 W/(m^2·K)，冷铁与虚拟砂箱之间的换热系数设为 300 W/(m^2·K)。

表 2－1 界面传热系数的理论参考 W/(m^2·K)

不同界面	传热系数 h
金属－金属	1 000～5 000
金属－砂型	300～1 000
砂型－砂型	200～300
固体－空气	5～10
固体－冷却空气	100～1 000
固体－水	3 000～5 000

表 2－2 界面传热系数 W/(m^2·K)

不同界面	虚拟砂箱－铸件	铸件－冷铁	冷铁－虚拟砂箱
传热系数 h	800	1 000	300

3. WALL 条件的设定

铸造过程模拟使用了虚拟砂箱，无法对接触的模型产生力的作用。因此在进行充型模拟的情况下，为了对金属液产生约束作用，必须在所有铸造节点（浇口处节点除外）上设置零速度，即 WALL 边界条件，以保证模拟结果的准确性。

4. 运行参数的设定

由于采用的方法为低压铸造，因此在预定义运行参数中首先选定低压浇注模式，然后打开热分析模块和流体分析模块进行参数设定。在通用运行参数的标准栏中，以铸件的温度作为计算停止条件，当铸件所有节点的温度低于 546 ℃（固相线温度以下 10 ℃）时停止计算。为了使计算只以温度作为停止条件，最大的运行步数设置为 50 000 步，其他的参数均采用推荐值进行运算。

热分析模块对应的主要运行参数如表 2 – 3 所示。为了详细观测铸件的充型过程，将存储频率（TFREQ）设置为 10。为了实现缩松缩孔的预测，选择最高级的收缩计算模型，并激活补缩。在该模型中，当铸件凝固时会形成被糊状区和固体外壳包围的液体孤立域，直到孤立域中的所有节点均完全凝固后，该孤立区域才会消失。在一个区域的冷却过程中，随着温度的降低，合金的密度增加，若得不到补缩，就会出现缩松缩孔。因为铝合金受热膨胀，这时铸型的刚度对缩松的形成就会有影响。如果铸型为完全刚性，则铸件不能向外膨胀，产生的膨胀量可以重新用来填补缩松。如果铸型是完全“软的”，则铸型阻挡不住铸件的膨胀，不能进一步填充缩松。在实际的铸造过程中，情况极其复杂，虽然砂型的刚度不够，但是已经凝固的固体外壳已经足够坚硬。因此本文中将砂型作为刚性铸型，则将 MOLDRIG 设为 1.0。

表 2 – 3　热分析模块的主要运行参数

热分析	温度结果存储频率（TFREQ）	孔障计算（POROS）	孔障计算参数（MACROFS）	是否可在浇口进料（GATEFEED）	进料临界分数（GATEFS）	刚度模拟参数（MOLDRIG）
ON（Enthalpy）10	10	ON（Advanced）	0.7	ON	0. 95	1.0

流体分析模块对应的主要运行参数如表 2 – 4 所示。在计算过程中应以压力边界条件（PINLET）驱动流体流动，并激活自由表面计算（FREESF）。在低压铸造过程中，当压力驱动作为边界条件时，应将 PREF 设定为一个大气压。为了记录充型过程的具体情况，将流场的存储频率设置为 10。

表 2-4　流体分析模块的主要运行参数

流体分析	最大充型分数（LVSURF）	自由表面计算（FREESF）	自由曲面算法（FREESFOPT）	速度结果存储频率（VFREQ）	压力驱动流入（PINLET）	参考压强（PREF）
ON(3)	1.0	ON（Rapid filling）	ON（Advanced1）	10	ON	1atm①
注：①1 atm≈10^5 Pa。						

2.4　铸造及热处理残余应力分析

2.4.1　铸造过程残余应力仿真

铸造过程主要分为脱箱前充型到凝固过程和脱箱后冷却过程，主要仿真过程均在 ProCAST 中进行，主要设定参数为：导入气缸盖铸造有限元网格模型，设定材料参数，设定工艺参数，设定传热参数，设定仿真参数。通过计算可以得到气缸盖铸造仿真过程的温度变化（见图 2-5）、应力变化（见图 2-6），以及速度变化（见图 2-7）。

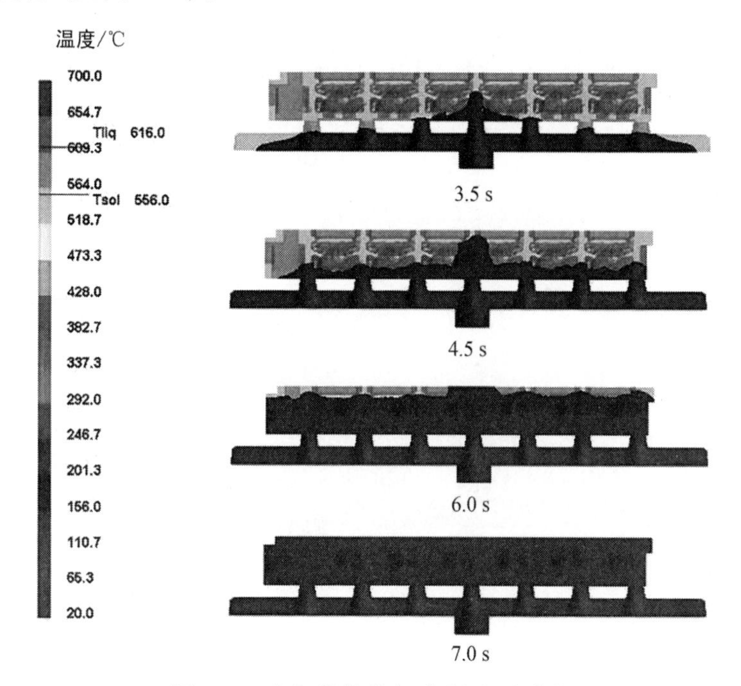

图 2-5　气缸盖铸造充型过程温度变化

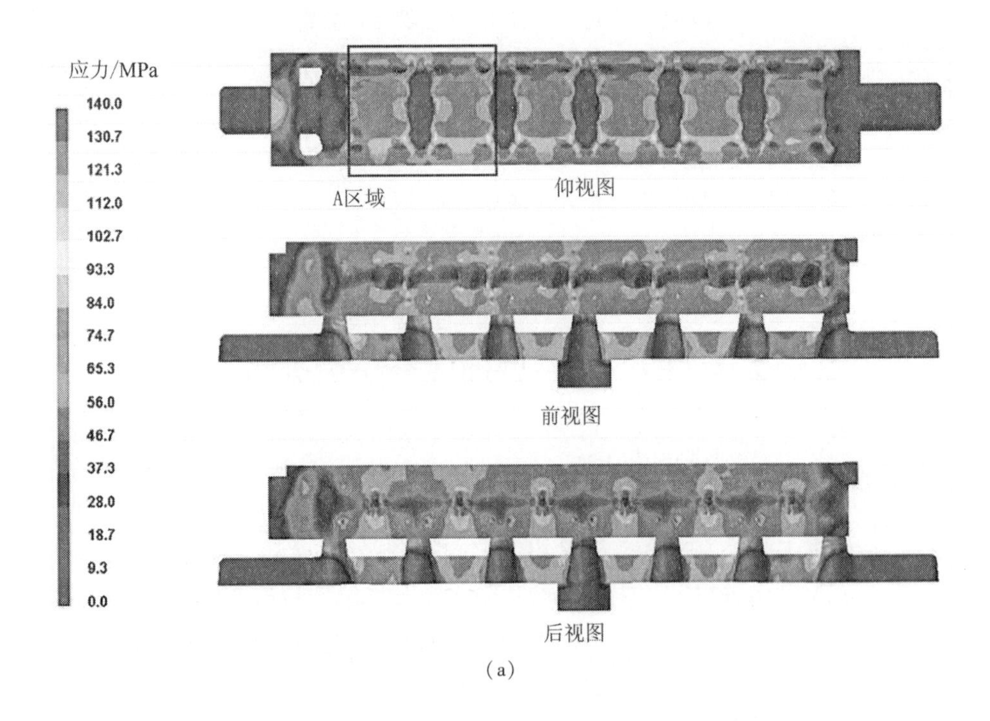

(a)

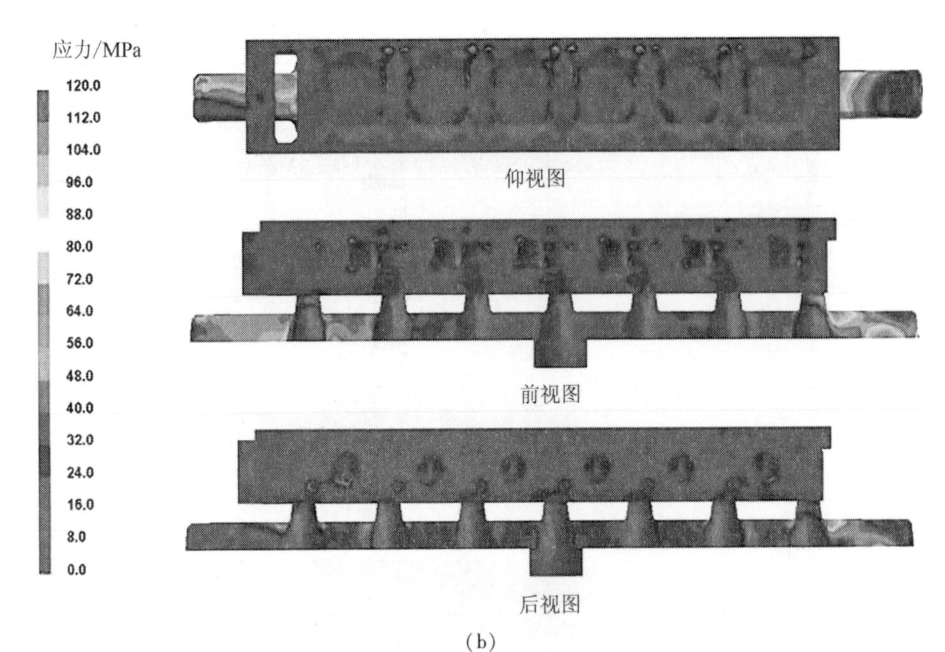

(b)

图 2-6　气缸盖铸造过程应力变化

(a) 脱箱前应力变化；(b) 脱箱后应力变化

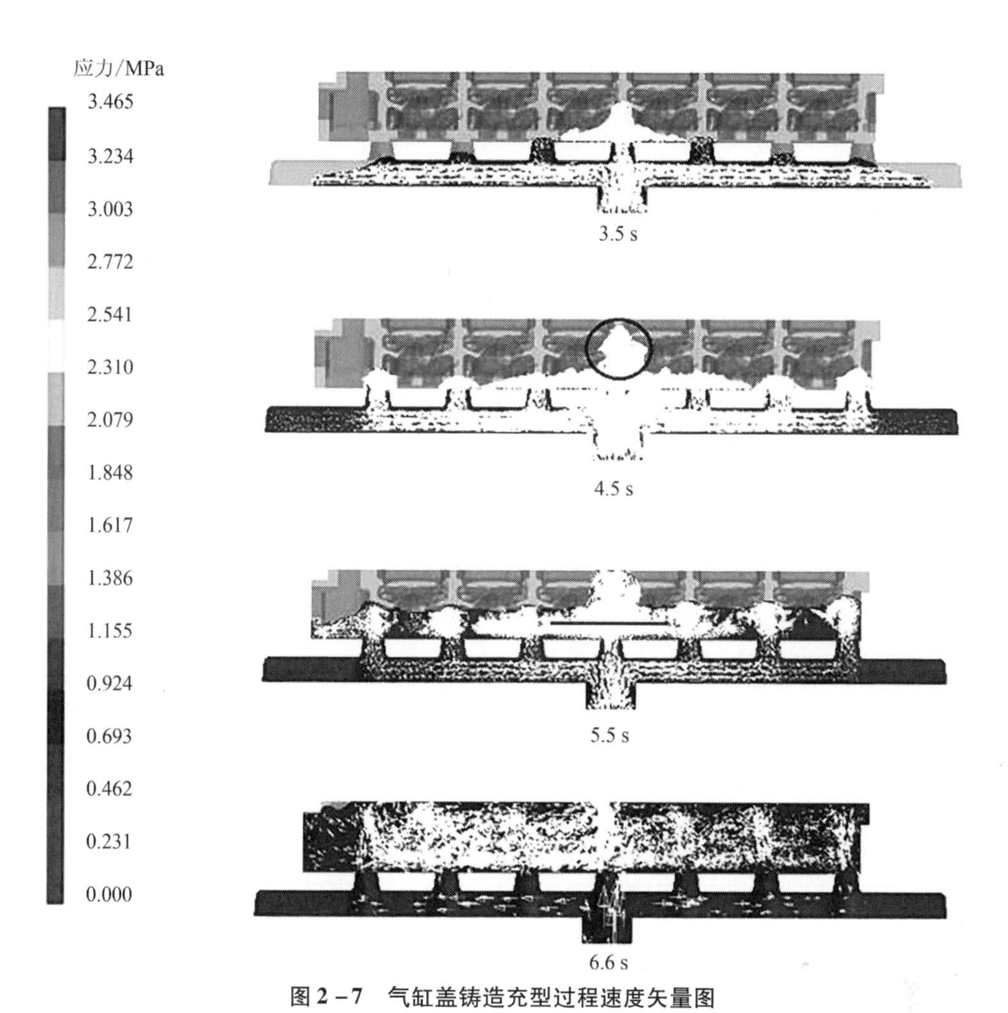

图 2－7 气缸盖铸造充型过程速度矢量图

2.4.2 热处理过程残余应力仿真

由于气缸盖铸造后的残余应力较大，必须经过相应的热处理后才能使用，高强度气缸盖热处理过程可分为以下几步：高温固溶、淬火、时效。热处理过程同样需要有限元分析处理，一般可用 ABAQUS 软件进行，主要过程如下：首先提取铸造过程产生的残余应力，导入 ABAQUS 中使用；再将气缸盖有限元模型导入软件中，设置材料属性和传热边界条件，计算得到气缸盖新的残余应力；再依次进行上述几个过程，得到气缸盖热处理过程产生的残余应力。其流程图如图 2－8 所示。

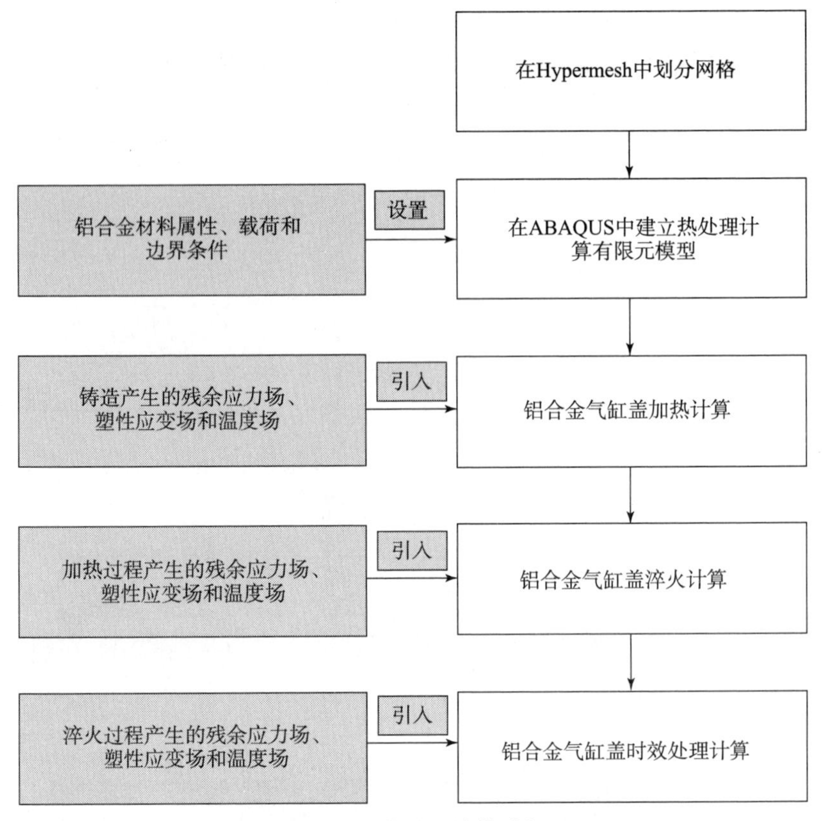

图 2-8　热处理计算过程

铝合金气缸盖计算固溶处理过程时，需要预设初始载荷，初始载荷包括铸造产生的残余应力场、塑性应变场和温度场；计算淬火过程时，需要引入加热过程产生的残余应力场、塑性应变场和温度场；计算时效处理时，需要引入淬火过程产生的残余应力场、塑性应变场和温度场。

1. 固溶处理计算过程

铝合金气缸盖加热过程是在热处理炉中加热到 490 ℃，再依次进行三级保温处理，最终使气缸盖全部温度稳定在 510 ℃。热处理炉实际加热过程中，对流与辐射同时存在，统称为复合换热。因此该模型中复合换热系数的确定是关键。工程上为计算方便，采用将辐射换热量Φ_r表示成牛顿冷却公式的形式，并折合成对流换热量Φ_c的处理方法，于是复合换热的总换热量 Φ 可以表示成：

$$\Phi = \Phi_c + \Phi_r = A(h_c + h_r)\Delta T = Ah(T_\infty - T_w) \tag{2-2}$$

式中，h_r为辐射换热表面传热系数；h_c为对流换热系数；h 为复合换热系数；

T_∞为外部环境温度（K）；T_w为钢板表面温度（K）；A为换热面积（m^2）。

所以，铝合金气缸盖加热过程的对流换热系数如图2－9所示。

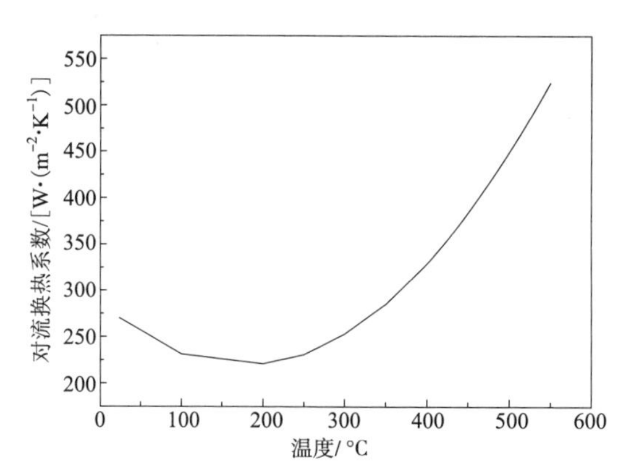

图2－9 固溶过程对流换热系数

另外，加热过程的模拟要引入铸造后的残余应力、塑性应变和温度。相关的数值已在前期ProCAST中计算得到，铸造后残余应力如图2－10所示，温度为25 ℃，环境温度设为510 ℃。

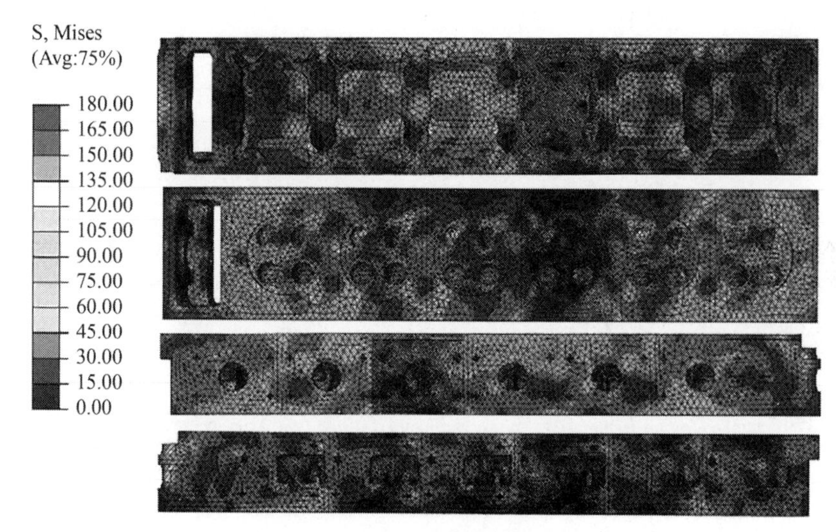

图2－10 铸造过程的残余应力

图2－11是铝合金气缸盖在加热15 s和60 s的温度分布，从图中可以看出，在加热过程中，铝合金气缸盖的外部先被加热，随着加热时间增加，逐渐加热到铸件芯部，在整个加热过程中，铝合金气缸盖由外到内温度逐渐减小，时刻存在温度梯度，进而产生内应力。

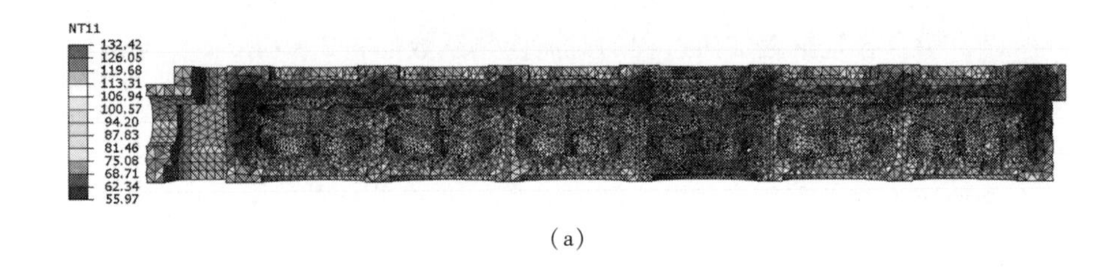

(a)

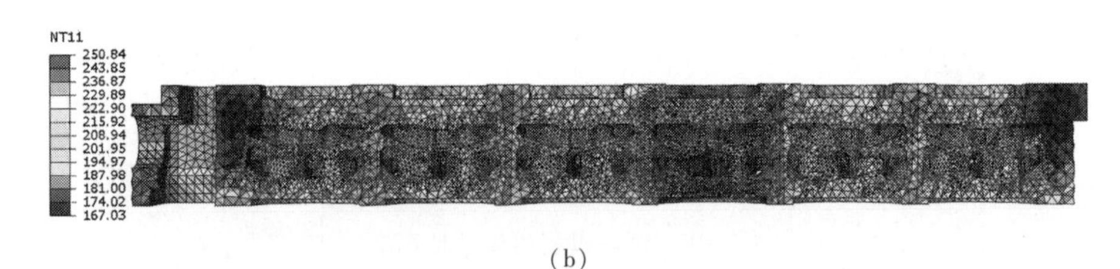

(b)

图 2-11　铝合金气缸盖加热过程中温度分布情况

(a) 15 s; (b) 60 s

铝合金气缸盖加热过程中，温度随时间的变化如图 2-12 所示，从图中可以看出，随着加热时间的增加，铝合金气缸盖的温度越来越高，加热时间到 300 s 左右，气缸盖的温度已加热到 500 ℃。

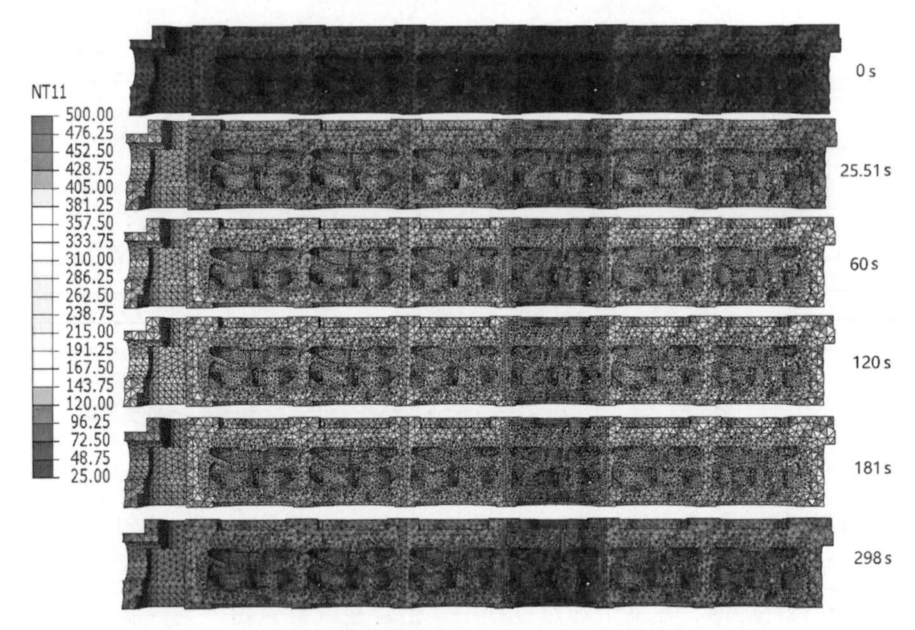

图 2-12　铝合金气缸盖加热过程中温度随时间的变化过程

由图2-13可知，铝合金气缸盖在加热过程中，随着加热时间的增加，内部的铸造残余应力逐渐降低。这是由于，在铸态合金中，合金元素的偏析较严重，Fe、Mg、Si元素在晶界存在富集现象，且在晶界和晶内分布不均。加热处理后合金中β-AlFeSi已转换成颗粒状α-AlFeSi相。合金经过加热处理，合金原子在高温下进行扩散，偏析减轻，非平衡共晶组织得到溶解，Fe、Mg、Si元素的浓度分布曲线基本趋于平缓，降低了成分分布的不均匀性，进而降低了铸态的残余应力，并且消除了晶格的畸变。

图2-13　铝合金气缸盖加热过程中残余应力变化云图

图2-14是铝合金气缸盖加热到500 ℃时的残余应力分布，可以看出，铝合金经过加热处理后，最大残余应力为15.44 MPa，大大降低了铸造产生的残余应力。

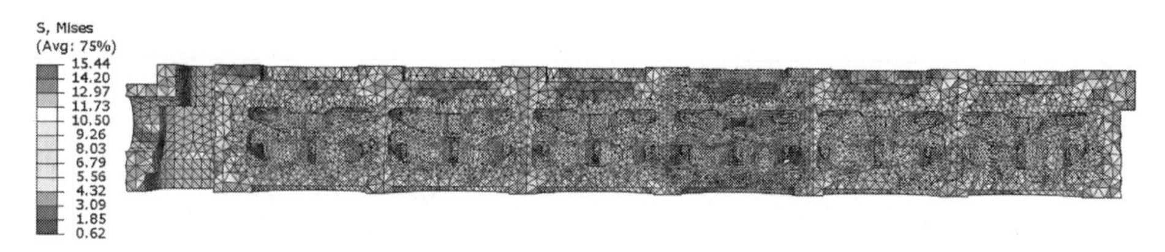

图2-14　铝合金气缸盖加热到500 ℃时的残余应力分布

2. 淬火计算过程

铝合金气缸盖淬火过程是将 510 ℃高温的气缸盖直接放入 75 ℃的水中进行冷却 10 min 的过程。淬火过程数值模拟时，需更换对流换热系数、屈服强度、预载荷。

铝合金气缸盖淬火过程是在 75 ℃的水中进行的，对流换热系数应该是铝合金与水之间的，对流换热系数如图 2－15 所示。换热系数之所以如此变化是因为在淬火初始阶段，样品温度远高于冷却介质水的温度，高温气缸盖与冷却介质水接触时，气缸盖表面会迅速汽化，在气缸盖表面和冷却介质水之间形成蒸汽膜，这个过程称为蒸汽膜阶段，因为蒸汽膜具有较差的导热性能，所以淬火初始阶段的换热系数较小；在淬火冷却过程中，样品温度随之不断降低，蒸汽膜和气泡越来越不易形成，气缸盖淬火端面开始直接与冷却介质水接触，热交换作用比较剧烈，导致换热系数变大；当气缸盖温度降低到一定程度时，蒸汽膜消失，淬火端面完全与冷却介质水接触，热交换进行得更加剧烈，换热系数迅速增大并达到最大；当气缸盖温度较低且逐渐接近室温时，由于冷却介质水与淬火端面之间的温度差减小，导致换热系数也逐渐减小。

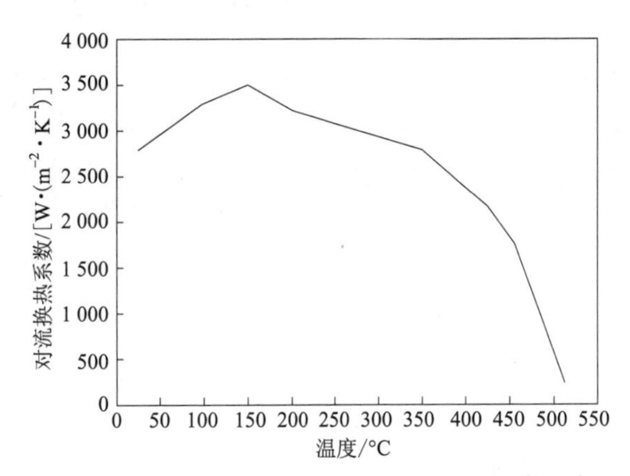

图 2－15　铝合金气缸盖淬火过程的对流换热系数

淬火过程是在固溶过程之后，所以计算淬火过程时要引入固溶过程结束后的温度场、残余应力场和塑性应变场。另外，要更换材料的屈服强度，数值如表 2－5 所示。环境温度设为 75 ℃；计算时间与实际处理时间一致，设为 600 s（10 min）。

表 2－5　铝合金气缸盖淬火过程的屈服强度

温度/℃	25	250	300	390	450	500
屈服强度/MPa	222.584	181	96	63.69	25.7	11.8

从图 2－16 中可以看出，铝合金气缸盖在淬火过程中，温度从外表面向里逐渐降低，随着淬火时间的增加，整体温度逐渐降低，淬火开始时温度冷却速度很快，主要是由于淬火开始阶段铝合金气缸盖与冷却水的温差较大。铝合金内外温度变化不一致，形成了温度梯度，进而产生内应力。

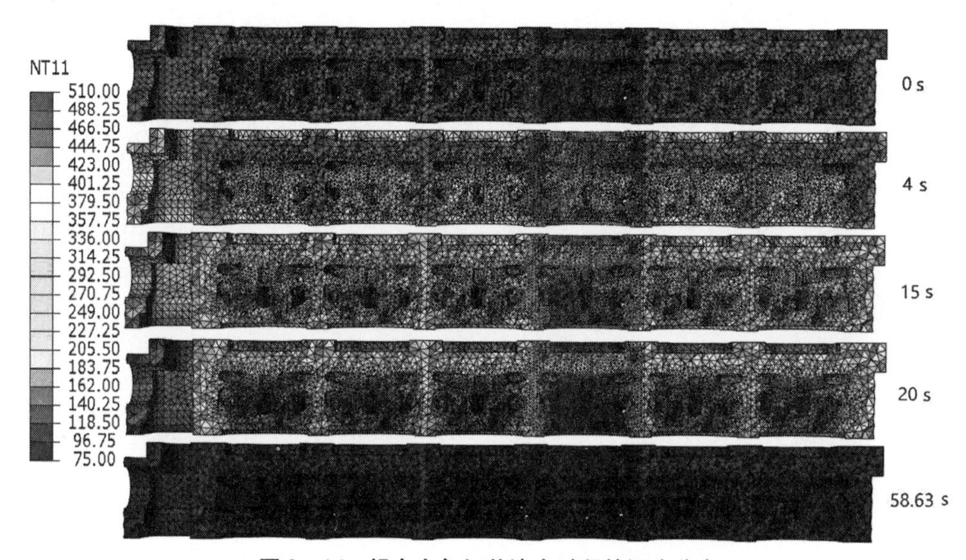

图 2－16　铝合金气缸盖淬火过程的温度分布

铝合金气缸盖在淬火过程中，由于内外温度不一致，并且是瞬时变化的，从而内部存在温度差，导致产生内应力。从图 2－17 中可以看出，铝合金气缸盖在淬火过程中，随着淬火时间的增加，内部残余应力呈先增大后减小的规律，在 10～15 s 时间内部残余应力达到最大。原因是，淬火刚开始时，内外温差巨大，外表面因冷却而急剧收缩，受到芯部材料的束缚而承受拉应力，相应的芯部则受到压应力，即淬火前期铸件芯部受压，外部受拉。随着淬火过程的进行，内外温差逐步缩小，芯部材料开始收缩变形，此时外部材料已冷却硬化，因此芯部收缩受到外部的束缚而呈现出拉应力，相应的外部呈现出压应力，即淬火后期铸件芯部受拉，外部受压，后期应力方向与前期相反，部分应力得到抵消，所以淬火过程呈现出内部残余应力先增大后减小的规律。

图 2-17　铝合金气缸盖淬火过程的残余应力分布

图 2-18 是铝合金气缸盖淬火后的内部残余应力分布云图，从图中可以看出，铝合金气缸盖淬火后，最大残余应力为 260.09 MPa，大部分应力值在 40~50 MPa 范围，应力较大区域是排道夹壁根部和喷油孔中部凸台，应力值分别为 224.8 MPa、231.4 MPa。

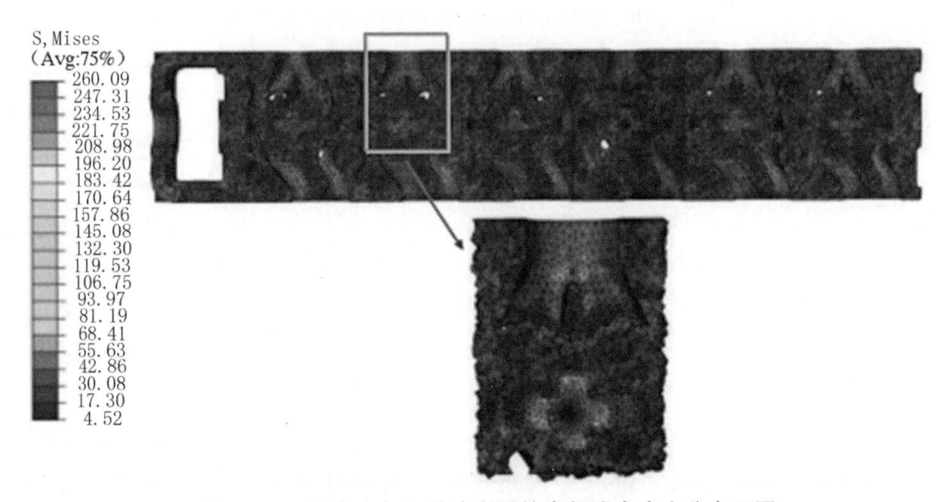

图 2-18　铝合金气缸盖淬火后的内部残余应力分布云图

3. 时效计算过程

铝合金气缸盖实际的时效处理是将气缸盖放入热处理炉中 160 ℃保温 9 h。但在 ABAQUS 中数值模拟时并不用计算这么长时间，只需计算气缸盖温度从 75 ℃到 160 ℃后，再稳定计算几秒即可。采用的对流换热系数为热处理炉中的复合对流换热系数。环境温度设为 160 ℃，同时，引入淬火过程结束后的温度场、残余应力场和塑性应变场。

计算得到的残余应力结果如图 2－19 所示，从图中可知，最大残余应力为 78.58 MPa，大部分应力值在 25～35 MPa，应力较大区域是排道夹壁根部和喷油孔中部凸台，应力值分别为 64.3 MPa、73.3 MPa。

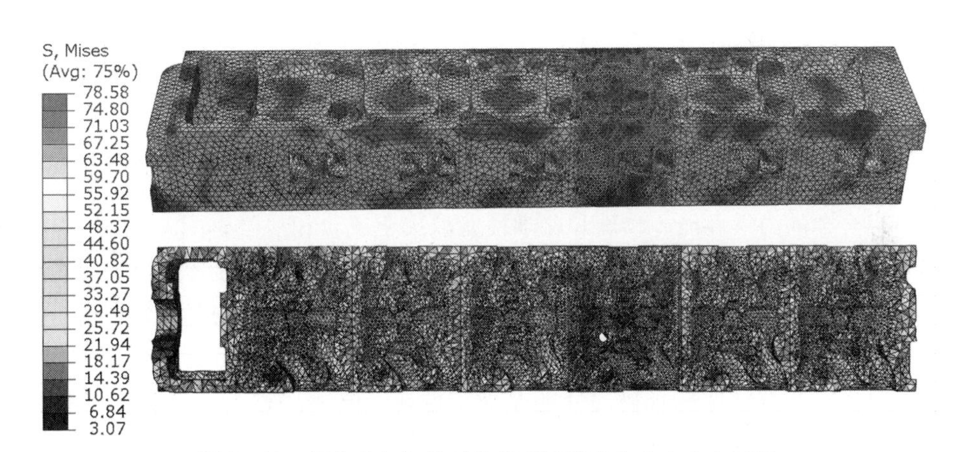

图 2－19　铝合金气缸盖时效处理后的残余应力分布云图

对比图 2－18 和图 2－19 可知，时效处理大大降低了淬火过程产生的残余应力，原因在于：

（1）铝合金气缸盖在室温下具有较高屈服强度，当温度升高时，屈服强度随之降低，这会使得一部分接近合金屈服极限的残余应力因达到合金降低后的屈服极限而发生塑性变形，从而产生应力松弛，达到消减残余应力的目的。

（2）铝合金气缸盖经过淬火后会形成过饱和固溶体，而过饱和固溶体体系在时效过程中发生脱溶分解，沉淀出不稳定的弥散强化相元素，进而使残余应力得到释放，并且使合金的强度和硬度提高，塑性降低。

第3章

铸造及热处理铝合金气缸盖组织特性及基础表征方法

3.1 引言

铝合金的力学性能、物理和化学性能取决于成分和显微组织。在纯铝中，加入特定的元素能很大程度地影响其性能，所使用的主要合金添加元素为铜、锰、硅、镁和锌。铸造铝硅系合金由于加入了大量的硅而具有优良的铸造性能，流动性好、收缩小、热裂倾向小，气密性较好，经过变质及热处理后，表现出良好的力学性能、物理性能及加工性能。值得注意的是，铝合金由于相对密度较小且具有较高的比强度和良好的导热性及耐腐蚀性，随着节能减排的严格要求，在缸体缸盖制造方面也占据了很大的比例，但是，随着柴油机升功率的不断提高，柴油机缸盖缸体的工作温度也在进一步升高，缸体缸盖的很多局部区域工作温度已经超过了 250 ℃，此时铝合金的机械力学性能进一步降低，存在不满足强度要求的趋势。本章将从高强度铝合金及铸铁气缸盖微组织特性及气缸盖基础力学性能表征等角度，为气缸盖铸造工艺控制、铸造质量表征建立，提供有效参考。

3.2 高强度铝合金气缸盖微观组织特性

由于具备良好的铸造性能、低密度、高强度、耐腐蚀性等多种性能，铝及其合金成为适用范围最广、通用性最强、经济性最优的金属材料，在结构材料应用广度方面，仅次于钢。铝的密度只有 2.7 g/cm^3，大约为钢密度的三分之一。低密度高强度的特性使得铝合金材料在航空航天运载工具、陆上水中交通工具应用中具有特别优势。当前国内工艺水平条件下，铸造工艺过程是柴油机气缸盖得以批量化生产走向装机使用的必经环节，为提高柴油机功重比实现轻量化目的，铝合金（特别是铝硅合金）成为高强化柴油机机体及气缸盖的首选材料。铸造铝硅系合金中硅的含量为 4% ~26%（质量百分比，wt. %），按照二元相图（见图 3 - 1）可分为以下三种：

（1）亚共晶铝硅合金，硅含量为 4% ~9%，典型代表为美国 A356/A354 合金（硅含量为 7%）、中国高强化柴油机铸铝合金（硅含量为 7%）等。

（2）共晶铝硅合金，硅含量为 10% ~13%，典型代表为中国 ZL109 铝合金（硅含量为 12%）。

（3）过共晶铝硅合金，硅含量为 14% ~26%，典型代表为美国 A390 铝合金（硅含量为 18%）、日本 AC9A 铝合金（硅含量为 23%）、德国 KS282 铝合金（硅含量为 25%）等。

然而，在加入 Si 元素的同时，不可避免地在合金组织中形成了大量的硅相，包括初生硅（大块状）和共晶硅（片状），极易在硅相的尖端和棱角处引起应力集中，合金容易沿晶粒的边界处或者板状硅本身开裂而形成裂纹，使合金变脆，力学性能特别是延伸率显著降低，切削加工功能也不好。铝硅合金常通过硅相变质来提高材料的微观组织结构及其力学性能。对初晶硅而言，一般采取 P 变质的方式，即通过加入含磷元素的变质剂在合金中与铝形成初晶硅的异质结晶核心 AlP，从而细化初晶硅，而对于共晶硅的变质，元素锶（Sr）、锑（Sb）、Re 混合稀土、钡（Ba）、铋（Bi）、镧（La）等都对共晶硅有着不同程度的变质作用，而在实际生产过程中最常用的为 Sr 元素变质方法，Sr 的加入可以使得共晶硅球化，使片状的共晶硅变成类似珊瑚状的共晶组织，共晶硅形貌趋于圆润，进而降低其对基体的割裂作用，提高合金强度。

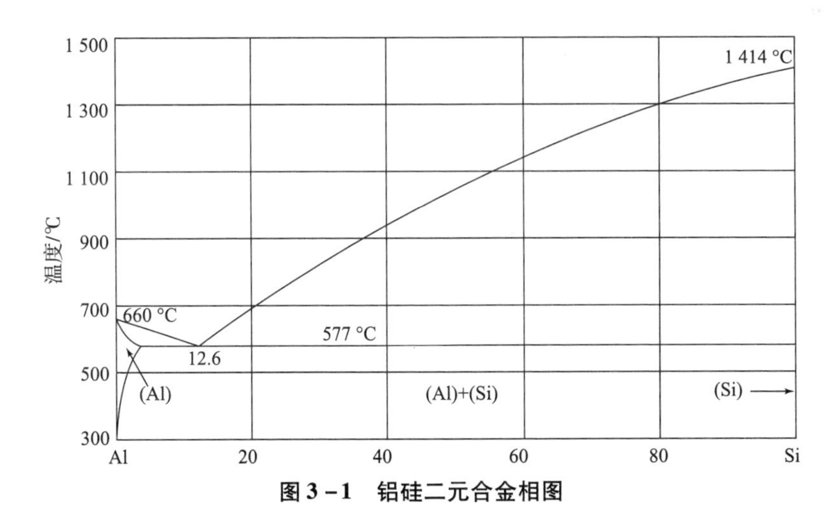

图 3 - 1　铝硅二元合金相图

另外，多元合金强化是铝硅合金最常见、最重要的强化方式，通过在铝硅合金中添加 Cu、Mg、Ni 等元素，既能使得这些元素溶入铝基体中产生固溶强化效应，又可以在合金中形成弥散而微小的沉淀析出相，如 θ 相（Al_2Cu）、M 相（Mg_2Si）以及 Q 相（$Al_5Cu_2Mg_8Si_6$）等，强化相种类繁多且分布均匀，能有效阻止位错运动，增强合金的塑性变形能力。同时，多元强化能使得合金体系中形成大量多种多样的金属间化合物，这些化合物的尺寸不一、数量不等，但往往也会对合金的力学性能产生影响，这种影响也会随着元素含量的变化及热处理工艺的变化而有所差别。

Cu 是铝硅合金重要的强化元素之一，在 Al 中有较高的固溶度，525 ℃时可以形成 Al_2Cu 相，可以显著提高合金的室温及高温强度，改善合金的可加工性能，在生产中的添加量一般为1% ~6%，过多地添加 Cu 元素会降低合金的塑性和流动性并有增加晶间腐蚀的倾向，降低合金的溶点，提高固液线并增加溶解氢的程度，会在合金中形成气孔，从而降低材料的性能。

Mg 元素在 Al 中的固溶度略高于 Cu，既能起到固溶强化的作用，而且由于 Mg 具有良好的抗腐蚀性能，特别是与 Cu 配合使用时，能进一步提高合金耐热性，能满足某些高温使用环境需求，但过多的 Mg 元素会促成晶界上脆性相的形成进而降低合金强度。

Fe 元素一般会在铝硅合金体系中形成两种相：α - Fe（$Al_{15}(FeMn)_3Si$）和 β - Fe（Al_5FeSi），β - Fe 形貌为针状，且质地脆硬，会严重降低材料的韧性；另外，通过添加 Mn 元素可与 Fe 形成 α - Fe 相，通过溶入较多的 Fe，避免形成有害的 β - Fe，从而消除 Fe 的有害作用，但如果 Mn 的比重过大，容易在合金的冷凝过程中产生晶内偏析。

对整体气缸盖进行先验强度评估是柴油机设计制造过程中必不可少的环节。然而铸造工艺应用于大型复杂构件气缸盖的批量化生产过程中，有两方面问题不可避免，铸造工艺带来的微观组织空间分散性首当其冲。在气缸盖浇铸过程中，由于其自身结构复杂性，铸件内部壁厚不均且存在大量曲率不一的曲面。同时，对于不同铸造位置，其型腔内金属液冷却速度会产生很大不同，导致冷却后气缸盖铸件在微观组织结构上产生很大的分散性，此外无法彻底消除的铸造残余应力也与气缸盖本身结构息息相关，微观组织结构异质性及铸造残余应力的存在使得铸件强度随空间结构具备分散性。第二个重要问题便是铝合金微观组织自身的多样性。铸造铝硅合金的主要成分为先析铝枝晶、共晶硅、金属间化合物强化相、铸造缺陷（如缩松、缩孔、氧化膜等），这些微观组织结构的形貌、尺寸以及含量都会直接影响并决定材料的宏观力学性能。

3.2.1　微观组织表征方法

亚共晶铝硅合金是铸造成型气缸盖的重要材料，由于气缸盖的使用工况恶劣，承受高温及高压作用，同时气缸盖本身具备结构复杂性的特点，对气缸盖所用材料提出了高标准严要求，气缸盖所用材料须达到一定的力学性能，而力学性能往往受制于微观组织特性，微观组织的形貌、成分及含量都会直接影响到材料的力学性能。现有研究结果表明，铝硅合金晶粒细化及二次枝晶臂间距减小使得晶界数目增多，晶界可以抑制位错的滑移进而提高材料的强度及延展性，晶粒尺寸及二次枝晶臂间距的影响可以用 Hall - Petch 关系来表示；共晶硅的形貌、尺寸及分布都会影响材料的力学性能，粗大的针状共晶硅容易造成应力集中进而对材料力学性能产生不利倾向，氧化膜、铸造缩松缩孔等缺陷会大幅降低材料的力学性能，尤其是疲劳强度，很大程度上受到微观组织缺陷的影响。

强化相对于材料力学性能的影响不言而喻。过剩相强化是铸造耐热铝合金的主要强化方式。当铝中加入的合金元素含量超过其极限溶解度时，淬火加热时便有一部分不能溶入固溶体的第二相出现，称之为过剩相。铝合金中的过剩相多为硬而脆的金属间化合物，它们在合金中阻碍晶界滑移和位错运动，进而提高材料的强度、硬度，降低材料的塑性与韧性。Mg_2Si 相和 Al_2Cu 相是气缸盖用材料高强化柴油机铸铝合金最主要的金属间作用物强化相。在热处理工程中，Mg_2Si 相组织的固溶体形成和时效处理时 Mg_2Si 相组织的析出对于合金的力学性能有着一定的影响作用。合金经时效处理后，Mg_2Si 相从固溶处理时溶解到 α(Al) 基体中沉淀出来，形成大量的弥散分布沉淀相，在此，起强化作用的并不是 Mg_2Si 稳定相，而是 Mg_2Si 相从 α(Al) 基体中析出的过程中，在共晶硅附近处由 Mg、Si 元素形成的增强相，其与基体形成共格或半共格区域，产生应力场，阻碍位错运动，使得合金强度提高。铜是铝的常用固溶合金化元素，Al - Si 系合金中加 Cu，能与 Al 形成 Al_2Cu 相，该相一般分布在 Si 相或者晶界上，所以有打断 Si 相、细化 Si 相的作用，从而使条片状的 Si 相越来越细小，起到固溶强化和弥散强化的作用，提高合金的屈服强度及抗拉强度。除此之外，高强化柴油机铸铝合金中还有部分其他强化相如 W 相（$Al_xMg_5Si_4Cu_4$）、Q 相（$Al_3Cu_2Mg_9Si_7$）、N 相（Al_7Cu_2Fe），以及 η 相（$Al_8Mg_3FeSi_6$）等。

除上述微观组织特征外，外界环境也是影响材料强度的另一个重要因素，对柴油机气缸盖而言，其工作环境处于高温高压工作状态下，必须考虑温度对材料微观组织演化的影响规律。材料随温度升高力学性能不断弱化，因此研究材料力学性能随温度变化趋势十分重要。

3.2.2 组织缺陷分析

对于铸造铝硅合金微观组织与缺陷形貌、成分及含量的研究，可以采用光学显微镜（OM）、扫描电镜（SEM）和能谱仪（EDS）对显微组织进行形貌观察及成分分析，并进行定量化表征。

1. 试验材料及试验方法

从已进行 T6 热处理（固溶处理 + 完全人工时效）的铝合金复杂构件气缸盖不同位置取样，取样位置为冷却速率存在明显差异的区域。取样位置包括顶板、力墙厚大位置及承受高温燃气工作的底板火力面区域，取样位置示意如图 3 - 2 所示。室温拉伸试验及高温拉伸试验分别依据 GB/T 228.1—2010 及 GB/T 228.2—2015 开展，拉伸试验采用应变控制，室温下应变速率为 0.000 25 s^{-1}，高温下应变速率为 0.000 2 s^{-1}。对完成拉伸试验的试样进行硬度测试，硬度测试依据 GB/T 231.1—2018 测试标准通过 320 HBS - 3000 型数显布氏硬度计完成，测量压头为直径 5 mm 的钢球，载荷为 250 kg，保载时间为 20 s。

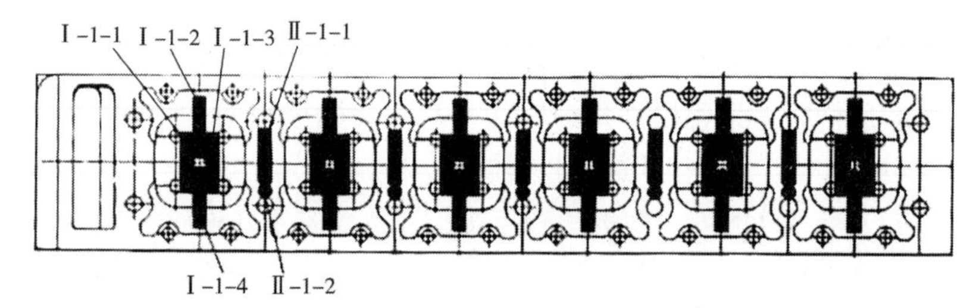

图 3 - 2　取样位置示意图

柴油机气缸盖本体不同位置力学性能试验完成后，进行各试样金相样品制备及微观组织参数提取。金相样品经打磨及抛光处理后，置于含 0.5% 硝酸的酒精溶液中进行腐蚀，将制备好的金相试样置于 ZEISS Z1M 光学显微镜下观察其微观组织。

2. 组织缺陷分析

气缸盖用高强化柴油机铸铝合金为典型的亚共晶铝硅合金，其主要成分包括初生铝枝晶、共晶硅颗粒、金属间化合物、铸造缺陷（如缩松、缩孔、氧化膜）等，柴油机气缸盖顶板、力墙及底板的典型金相图如图 3 - 3 所示。

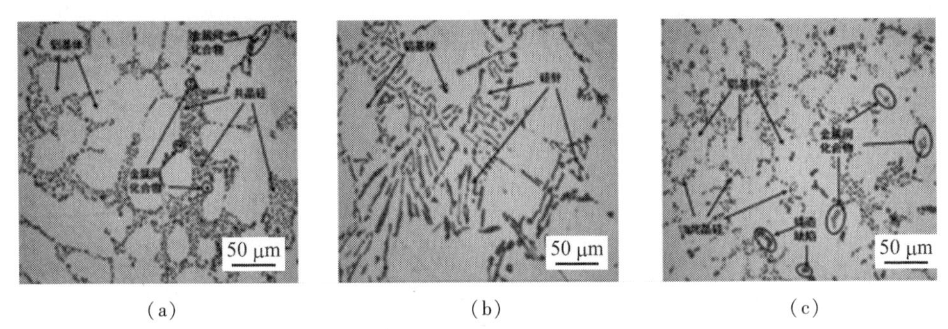

图 3 - 3　气缸盖不同取样区域典型金相图

(a) 顶板金相图；(b) 力墙金相图；(c) 底板金相图

三种取样位置试样的金相组织中的白色为 Al 基体，黑色棒状为 Si，黑色叉状物为 β 相（Mg_2Si），在不同部位的铸件中均有大量第二相沿晶界析出。由于铸件三种取样位置的冷却速率不同，造成其原始铸态组织具有较大差异。经时效处理后，三种试样的第二相的形貌具有较大差异。相较而言，顶板冷却速率最快，其过饱和固溶体的溶解度最大，均匀性最好，时效处理后第二相最为细小，弥散度更高，形状大都为球状，并存在部分形状不规则的 β 相，其相对应的力学性能最为优良，力墙中存在大量的粗大长条状共晶 Si（见图 3 - 4），这些 Si 针较易产生应力集中现象，在工作过程中对材料的力学性能有不利影响，其疲劳强度最差；底板的第二相为球状和短棒状混合结构，存在短棒状的共晶 Si 以及部分形状不规则的 Mg_2Si，力学性能略优于力墙，

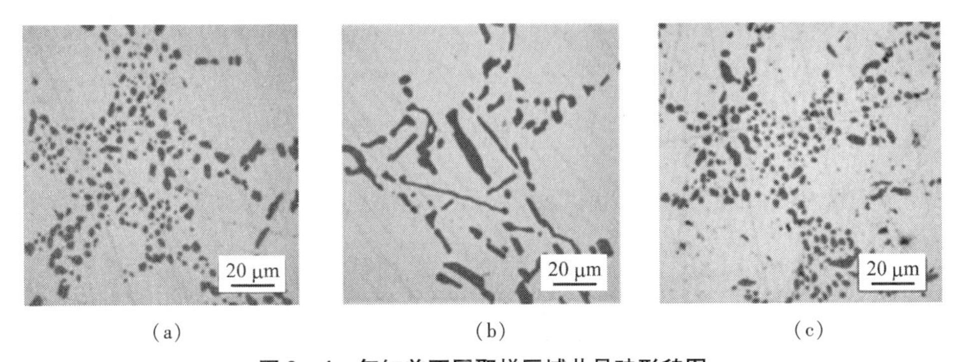

图 3 - 4　气缸盖不同取样区域共晶硅形貌图

(a) 顶板区域共晶硅形貌图；(b) 力墙区域共晶硅形貌图；(c) 底板区域共晶硅形貌图

在底板部分试样中也发现了较为明显的 Si 针，这可能是这些部位的试样位置靠近冒口，冷却速率过慢导致的。

铝合金材料二次枝晶臂间距（SDAS）主要受到铝液冷却速度的影响，冷却速度越大形核温度会随之越高，结晶时过冷度越大，枝晶形核率越高，因没有充足的时间完成生长聚集过程，二次枝晶臂间距越小。图 3－5 为三种不同取样位置晶粒形貌图，三种取样位置的晶粒大小具有明显差异，顶板区域晶粒度最小，底板火力面区域次之，顶板区域晶粒最为粗大。由于在铸造过程中添加了少量成核剂，对同一位置而言，其晶粒尺寸分布较为均匀。

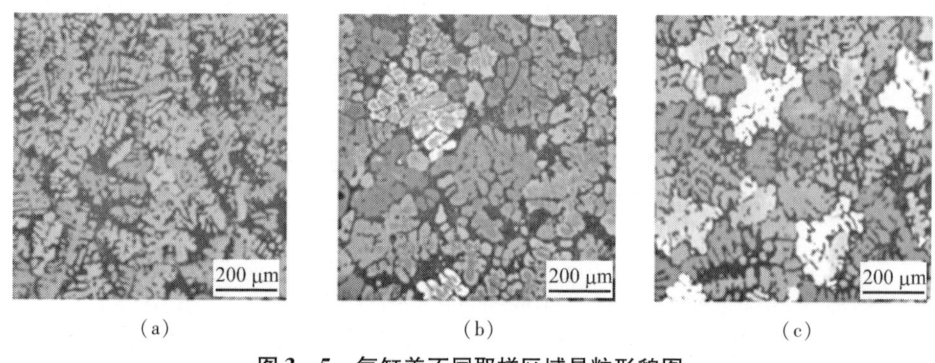

（a）　　（b）　　（c）

图 3－5　气缸盖不同取样区域晶粒形貌图

（a）顶板区域晶粒形貌；（b）力墙区域晶粒形貌；（c）底板区域晶粒形貌

某型铸铝合金气缸盖不同位置微观组织定量化统计数据如表 3－1 所示。气缸盖不同位置处试样微观组织存在明显差异。铸造过程中由于各位置冷却速度不同且壁厚不一，导致微观组织表征参数明显不同，尤其表现在晶粒尺寸、二次枝晶臂间距及共晶硅形貌方面。从趋势上看，晶粒尺寸、二次枝晶臂间距、缺陷平均面积、共晶硅长宽比变化趋势相同，呈现正相关性，晶粒度、二次枝晶臂间距越小，缺陷尺寸及共晶硅长宽比也越小。从位置上看，顶板区域微观组织表征参数最优，底板区域次之，力墙区域最差。

表 3－1　微观组织定量化提取结果

位置	晶粒度/μm	SDAS/μm	缺陷面积/μm^2	共晶硅长宽比
顶板	306	24.0 ± 2	252	1.45
力墙	578	56.0 ± 2	380	3.48
底板	345	28.0 ± 5	317	2.01

某型铸铝合金气缸盖的能谱分析结果（见图 3－6、图 3－7、图 3－8）表

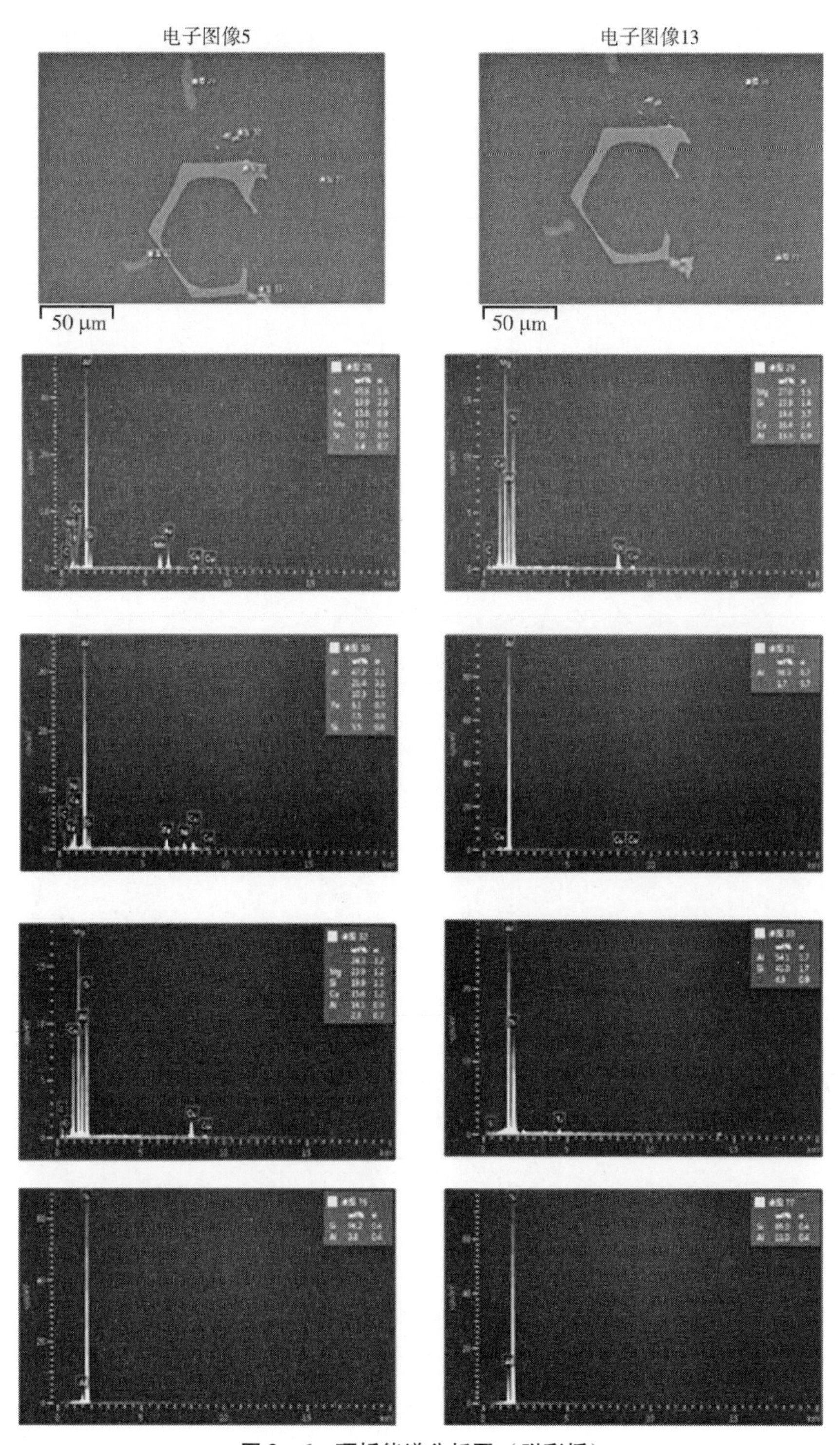

图 3-6　顶板能谱分析图（附彩插）

明，其基体组织成分主要为 Al，第二相的成分比较复杂，大块第二相大都为 Al、Mn、Fe、Si、Mg、Cu 的复合相，小块的第二相中存在 Si 针（颜色较浅）。铸件内部组织的 Si 相形态在时效过程中发生演变，分裂粒化，逐渐趋于圆整。沉淀相析出时序如下：过饱和固溶体（Super－Saturation Solid Solution)→GPI（Mg/Si 原子团簇）→GPII（Mg_5Si_6 过渡相）→β′（Mg_9Si_5 亚稳相）→β（Mg_2Si 稳定相）→Si。在第二相中由于 Fe 元素的存在，可能含有少量的 AlFeMnMgSi 相。对其中一些第二相进行能谱分析可见，Si、Cu 和 Mg 元素的峰都很明显，且 Mg 元素峰值比 Si 元素的高，此类细小第二相为 AlMgSiCu 四元相。有研究表明，时效合金中晶内粗化第二相具有三类形貌：片状、棒状和球状，这些粗化第二相主要含 Si 元素。这些富余的 Si 在时效初期有一部分扩散到晶界处形成晶界富 Si 相，而剩余在晶内的 Si 在时效后期在晶内沉淀析出。单质 Si 在 Al 基体中析出有两种形式，即球状和片状。

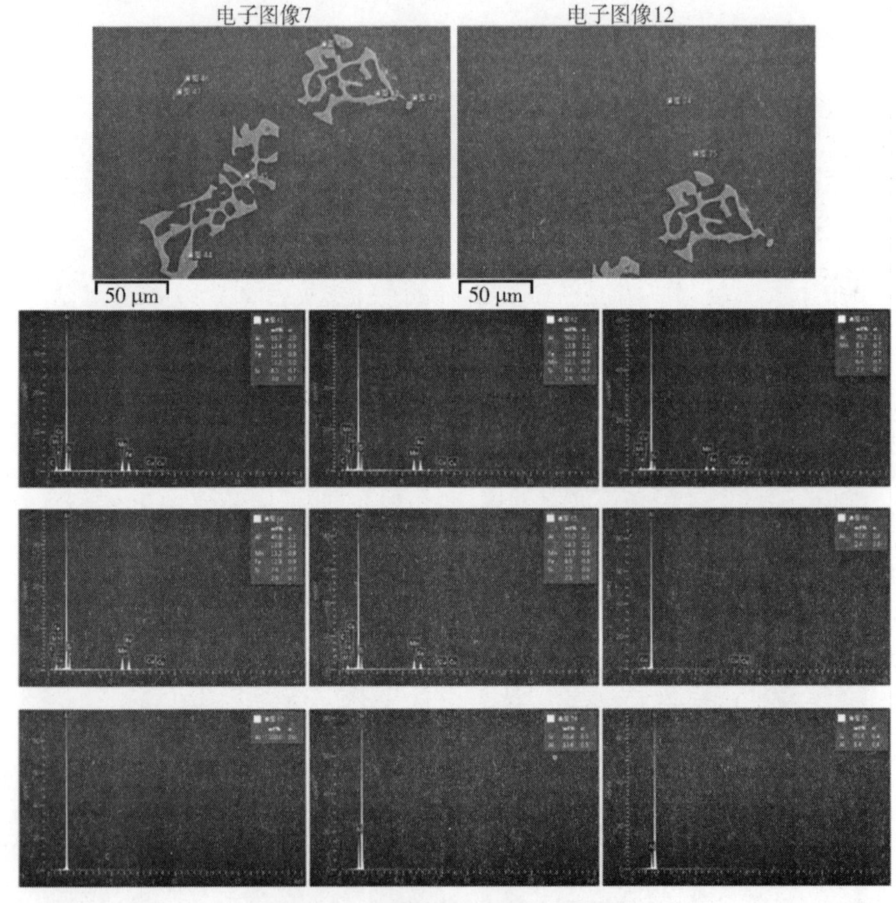

图 3－7　力墙能谱分析图（附彩插）

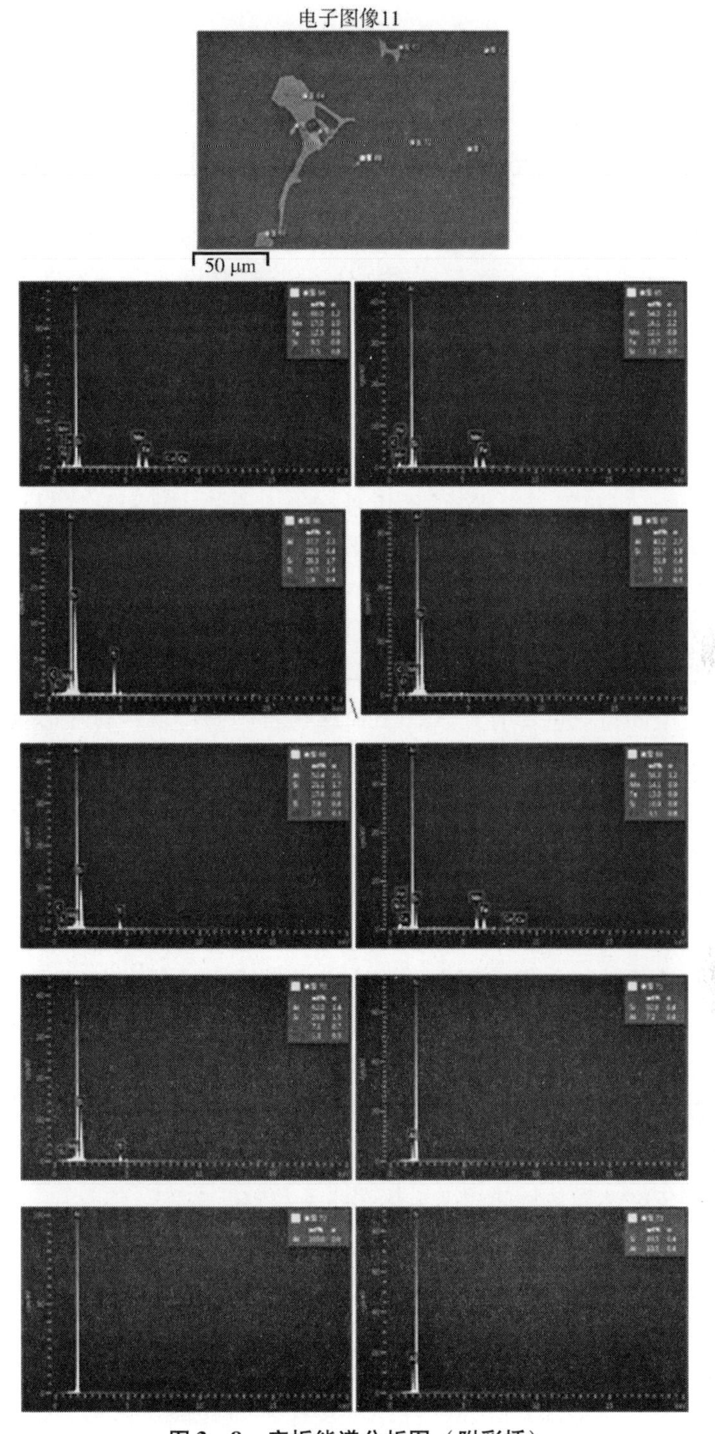

图 3 - 8　底板能谱分析图（附彩插）

3.3 铸铁气缸盖微观组织特性

3.3.1 铸铁气缸盖微观组织特性简介

蠕墨铸铁是一种组织均匀性高、导热性能优、强度高的优良铸件材料。20世纪80—90年代以来，蠕墨铸铁得到了广泛的应用，逐渐成为高性能柴油机材料的最佳选择之一。在铸铁材料中，灰铸铁的铸造性能较好，组织中的石墨呈片状，且石墨含量相对较高，所以灰铁铸件的导热性能较好，但是，强度低、脆性大的特点使灰铸铁很难应用于对强度有较高要求的工件；球墨铸铁的铸造性能相对灰铸铁较弱，但是比钢的要好许多，其组织中的绝大部分石墨都呈类球形状，且石墨含量相对较小，因此，球墨铸铁的导热性能相对灰铸铁的要小，但是强度、刚度比灰铸铁的好，常常用来生产对强韧性要求较高的铸件。

蠕墨铸铁是石墨大多以蠕虫状的形式存在，还存在少量团状、球状石墨的铸铁。蠕墨属于片墨和球墨之间的过渡石墨，其二、三维的形态、共晶团、结晶位向及凝固特点也皆有片状石墨和球状石墨的特征，其外形有着与片状石墨相似的分支结构，但它的微观结构、结晶位向和凝固特征等则与球墨铸铁更接近。铸态蠕墨铸铁的金属基体是由珠光体和铁素体组成的，这一点与球墨铸铁、灰铸铁具有很大的相似性。铸态蠕墨铸铁中，一旦出现蠕虫状石墨，即使在铸铁中添加了稳定珠光体元素和铸铁中有大量碳化物析出的情况下，其周边也会出现大量的铁素体。

石墨铸铁的性能在很大程度上取决于铸铁中石墨的形态，蠕虫状石墨是介于球状石墨和片状石墨之间的一种过渡形态。从组织决定性能来看，蠕墨铸铁的性能也应介于球墨铸铁和灰铸铁之间。蠕墨铸铁与灰铸铁相比，具有更高的抗拉强度、疲劳强度、抗裂安全极限、刚度及更好的韧性、耐热疲劳性、耐腐蚀性、抗冲击性和较小的壁厚敏感性等优点；而相对于球墨铸铁，其铸造性能较好、导热性能较高、热膨胀系数较低。

蠕墨铸铁缸体缸盖与铝合金缸体缸盖相比，有价廉、耐磨、抗振、降低噪声、降低能耗和减少污染等优势。但是蠕墨铸铁缸体缸盖也存在着一些亟待解决的问题，如蠕墨铸铁稳定性差，蠕化率控制较为困难；铸造工艺不够成熟，很难达到缸体缸盖的蠕化率大于80%的要求；对蠕化剂种类、加入量及铸造工艺的变化很敏感，导致蠕墨铸铁生产过程的稳定控制难度很大等。蠕墨铸铁中的石墨组织是蠕虫状石墨和球状石墨的混合体，因此，蠕墨铸铁的力学性能会随蠕墨铸铁中蠕虫状石墨和球状石墨的比例的不同而产生差异，球状石墨数量的增加会使得其力学性能接近于球铁。反之，蠕虫状石墨比例的增加会使得其性能向灰铸铁靠近。根据不同零部件的具体使用条件及要求，通过控制蠕墨铸铁中蠕虫状石墨和球状石墨的比例，可以因良好的综合性能而达到最佳的使用效果。

3.3.2 组织缺陷分析

蠕墨铸铁材料具有较高的抗拉强度、疲劳强度及良好的铸造和机加工特性，在机械、冶金及交通运输领域得到了广泛应用。蠕墨铸铁材料在铸造过程中容易形成微观缩松缺陷，微观缩松是材料在凝固末期，因晶簇间隙的凝固收缩得不到补偿而产生的微小孔洞。微观缩松的形成受到冷却速度、材料夹杂等因素的复杂影响，蠕化剂中的残余稀土元素也会增加蠕墨铸铁材料内部形成微观缩松的倾向，使得缩松周围的微观组织及成分表现出与其他部位不同的特征。此外，微观缩松作为一种材料内部缺陷，降低了材料的有效承载面积，会对材料的力学性能产生直接影响。对于微观缩松缺陷，由于其体积小、分散分布、难于观测的特点，传统的试验研究方法难以有效分析其对材料宏观力学性能的影响。针对此问题，研究人员提出了多种分析方法，其中，基于有限元计算微观力学的代表性体积元法（Representative Volume Element，RVE）由于其算法简洁、物理背景清晰等特点，成为近年来复合材料及微观缺陷分析领域的研究热点。该方法首先在复合材料的微观研究领域得到快速发展，其基本思想是“均匀化”，将多相材料视为宏观均匀、微观非均匀，通过平均代表性体积元 RVE 的力学响应来分析材料的宏观力学特性，进而建立材料宏、微观间的联系。研究者对该方法的应用，刚开始时主要集中于二维仿真研究。针对蠕墨铸铁材料内部微观缩松，可以通过组织观测和三维 RVE 有限元计算分析，研究微观缩松对材料微观组织结构及宏观力学性能的影响，讨论微观缩松附近材料成分的分布特点，并重点描述材料 RVE 模型的参数化建模及周期性边界的施加，量化微观缩松缺陷对材料力学性能的影响，分析微观缩松缺陷局部区域的应力分布状况。气缸盖用蠕墨铸铁材料为 RuT300，采用含 Ce 的稀土镁合金作为蠕化剂进行材料的组织孕育处理，材料的化学成分质量分数如表 3－2 所示。

表 3－2 RuT300 化学成分配比表（质量分数）

元素	C	Si	Mn	P	S	Fe
含量/%	3.36	2.32	0.86	0.051	0.018	余量

按照组织金相标准（JB 3829—1999）和蠕墨铸铁金相检验标准（GB/T 26656—2011）分析了所研究蠕墨铸铁材料内部微观组织及石墨形貌，对试样进行抛光处理，用4%硝酸酒精溶液腐蚀后采用扫描电镜（JSM-5610LV）进行观测。材料内部石墨形态如图3-9所示。石墨在蠕化剂的作用下大部分转变为边缘圆滑的蠕虫状，其占比约为75%（蠕化率），同时还有少量球状石墨存在（过蠕化）。根据铸铁结晶理论，材料铁液中镁及稀土元素等具有脱硫、脱氧作用，使得S、O等表面活性原子在石墨基面上的选择性吸附得以有效排除，最终形成蠕虫状和球状石墨。但随着稀土蠕化剂含量增加，残余稀土元素会对蠕墨铸铁的石墨形态及微观组织产生不利影响。

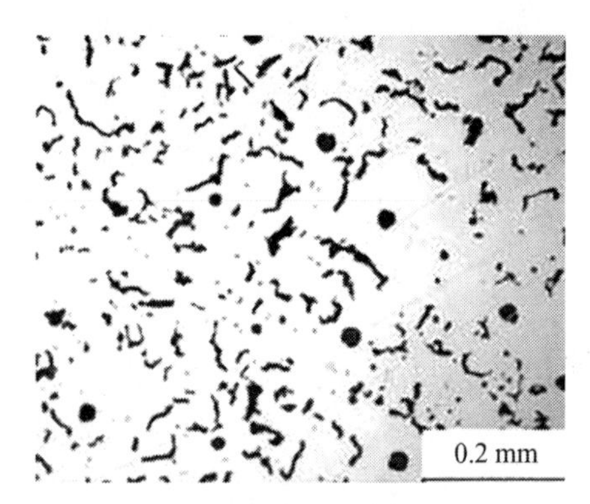

图3-9　蠕墨铸铁中蠕虫状石墨

蠕墨铸铁材料内部微观缩松缺陷体积小、分布不均，肉眼不可见，材料内部微观缩松缺陷如图3-10所示。从图3-10（a）可以看出，材料内部遍布着蠕虫状石墨，微观缩松在基体及石墨边缘不规则分布，并没有特定的分布规律；此外，图3-10（b）表明微观缩松缺陷大小不一，相差较大，但直径一般不超过40 μm。蠕墨铸铁内部的微观缩松缺陷的位置及大小分布特征与其他材料内的缺陷特点基本一致，即位置和大小分布均呈现随机性。从整体上看，这些缺陷与蠕虫状石墨相互交织，进一步加剧了基体组织的分割程度，劣化了材料的承载力。

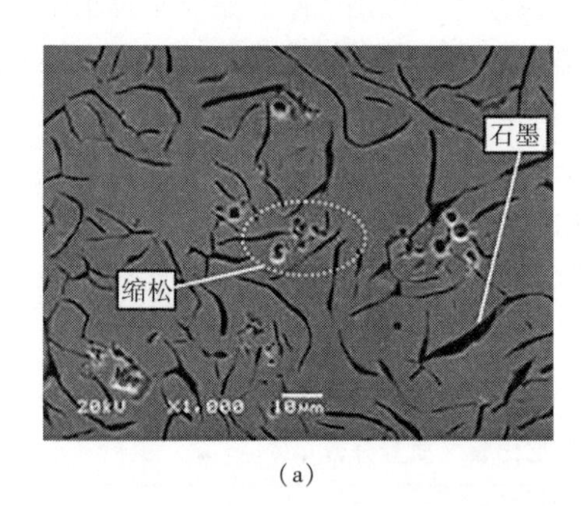

（a）

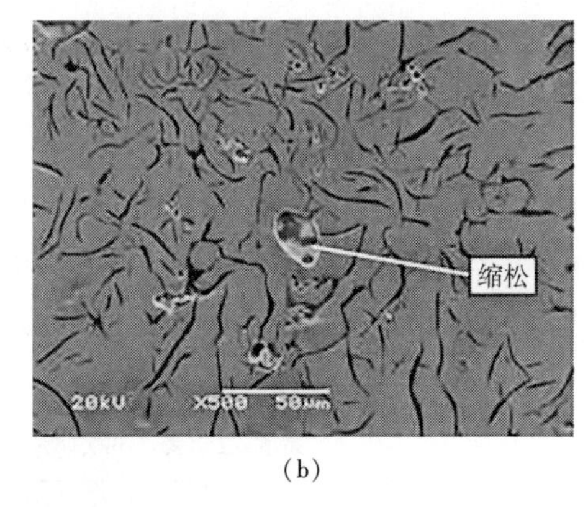

（b）

图3-10　蠕墨铸铁材料中的微观缩松缺陷观测

（a）缩松位置随机分布；（b）微观缩松大小不同

为了分析蠕墨铸铁材料内部微观缩松缺陷周围组织成分特征，对微观缩松缺陷部位的化学成分进行了能谱分析，结果如图 3 – 11 所示。在微观缩松的周围组织中含有 Ce、Mg 元素，而 Ce、Mg 是稀土蠕化剂中的重要成分。关于铸铁材料微观缩松形成机理的研究很多，较高的残余 Ce、Mg 含量会造成缩松倾向增大的观点已经得到普遍认同。缩松缩孔缺陷的形成与 Mg 在组织中的分布不均有关。此外，稀土元素 Ce 能够阻碍石墨化进程，促进渗碳体的生成，促使碳化物出现并且增多，伴随着二次收缩量的增加，造成材料凝固过程中局部体积变化但又得不到及时补缩，最后生成缩松缺陷。

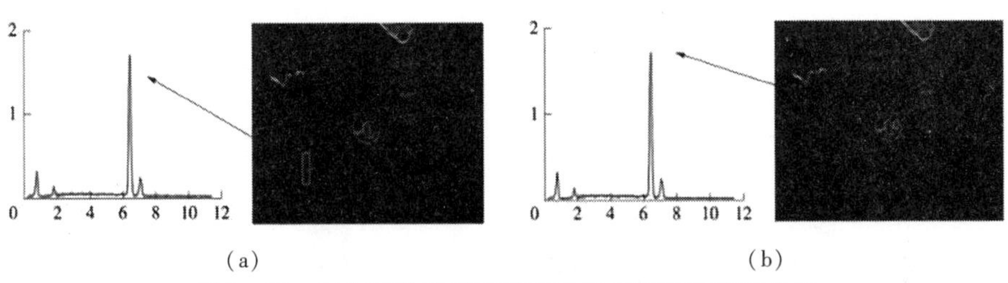

图 3 – 11　材料基体和微观缩松缺陷周围组织能谱分析

（a）基体组织能谱；（b）缩孔附近组织能谱

针对本章研究的蠕墨铸铁材料，计算分析了微观缩松缺陷体积在 2% ~ 10% 变化时，材料的等效弹性模量的变化趋势，计算结果如图 3 – 12 所示。蠕墨铸铁材料的弹性模量随着微观缩松缺陷体积分数的增大而逐渐线性降低。当缺陷体积分数达到 10% 时，材料的弹性模量急剧下降到 128.1 GPa，降幅达到 17.4%，极大地降低了材料的实际承载能力。

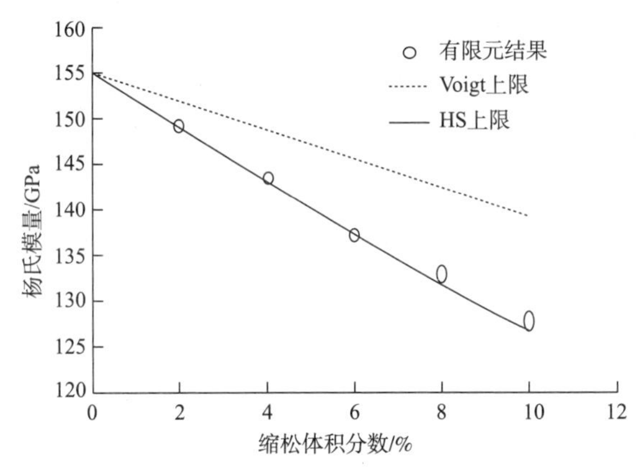

图 3 – 12　含不同体积分数缩孔缺陷的材料弹性模量

图3－13给出了微观缩松体积分数为10%时的RVE模型的等效应力云图。RVE模型的高应力区主要分布在微观缩松缺陷周围及缺陷相连区域。这表明在外载作用下，微观缩松不仅会直接降低材料的力学性能，还会造成局部区域的应力集中，以及局部塑形变形，促使材料内部微小裂纹的萌生及扩展，影响结构的疲劳性能。

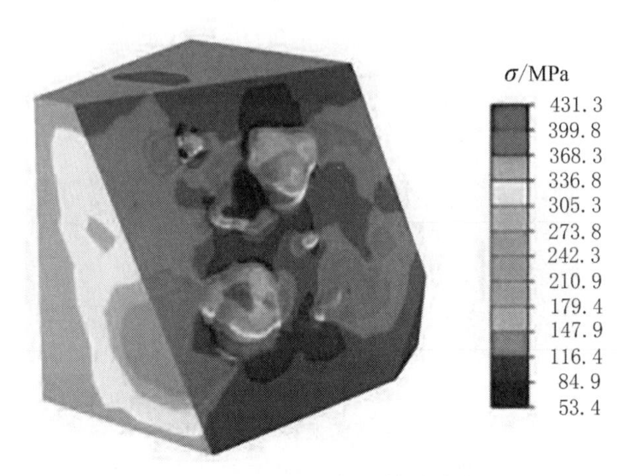

图3－13　RVE模型等效应力云图

3.4　气缸盖基础力学性能表征方法

3.4.1　硬度

硬度是材料局部抵抗硬物压入其表面的能力。固体对外界物体入侵的局部抵抗能力，是比较各种材料软硬的指标，由于规定了不同的测试方法，所以有不同的硬度标准。各种硬度标准的力学含义不同，相互不能直接换算，但可通过试验加以对比，在工程技术特别是机械和冶金工业中广泛使用。布氏硬度的测量方法是用规定大小的载荷P，把直径为D的钢球压入被测材料表面，持续规定的时间后卸载，用载荷值（千克力，1千克力等于9.806 65牛顿）和压痕面积（平方毫米）之比定义硬度值。布氏硬度HB的计算式为：

$$HB=\frac{2P}{\pi D(D-\sqrt{D^2-d^2})} \qquad (3-1)$$

布氏硬度（HB）是以一定大小的试验载荷，将一定直径的淬硬钢球或硬质合金球压入被测金属表面，保持规定时间，然后卸荷，测量被测表面压痕直径。布氏硬度值是载荷除以压痕球形表面积所得的商。

某型柴油机气缸盖三个取样位置的布氏硬度部分数据如表3-3所示，从表中可以看出，顶板布氏硬度最高，可达HBW120以上；力墙硬度值最低，平均硬度值不足HBW110；底板硬度值处于两者之间。综合来讲，铸件顶部的材料硬度值最高，耐磨性最好。时效处理后铝合金的强化形式主要以弥散强化为主，在顶板中，析出物存在的主要形态为球状，细小且均匀，因此其硬度值最高；力墙析出物主要以长棒状的形态存在，其弥散强化效果远低于球状，其硬度值最低；底板析出物形态兼具球状和短棒状，硬度值不如顶板，却高于力墙。

表3-3　高强化柴油机铸铝合金不同位置硬度值

编号	布氏硬度（HBW5/250）				平均
Ⅰ-1-1-2	117	118	113	117	116.25
Ⅰ-1-2-2	112	114	115	113	113.5
Ⅰ-2-1-1	117	112	115	117	115.25
Ⅰ-3-2-1	117	117	112	114	115
Ⅰ-4-1-1	128	129	117	116	122.5
Ⅰ-4-1-2	118	120	118	117	118.25
Ⅰ-6-1-1	117	121	120	121	119.75
Ⅰ-6-2-7	119	116	114	120	117.25
Ⅱ-2-1-1	110	110	109	107	109
Ⅱ-3-1-1	113	105	109	112	109.75
Ⅱ-4-1-1	112	102	106	103	105.75
Ⅲ-1-1-2	117	115	116	116	116
Ⅲ-2-1-1	103	112	113	108	109
Ⅲ-2-1-2	111	110	107	106	108.5
Ⅲ-2-4-1	112	112	105	112	110.25
Ⅲ-3-1-1	121	118	118	103	115
Ⅲ-4-2-1	116	117	113	110	114

续表

编号	布氏硬度（HBW5/250）				平均
Ⅲ-6-1-1	119	119	118	116	118
Ⅲ-6-1-2	117	112	116	116	115.25
Ⅲ-6-2-1	117	120	116	119	118
Ⅲ-6-2-2	110	106	107	108	107.75

3.4.2 拉伸性能

材料的拉伸性能可反映材料的一系列强度指标及塑性指标。对于金属材料而言，最基本的拉伸性能包括屈服强度、抗拉强度、断裂伸长率、断面收缩率等。

屈服强度是金属材料发生屈服现象时的屈服极限，也就是抵抗微量塑性变形的应力。对于无明显屈服现象出现的金属材料，规定以产生0.2%残余变形的应力值作为其屈服极限，称为条件屈服极限或屈服强度。大于屈服强度的外力作用，将会使零件永久失效，无法恢复。

抗拉强度是金属由均匀塑性变形向局部集中塑性变形过渡的临界值，也是金属在静拉伸条件下的最大承载能力。抗拉强度即表征材料最大均匀塑性变形的抗力，拉伸试样在承受最大拉应力之前，变形是均匀一致的，但超出之后，金属开始出现颈缩现象，即产生集中变形；对于没有（或很小）均匀塑性变形的脆性材料，它反映了材料的断裂抗力。

断裂伸长率是材料受外力作用至拉断时，拉伸前后的伸长长度与拉伸前长度的比值。它是表征材料弹性性能的指标，断裂伸长率越大，材料弹性越好。

断面收缩率是衡量材料塑性变形能力的性能指标，采用标准拉伸试样测试。试样拉断时颈缩部位的截面积与原始截面积之差，除以原始截面积之商的百分数即为断面收缩率。该值越大说明材料的塑性越好。微观组织异质性的存在导致铸造铝合金力学性能随空间非均匀分布，某型柴油机铝合金气缸盖不同位置的拉伸力学性能如表3-4所示。

常温下，顶板区域抗拉强度及屈服强度最优，底板火力面次之，力墙区域力学性能最差，这与微观组织定量化结果十分吻合。相较其他两位置而言，力墙位置由于具有较大SDAS、晶粒度、缺陷平均面积及共晶硅长宽比，与顶板相比，抗拉强度削减16.5%，屈服强度削减5.4%；与底板相比，抗拉强

表3-4　气缸盖分区力学性能测试结果

位置	温度/℃	硬度/HBW	抗拉强度/MPa	屈服强度/MPa	断裂伸长率/%
A区	23	118	321	260	5.93
B区	23	112	268	246	1.93
C区	23	114	289	254	2.4
C区	200	110	243	226	3.53
C区	250	96	194	181	5.5
C区	300	67	98	88	14.5

度削减7.3%，屈服强度削减3.1%。同时，顶板表现出更高的断裂伸长率，材料塑性更好。温度也是影响材料力学性能另一个不可忽视的重要因素，工作温度升高使得材料力学性能大幅度折减。气缸盖底板火力面区域工作时最高温度可达300 ℃，因此，研究在不同温度下同一位置力学性能的变化，其工程实际意义十分显著。通过对比不同温度下铝合金材料力学性能可知，在室温下，火力面材料的抗拉强度与屈服强度分布为289 MPa和254 MPa，而随着温度的提高，300 ℃时材料的抗拉强度与屈服强度已分别降低为98 MPa和88 MPa，降低幅度分别为66.1%和65.3%，断裂伸长率从2.4%升高至14.5%，升高幅度为504.2%，材料的塑性大幅度提高。材料长时间处于高温恒载工作状态，不仅会产生材料蠕变，其微观组织结构尤其是共晶硅形貌及金属间作用物强化相形貌亦会发生变化，进而导致材料力学性能退化。柴油机铸铝合金材料微观组织定量化结果及拉伸力学性能测试结果表明，微观组织的种类、形貌、尺寸直接影响并决定材料的拉伸力学性能。微观组织最优位置其拉伸力学性能最优，微观组织最劣位置相应的拉伸力学性能最差，微观组织参数的优劣与拉伸力学性能的高低存在强相关性。

3.4.3　基础力学性能相关性体系

1. Hall-Petch 方法

晶粒尺寸及二次枝晶臂间距在控制材料力学性能方面占据主导作用，研究金属的强度和晶粒大小的定量关系，首先是从研究金属的解离强度开始的，继 Hall 研究了锌的解离强度和晶粒大小的关系后，Petch 也用试验证明软钢和铁的解离强度与晶粒大小存在非线性关系，这一关系根据单晶和多晶材料位错塞积理论总结而来，表征为 Hall-Petch 公式：

$$\sigma_s = \sigma_0 + k\,d^{-\frac{1}{2}} \tag{3-2}$$

式中 σ_s——材料屈服强度；

σ_0——移动单个位错所需要克服的点阵摩擦力；

d——平均晶粒直径；

k——材料位错形式相关参数。

Hall - Petch 关系也可用硬度表示为

$$H_v = H_0 + k\,d^{-\frac{1}{2}} \tag{3-3}$$

式中 H_v——材料显微硬度；

H_0——金属材料常数；

d——平均晶粒直径；

k——缺陷、表面光洁度及密度相关系数。

研究表明，某型柴油机气缸盖铝合金本体取样材料的晶粒度大小与屈服强度之间满足 Hall - Petch 关系，$\sigma_{0.2} = 216.56 + 714.8/\sqrt{d}$。二次枝晶臂间距与屈服强度同样满足 Hall - Petch 关系，$\sigma_{0.2} = 217.66 + 203.5/\sqrt{SDAS}$。由于晶界自由能高于晶胞自由能，晶粒细化使得材料中晶界增多，晶界可以作为位错滑移的障碍最终增强材料的屈服强度。二次枝晶臂间距越小，共晶硅圆度越高，晶粒越细小，屈服强度及延伸率越高。高强化柴油机铸铝合金的 Hall - Petch 关系如图 3 - 14 所示。

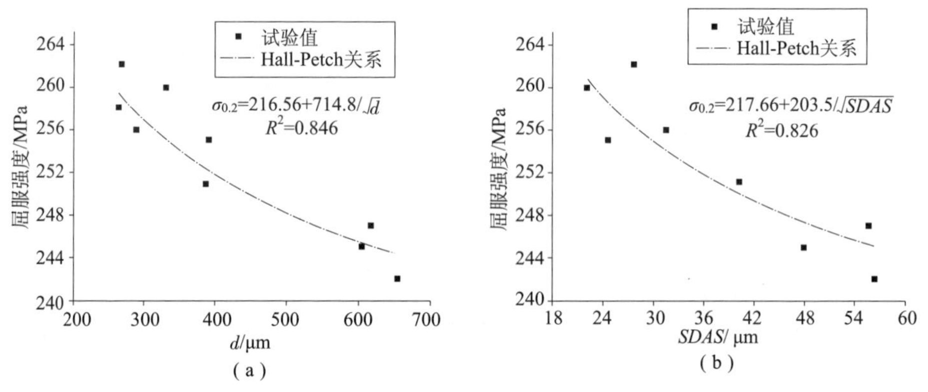

图 3 - 14　高强化柴油机铸铝合金的 Hall - Petch 关系

（a）晶粒度与屈服强度；（b）*SDAS* 与屈服强度

2. 线性/非线性回归分析方法

屈服强度主要依赖于热处理过程所产生的金属间作用物强化相。硬度相对微观组织参数而言获取方式更为简单。高强化柴油机铸铝合金气缸盖材料硬度及屈服强度一元线性回归分析结果表明，硬度与屈服强度之间满足线性映射关系：

$$YS = 3.4404 \times HBW - 144.195 \tag{3-4}$$

屈服强度与硬度线性映射关系如图3-15所示。

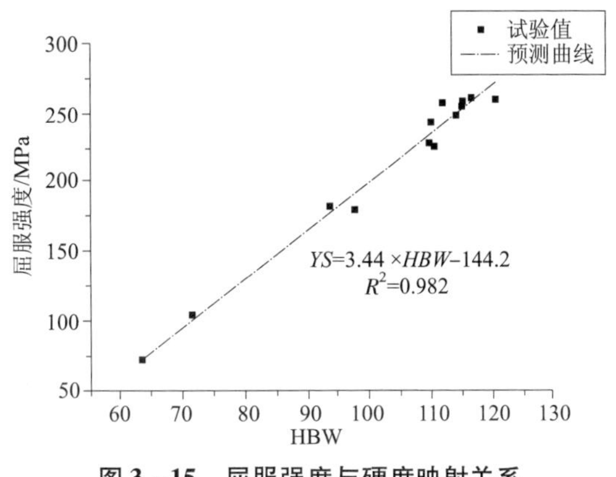

图3-15 屈服强度与硬度映射关系

单参数对抗拉强度预测精度有限，考虑到抗拉强度受到微观组织参数二次枝晶臂间距、共晶硅形貌、缺陷形貌等多因素共同影响，因此以不同温度下（23 ℃、200 ℃、250 ℃、300 ℃）三种不同位置微观组织参数二次枝晶臂间距、缺陷平均面积（Defect Mean Area，DMA）、共晶硅长宽比 AR、硬度 HBW 及试验温度 T 作为抗拉强度预测的多参数输入进行多元线性回归分析，得到铸造高强化柴油机铸铝合金气缸盖材料抗拉强度预测模型：

$$UTS = 0.166 \times SDAS^{-0.0876} \times HBW^{1.8058} \times DMA^{-0.0724} \times AR^{-0.0195} \times T^{-0.0982} \tag{3-5}$$

耦合多参数抗拉强度预测值与试验值对比如图3-16所示。

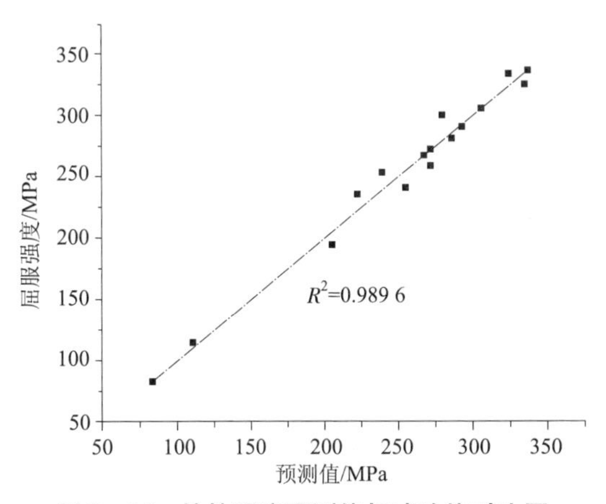

图3-16 抗拉强度预测值与试验值对比图

3. 拉伸-疲劳桥接方法

对于金属材料（特别是钢材）而言，其疲劳强度与硬度存在非线性二次关系，$\sigma_f = (m - n \cdot H) \cdot H$，这一结论同样适用于铝合金。考虑到硬度与屈服强度之间的线性关系以及耦合硬度的多参数集与抗拉强度之间的关系模型，建立适用于某型柴油机铝合金的拉伸-疲劳性能关联模型：

$$\sigma_{\mathrm{f}} = \left(m - n \cdot UTS^{A} \cdot \frac{YS}{UTS}\right) \cdot YS \tag{3-6}$$

式中，m、n、A 为预测模型的参数值；$\frac{YS}{UTS}$反映了材料塑性变形能力对疲劳强度的影响，UTS^{A}代表材料本身抗拉强度差异性对塑性变形能力的修正；疲劳损伤本质上可以理解为是由材料本身塑性变形引起的，可将其视作一种微尺度屈服行为，YS 反映了材料本身的屈服强度对疲劳极限的影响。经过拟合，得到疲劳强度预测模型描述式（3－7），疲劳强度预测模型预测值与试验值对比如图 3－17（a）所示，平均误差为 0.2%，拟合优度 $R^2=0.99$，预测模型将材料拉伸性能与疲劳强度之间建立联系，同时反映出材料塑性变形能力及材料本体强度对疲劳性能的影响。此外，拉伸－疲劳桥接方法同样适用于钢材及其他铝合金材料，如表 3－5 所示。

$$\sigma_{\mathrm{f}} = \left(0.334 - 5.91 \times 10^{-6} \times UTS^{1.653} \times \frac{YS}{UTS}\right) \times YS \tag{3-7}$$

表 3－5　拉伸－疲劳桥接方法适用性表

模型	$\sigma_{\mathrm{f}} = \left(m - n \cdot UTS^{A} \cdot \frac{YS}{UTS}\right) \cdot YS$							
材料	状态	屈服强度/MPa	抗拉强度/MPa	疲劳强度(试验值)/MPa	模型参数	拟合优度	疲劳强度(预测值)/MPa	误差值/%
SAE－1141 铸铁	A1	457	771	286	$m=0.867$ $n=0.746$ $A=-0.095$	$R^2=0.953$	288.93	1.03
	A2	814	925	433			426.74	－1.44
	A3	418	695	276			261.85	－5.13
	A4	602	802	342			343.57	0.46
	A5	450	725	287			278.87	－2.83
	A6	610	797	332			344.47	3.76
	A7	493	789	296			305.68	3.27
Fe－30Mn－0.9C 孪生诱发塑性钢	Pre－0%	350	960	250	$m=1.027$ $n=2.052$ $A=-0.127$	$R^2=0.999$	249.84	－0.07
	Pre－30%	940	1200	350			350.33	0.09
	Pre－60%	1370	1460	360			359.51	－0.14
	Pre－70%	1570	1610	380			380.27	0.07

续表

模型	$\sigma_{\mathrm{f}}=\left(m-n\cdot UTS^{A}\cdot\frac{YS}{UTS}\right)\cdot YS$							
材料	状态	屈服强度/MPa	抗拉强度/MPa	疲劳强度(试验值)/MPa	模型参数	拟合优度	疲劳强度(预测值)/MPa	误差值/%
粉末冶金 Fe - Ni/Ni 钢	FN - 0208 - 30	240	310	110	$m=0.331$ $n=-2.03\times10^{-4}$ $A=1.187$	$R^2=0.985$	113.49	3.18
	FN - 0208 - 35	280	380	140			140.84	0.60
	FN - 0208 - 40	310	480	170			164.29	-3.36
	FN - 0208 - 45	340	550	190			188.66	-0.71
	FN - 0208 - 50	380	620	220			223.03	1.38
粉末冶金扩散合金钢	FD - 0205 - 45	360	470	170	$m=0.00477$ $n=0.00441$ $A=0.803$	$R^2=0.984$	171.91	1.12
	FD - 0205 - 45	390	540	200			196.21	-1.89
	FD - 0205 - 45	420	610	220			222.06	0.94
	FD - 0205 - 45	460	690	260			259.84	-0.06
1060 铝合金	1060 - O	30	70	20	$m=0.838$ $n=0.309$ $A=0.090$	$R^2=0.868$	19.30	-3.49
	1060 - H12	75	85	30			32.28	7.59
	1060 - H14	90	95	35			35.63	1.80
	1060 - H16	105	110	45			40.59	-9.79
	1060 - H18	125	130	45			47.05	4.55
1100 铝合金	1100 - H12	105	110	40	$m=0.213$ $n=-0.109$ $A=0.135$	$R^2=0.734$	43.01	7.54
	1100 - H14	115	125	50			46.67	-6.65
	1100 - H16	140	145	60			58.73	-2.12
	1100 - H18	150	165	60			61.63	2.71
2024/2025 铝合金	2024 - T3	345	485	140	$m=1.146$ $n=0.746$ $A=0.054$	$R^2=0.992$	140.49	0.35
	2024 - T4	325	470	140			139.44	-0.40
	2024 - T361	395	495	125			124.96	-0.03
	2025 - T6	255	400	125			125.12	0.10

续表

模型	$\sigma_f = \left(m - n \cdot UTS^A \cdot \frac{YS}{UTS}\right) \cdot YS$							
材料	状态	屈服强度/MPa	抗拉强度/MPa	疲劳强度(试验值)/MPa	模型参数	拟合优度	疲劳强度(预测值)/MPa	误差值/%
3003 铝合金	3003 – O	40	110	50	$m=1.672$ $n=0.401$ $A=0.237$	$R^2=0.903$	49.13	-1.75
	3003 – H12	125	130	55			56.22	2.22
	3003 – H14	145	150	60			58.11	-3.14
	3003 – H16	170	190	70			72.68	3.82
	3003 – H18	185	200	70			68.38	-2.31
3004 铝合金	3004 – H32	170	215	105	$m=1.099$ $n=0.017$ $A=0.670$	$R^2=0.428$	103.12	-1.79
	3004 – H34	200	240	105			108.08	2.93
	3004 – H36	230	260	110			108.89	-1.01
	3004 – H38	250	285	110			109.84	-0.14
5052 铝合金	5052 – O	90	195	110	$m=1.966$ $n=2.016$ $A=-0.038$	$R^2=0.733$	108.32	-1.53
	5052 – H32	195	230	115			111.99	-2.61
	5052 – H34	215	260	125			132.21	5.76
	5052 – H36	240	275	130			130.35	0.27
	5052 – H38	255	290	140			136.49	-2.51
5154 铝合金	5154 – O	115	240	115	$m=1.601$ $n=1.093$ $A=0.029$	$R^2=0.957$	113.12	-1.64
	5154 – H32	205	270	125			127.03	1.63
	5154 – H34	130	290	130			132.63	2.02
	5154 – H36	250	310	140			138.62	-0.99
	5154 – H38	270	330	145			145.07	0.05
	5154 – H112	115	240	115			113.12	-1.64
C355 铝合金	T6 – RT – Fine SDAS	293	361	151	$m=1.196$ $n=0.334$ $A=0.157$	$R^2=0.969$	150.83	-0.11
	OA – 200 ℃ – Fine SDAS	196	217	96			97.21	1.26
	T6 – RT – Coarse SDAS	287	327	135			135.09	0.07
	OA – 200 ℃ – Coarse SDAS	188	204	93			91.86	-1.22

续表

模型	$\sigma_f = \left(m - n \cdot UTS^A \cdot \frac{YS}{UTS}\right) \cdot YS$							
材料	状态	屈服强度/MPa	抗拉强度/MPa	疲劳强度(试验值)/MPa	模型参数	拟合优度	疲劳强度(预测值)/MPa	误差值/%
A354 铝合金	T6 – RT – Fine SDAS	294	346	133	$m = 1.346$ $n = 0.250$ $A = 0.246$	$R^2 = 0.999$	133. 08	0. 06
	OA – 200 ℃ – Fine SDAS	200	226	102			101. 60	–0. 39
	T6 – RT – Coarse SDAS	270	294	113			112. 95	–0. 05
	OA – 200 ℃ – Coarse SDAS	188	208	95			95. 39	0. 41

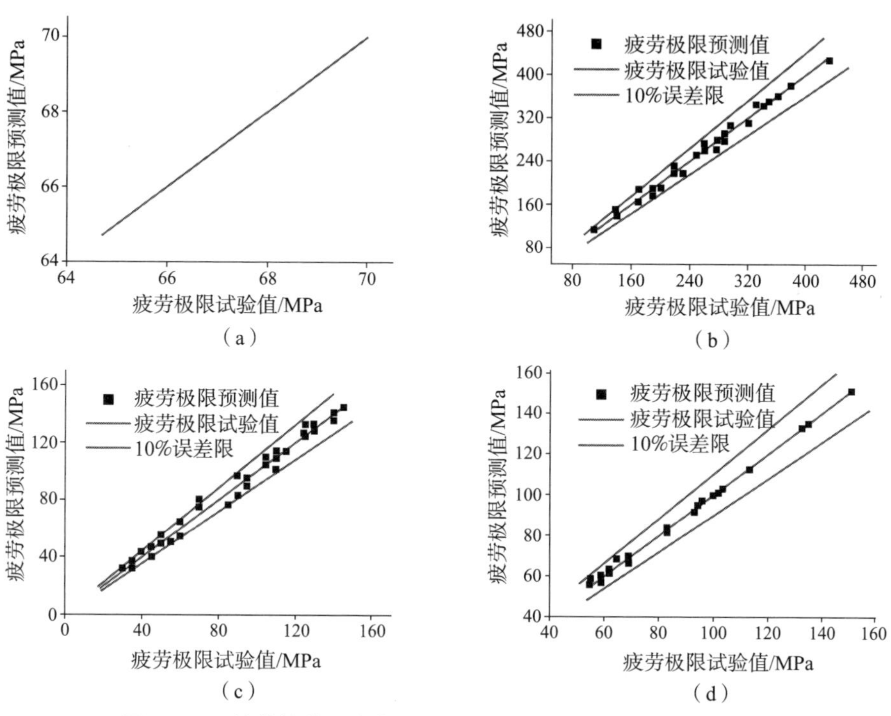

图 3 – 17　拉伸性能 – 疲劳极限桥接模型预测值与试验值对比图

(a) 气缸盖本体材料；(b) 铁基材料；

(c) 锻造铝合金材料；(d) 铸造铝合金材料

第4章 高强化柴油机气缸盖力学性能表征方法

4.1 引言

高强化柴油机气缸盖受制造工艺影响，其力学性能存在与位置相关的不均匀分布状态，是结构强度评估中必须考虑的固有特性。一般情况下，当材料的可靠性要求一定时，材料的使用应力不仅取决于材料的平均强度，还取决于强度值的分散性，分散性越大，材料的使用应力越小。尤其在结构的疲劳研究分析中，需要开展大量的试验，这些疲劳试验数据常常有很大的分散性，只有利用统计分析方法对这些数据进行处理，才能对材料或结构的疲劳性能具有较清楚的了解。

此外，结构性能评价方法大致可分为材料级、类结构级及结构级三种评价方式。其中材料级评价较为通用，考虑取样/标准试样力学性能差异，利用疲劳数据统计即可做出大致判断；类结构级评价需综合考虑试样应力状态、载荷信息等因素，会随着评价结构的差异有所不同，性能差异能反应局部关重位置的趋势特性，但目前未形成统一的流程标准及规范；结构级评价需要结合整机性能需求及载荷工况，搭建符合功能需求台架，参照相应流程标准进行评价。本章从气缸盖力学表征方法的角度，对材料级（包含非标试样）、类结构级评价进行介绍，为建立气缸盖力学性能评价方法体系提供有效数据支撑及经验参考。

4.2 气缸盖力学性能分散性表征方法

4.2.1 分散性评价基础

影响数据分散性的原因很多，材料本身的不均匀性、试件加工质量及其尺寸的差异、试验载荷误差、试验环境及其他因素的变化等都有可能引起数据的分散性。一般会尽量排除各种分散性来源，这样才能保证在研究结构力学性能等问题时，不会因数据的分散性变得难以理解。这些分散性影响因素如若不能很好地控制，或尽可能地消除，对结构件的直接影响是使用寿命的降低，严重者会引发安全事故，故分散性评价对结构件来说至关重要。下面将从分散性试验准备、分散性试验数据统计、分散性评价指标等方面对分散性评价方法进行详细介绍。

分散性分析主要基于材料的性能统计信息，统计信息一般建立在实验室研究基础上，故需要对材料或结构件进行取样并进行性能测试试验。分散性试验准备主要有两个步骤，即试样制备和试验程序。

1. 试样制备

1）取样要求

通常试样的尺寸选取国际上惯常使用的比例试样。原始标距L_0与横截面积S_0有$L_0 = k\sqrt{S_0}$关系的试样称为比例试样。国际上使用的比例系数 k 的值为 5.65。原始标距应不小于 15 mm。当试样横截面积太小，比例系数 k 为 5.65 的值不能符合此最小标距要求时，可以采用较高的值（优先采用 11.3 的值）或采用非比例试样。需要注意的是，选用小于 20 mm 标距的试样，测量不确定度可能增加。而非比例试样其原始标距L_0与原始横截面积S_0无关。

如果总样本由几批或几组材料组成，试样应根据每一批或组的比例数随机抽取。如果总样本显示一系列特性，例如，若疲劳性能与取样位置有关，总样本应根据位置分成若干组。

2）试样类型

试样的形状与尺寸取决于要被试验的金属产品的形状与尺寸。试样横截面可以为圆形、矩形、多变形、环形，特殊情况下可以为某些其他形状。按产品的形状规定的试样主要类型，见表 4－1。

表 4－1　试样类型

试样类型		试样选型
棒状	● ■ ⬢	表 4－2　圆形横截面比例试样
板状	▭	表 4－3　矩形横截面比例试样

注意试样在进行机加工时，平行长度和夹持头部之间应以过渡弧连接，试样头部形状应适合试验机夹头的夹持。夹持端和平行长度之间的过渡弧的

最小半径可按以下规则选取：

(1) 圆形横截面试样≥0.75d_0；

(2) 其他试样≥12 mm。

试样原始横截面积可以为圆形、方形、矩形或特殊情况时为其他形状。矩形横截面试样，推荐其宽厚比不超过8∶1。一般机加工的圆形横截面试样（见图4－1）其平行长度的直径一般不应小于3 mm。圆形横截面比例试样和矩形横截面比例试样应优先采用表4－2和表4－3推荐的尺寸。矩形横截面非比例试样尺寸见表4－4。如果相关的产品标准有规定，允许使用非比例试样。

表4－2 圆形横截面比例试样

d_0/mm	r/mm	$k=5.65$		$k=11.3$	
		L_0/mm	L_c/mm	L_0/mm	L_c/mm
25	≥0.75 d_0	5 d_0	≥$L_0+d_0/2$	10 d_0	≥$L_0+d_0/2$
20					
15					
10					
8					
6					
5					
3					
注：如相关产品标准无具体规定，优先采用 $R2$、$R4$ 或 $R7$ 试样。					

表4－3 矩形横截面比例试样

b_0/mm	r/mm	$k=5.65$			$k=11.3$		
		L_0/mm	L_c/mm	试样编号	L_0/mm	L_c/mm	试样编号
12.5	≥12	$5.65\sqrt{S_0}$	≥$L_0+1.5\sqrt{S_0}$	—	$11.3\sqrt{S_0}$	≥$L_0+1.5\sqrt{S_0}$	—
15				—			—
20				—			—
25				—			—
30				—			—
注：如相关产品标准无具体规定，优先采用比例系数 $k=5.65$ 的比例试样。							

表 4-4　矩形横截面非比例试样

b_0/mm	r/mm	L_0/mm	L_c/mm
12.5	≥20	50	$\geqslant L_0+1.5\sqrt{S_0}$
20		80	
25		50	
38		50	
40		200	

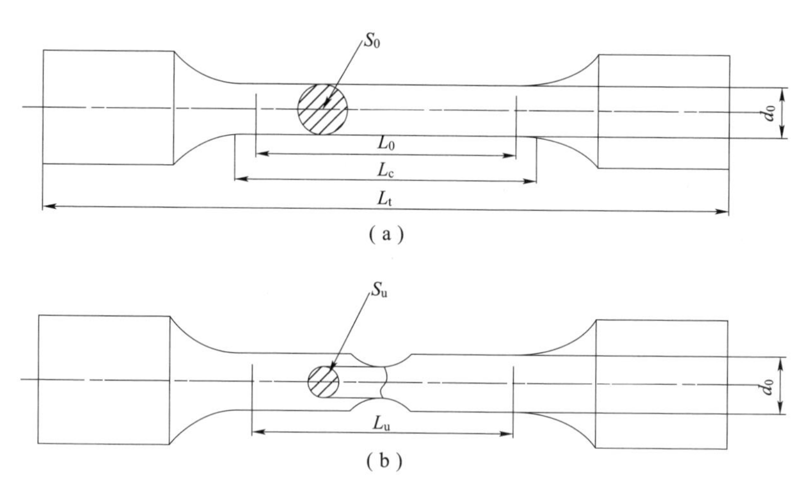

说明：

d_0——圆试样平行长度的原始直径；

L_0——原始标距；

L_c——平行长度；

L_t——试样总长度；

L_u——断后标距；

S_0——平行长度的原始横截面积；

S_u——断后最小横截面积。

图 4-1　圆形横截面机加工试样

（a）试验前；（b）试验后

3）试样数量

分散性分析的结果与试验结果的可靠性主要依赖于被测的试样数。对于分散性的数据统计，试验样件通常希望能够尽可能多，这样对分散性的表征更加充分。然而实际结构产品中，由于财力物力等因素，往往不能提供更多的试验样件，故提出试验样件个数计算公式以及最少试验样件个数的计算公式。试样数可按下式给出：

$$n = \frac{\ln a}{\ln(1-p)} \tag{4-1}$$

式中　n——试样数量（个）；

　　a——显著性水平；

　　p——存活率（%）。

对于疲劳寿命试验，公式显示了置信水平为 $1-a$，真实疲劳寿命大于从 n 个试样观测到的最小寿命时总样本的失效概率为 p。表 4－5 给出了一些典型的试样数，对应于95%置信水平的试样数用于可靠性的设计目的，50%置信水平的试样数用于解释试验，其他置信水平用于工程应用。

表 4－5　在指定的失效概率水平不同置信水平下试样数据
被期待落在总样本真值以下的最少试样数

失效概率 p/%	置信水平 $(1-a)$/%		
	50	90	95
	试样数 n		
50	1	3	4
10	7	22	28
5	13	45	58
1	69	229	298
n 值修约到最接近的整数。			

按一定置信水平和误差要求，可给出最少观测值个数计算方法。最少观测个数可利用变异系数来进行计算。

变异系数 C_v 按下式计算：

$$C_v = \frac{\sigma}{\mu} \tag{4-2}$$

式中　σ——样本标准差；

　　μ——样本平均值。

相对误差限度按下式计算：

$$\delta = \frac{\sigma t_\gamma}{\mu\sqrt{n}} = C_v \frac{t_\gamma}{\sqrt{n}} \tag{4-3}$$

式中　σ——样本标准差；

　　t_γ——置信水平为 γ 时的 t 分布数值；

μ——样本平均值；

n——最少观测值个数。

δ 根据实际情况选取 1% ~10%，一般取 $\delta=5\%$。当给定置信水平 γ，由 t 分布数值表查得 t_γ，再给出 δ，根据式（4－3），可求得变异系数 C_v 与最少观测个数 n 的对应关系。在试验过程中，即可直接由变异系数查出所需的最少观测值个数。常用置信水平下的变异系数与最少观测个数对应表可参见表 4－6。

表 4－6　常用置信水平下的变异系数与最少观测值个数对应表

置信水平 $\gamma=95\%$，误差限度 $\delta=5\%$		置信水平 $\gamma=90\%$，误差限度 $\delta=5\%$	
变异系数 C_v 范围	最少观测值个数 n	变异系数 C_v 范围	最少观测值个数 n
<0.020 1	3	<0.029 7	3
0.020 1 ~0.031 4	4	0.029 7 ~0.042 5	4
0.031 4 ~0.040 3	5	0.042 5 ~0.052 4	5
0.040 3 ~0.047 6	6	0.052 4 ~0.060 8	6
0.047 6 ~0.054 1	7	0.060 8 ~0.068 1	7
0.054 1 ~0.059 8	8	0.068 1 ~0.074 6	8
0.059 8 ~0.065 0	9	0.074 6 ~0.080 6	9
0.065 0 ~0.069 9	10	0.080 6 ~0.086 3	10
0.069 9 ~0.074 4	11	0.086 3 ~0.091 5	11
0.074 4 ~0.078 7	12	0.091 5 ~0.096 4	12
0.078 7 ~0.082 7	13	0.096 4 ~0.101 2	13
0.082 7 ~0.086 6	14	0.101 2 ~0.105 6	14
0.086 6 ~0.090 3	15	0.105 6 ~0.109 9	15
0.090 3 ~0.093 8	16	0.109 9 ~0.114 1	16
0.093 8 ~0.097 2	17	0.114 1 ~0.118 1	17
0.097 2 ~0.100 5	18	0.118 1 ~0.121 9	18
0.100 5 ~0.103 7	19	0.121 9 ~0.125 7	19
0.103 7 ~0.106 8	20	0.125 7 ~0.129 3	20

2. 试验程序

准备好试验样件后，为了分析材料的力学性能分散性，可按 GB/T

228. 1—2010《金属材料 拉伸试验 第 1 部分：室温试验方法》和 GB/T 3075—2008《金属材料 疲劳试验 轴向力控制方法》分别进行室温条件下的拉伸试验和疲劳试验。

1）拉伸试验

（1）试验方法。

通常拉伸试样选用的试验方法有以下两种。

方法 A：应变速率控制的试验速率。此方法是为了减小测定应变速率敏感参数时的试验速率变化和试验结果的测量不确定度。具体实施过程可参考 GB/T 228. 1—2010《金属材料 拉伸试验 第 1 部分：室温试验方法》。

方法 B：应力速率控制的试验速率。具体实施过程可参考 GB/T 228. 1—2010《金属材料 拉伸试验 第 1 部分：室温试验方法》。

在选择试验方法和速率时，除非另有规定，实验室可以自行选择方法 A 或方法 B 和试验速率。

（2）试验结果数值修约。

试验结束后应对试验测定的性能结果数值按照相关产品标准的要求进行修约。如未规定具体要求，可以按照如下要求进行修约：

①强度性能值修约至 1 MPa。

②屈服点延伸率修约至 0. 1%。

③其他延伸率和断后伸长率修约至 0. 5%。

④断面收缩率修约至 1%。

2）疲劳试验

针对疲劳试验，依据金属材料的疲劳试验方法，同样需要对试验过程提出一定的试验要求。

（1）试验要求：

①装夹试样必须保证施加于试样上的载荷是沿轴向的。

②施加载荷应平稳，不得超载。试验过程中应经常检测载荷。

③试验频率。注意试验过程中试样工作部分的温度不得超过 60 ℃，否则必须降低试验频率或对试样进行冷却。

④试样在规定的应力下连续试验，直至规定的循环次数或试样失效。

⑤试样失效发生在非工作部分，其试验结果作废。

⑥室温试验时，应对室温进行检测和记录。超出 10 ~ 35 ℃范围的温度应在报告中说明。

⑦在空气中进行试验时，应对湿度进行监测和记录。

（2）疲劳极限的测定。

材料疲劳极限的测定方法本章推荐使用升降法。选择合适的应力增量（或降低量）是升降法试验中一个重要的程序。一般光滑试样的应力增量选择在预计疲劳极限的5%以内，缺口试样的应力增量适当减少，应使第一根试样的试验应力水平略高于预计疲劳极限。根据上一根的试验结果（失效或通过）决定下一根试样的试验应力水平（降低或升高），直至完成全部试验。对第一次出现相反结果以前的试验数据，如在以后试验数据的波动范围之内则有效。升降的应力水平数一般为4 级左右。具体测定方法参见 HB 5287—1996《金属材料 轴向加载 疲劳试验方法》相关内容。

（3）$S-N$ 曲线的测定。

工程用金属材料的疲劳性能通过一组试样在各种应力水平下的疲劳寿命与应力之间的函数关系来测定，将疲劳寿命与应力之间的函数关系拟合成曲线后，这条曲线即为 $S-N$ 曲线。$S-N$ 曲线又称为伍勒曲线，是通过多个不同应力水平的疲劳试验获得材料的 $S-N$ 曲线。要获得一条 $S-N$ 曲线，通常取4 ~6 级或更多的应力水平。用升降法求得的疲劳极限作为 $S-N$ 曲线最低应力水平，其他应力水平一般用成组试验法进行试验。当成组试验法不能满足要求时，也可以用升降法测定在某一长寿命下（如 10^6 次循环）的疲劳强度。成组试验法就是在每一个应力水平做一组试样，每组试样的数量取决于试验数据的分散程度和所要求的置信度，一般随着应力水平的降低逐渐增加。具体测定方法参见 HB 5287—1996《金属材料 轴向加载 疲劳试验方法》相关内容。

3）有效性判定

试验结束后，对试验结果是否有效需要做出判定，以确保试验结果是可用的，避免在做分散性分析时，使不必要的因素对试验结果产生影响。

（1）失效判定。

根据试验目的和所试材料特性确定失效标准。可选择的判定标准如下：

①试样断裂。

②最大载荷或应力或拉伸卸载弹性模量降低一定百分数。

③试样表面出现可检测裂纹时，此裂纹增长到符合试验目的要求的某一预定尺寸。

④当试验要求规定或条件允许时，试验除按预定的失效外，可一直进行到试样断裂。

（2）有效性判定。

等截面试样断在标距长度内，或漏斗形试样断在最小直径附近，方为有效。若断在其他位置，或在断口上发现有杂质、孔洞或机加工缺陷等情况，则结果无效。需要注意，若试样总断在同一位置，则可能是同轴度问题或引伸计安装造成的“刀口”断裂，应予以纠正。

4.2.2 分散性评价方法

性能试验完成后，如何利用试验数据对材料的性能分散性做出评判，需要我们给出可靠可行的分散性评价方法。本节中，分散性评价方法主要从两方面做介绍，即分散性试验数据统计和分散性评价指标。

1. 分散性试验数据统计

分散性数据统计中通常利用数理统计方法对这些试验数据进行处理。常用的分布方法有 $S-N$ 曲线、直方图、正态分布、威布尔分布等。下面对各种曲线分布进行详细介绍。

1）$S-N$ 曲线

$S-N$ 曲线是针对疲劳试验数据进行的散点图分析。试验结果在合适坐标下的试验点拟合成 $S-N$ 曲线（疲劳强度 - 寿命曲线）后，可应用 $S-N$ 曲线对分散性进行初步判定。绘制 $S-N$ 曲线时，疲劳寿命采用对数坐标，应力采用线性坐标或对数坐标。

获得一条 $S-N$ 曲线，通常取 4 ~6 级或更多的应力水平。用升降法求得的疲劳极限作为 $S-N$ 曲线最低应力水平，其他应力水平用成组试验法进行试验。成组试验法是在每一个应力水平做一组试样，每组试样的数量取决于试验数据的分散程度和所要求的置信水平，随着应力水平的降低逐渐增加，每组应不少于三根试样。成组试验法中值对数疲劳寿命 X 按下式计算：

$$X = \lg N_{50} = \frac{1}{n}\sum_{i=1}^{n} \lg N_i \tag{4-4}$$

式中 N_{50}——具有 50% 存活率的疲劳寿命，即中值疲劳寿命；

n——一组试样的总数；

N_i——一组试验中第 i 个试样的疲劳寿命。

对数疲劳寿命标准差 S 按下式计算：

$$S = \sqrt{\frac{n\sum_{i=1}^{n} (\lg N_i)^2 - \left(\sum_{i=1}^{n} \lg N_i\right)^2}{n(n-1)}} \tag{4-5}$$

以试验应力为纵坐标，以疲劳寿命为横坐标拟合成的应力 - 寿命曲线为某材料的 $S-N$ 曲线。用上述方法画出的 $S-N$ 曲线为中值 $S-N$ 曲线，具有 50% 的存活率。不同循环应力下疲劳寿命的分散性，会形成一个分散带，应力水平越低，分散性越大。$S-N$ 曲线如图 4 -2 所示。如需提供具有某置信水平（如 95%）和在一定误差条件的中值 $S-N$ 曲线时，必须保证每组最少试样个数。

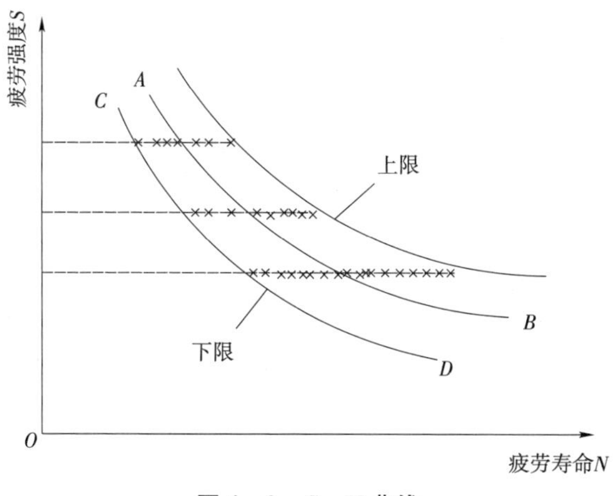

图 4－2　*S*－*N* 曲线

2）直方图

由试验或实测所得到的数据，通常没有一定的规律和次序，因此需要对其进行整理，才能显示出数据分布的规律性。所以试验数据的整理是进行统计工作的第一步。我们知道试验数据表现出一定的分散性，为寻找这些数据的分布规律，首先需要将其进行分组排列，将分组规律的频数分布用图形面积表示在坐标轴上即为直方图。例如，我们将疲劳寿命N_i的观测值作对数$x_i = \lg N_i$变换后，绘制直方图如图 4－3 所示。

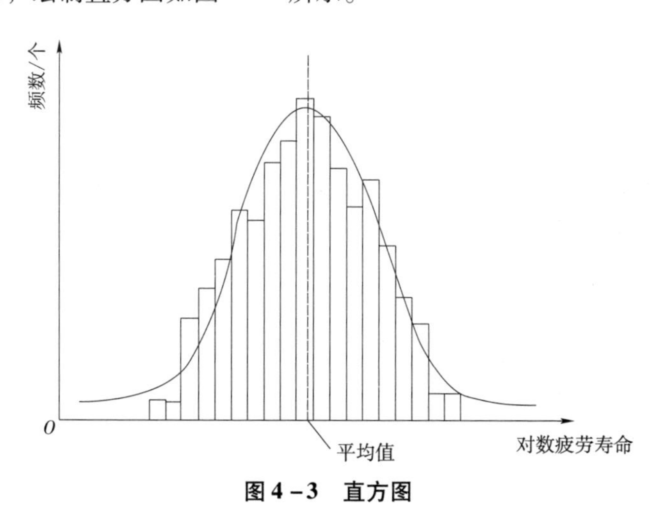

图 4－3　直方图

3）正态分布与正态概率纸

在直方图中，可以拟合出一条试验频率曲线，此分布曲线会呈现出不同的特征，它的表达式为概率密度函数，由此曲线特征可以初步判断数据呈现何种分布。常见的分布形态有正态分布与威布尔分布。

正态概率密度函数表达式为：

$$f(x)=\frac{1}{\sigma\sqrt{2\pi}}\exp\left[-\frac{(x-\mu)^2}{2\sigma^2}\right] \tag{4-6}$$

式中 μ——母体均值；

σ——母体标准差。

正态概率密度曲线如图 4-4 所示，曲线的外形由标准差 σ 反映，σ 越大，曲线外形越扁平；σ 越小，曲线外形越狭高。

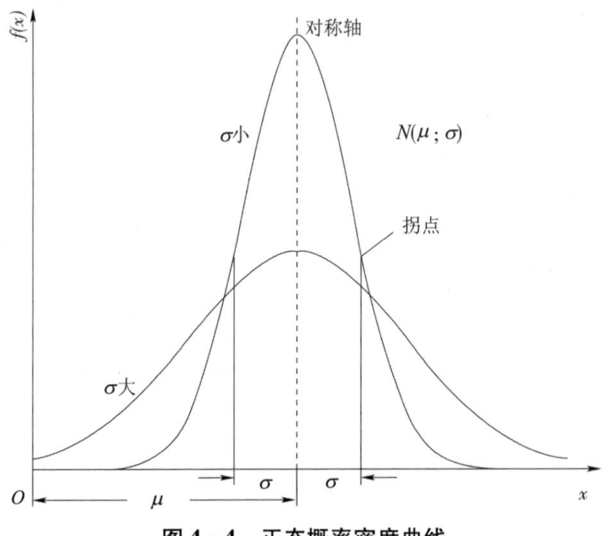

图 4-4　正态概率密度曲线

随机连续数据分布正态性的判定方法有两种：正态概率纸判定法和偏度-峰度判定法。正态概率纸如图 4-5 所示。偏度是刻画数据对称性的指标。偏度的计算公式为：

$$b_s=\frac{n}{(n-1)(n-2)\sigma^3}\sum_{i=1}^{n}(x_i-\bar{x})^3 \tag{4-7}$$

式中 n——样本总数；

$\bar{x}$——平均值；

σ——标准差。

关于均值对称的数据，其偏度 $b_s=0$；右侧更分散的数据偏度为正（$b_s>$

0)；左侧更分散的数据偏度为负（$b_s<0$）。

峰度的计算公式为：

$$b_k = \frac{n(n+1)}{(n-1)(n-2)(n-3)\sigma^4}\sum_{i=1}^{n}(x_i-\bar{x})^4 - 3\frac{(n-1)^2}{(n-2)(n-3)} \tag{4-8}$$

当数据的总体分布为正态分布时，峰度b_k近似为0；当分布相较正态分布的尾部更分散时，峰度为正（$b_k>0$），否则峰度为负（$b_k<0$）。当峰度为正时，两侧极端数据较多，等峰度为负时，两侧极端数据较少。

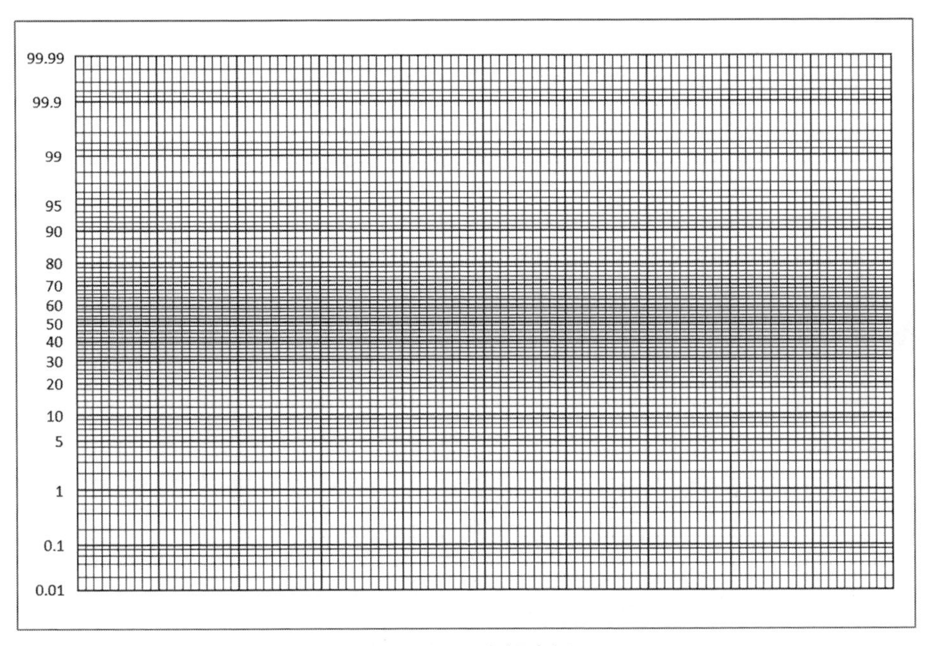

图4-5　正态概率纸

关于正态概率纸的使用，可以按以下步骤进行：

准备疲劳寿命数据，$x=\lg N$，对于n个试样，按从小到大分等级画图。给每一个数据编一个顺序号，例如：$x_1\leqslant x_2\leqslant x_3\leqslant x_4\leqslant x_n$。对第$i$级数失效概率可以估计为：

$$p_i=\frac{i-0.3}{n+0.4} \tag{4-9}$$

式中　i——数据序号；

n——样本总数。

在正态概率纸上描取数据点（x_1，P_1），（x_2，P_2），…，（x_n，P_n）。如果所有数据点能够很合理地拟合成直线，那么可以推论数据满足正态分布，且可以从拟合直线的斜率来判定分散性的好坏。如果数据点没有给出直线关系，推荐尝试在威布尔概率纸上描点。

4）威布尔分布与威布尔概率纸

威布尔三参数分布函数 $F(N)$ 为：

$$F(N) = 1 - \exp\left[-\left(\frac{N - N_0}{N_a - N_0}\right)^b \right] \tag{4-10}$$

式中 N_0——最小寿命参数，是下限；

N_a——尺度参数，也称特征寿命，反映了数据 N 的分散性；

b——形状参数，也称为威布尔模量，值越大，分散性越小，反之亦然。

若令 $N_0 = 0$，则有

$$F(N) = 1 - \exp\left[-\left(\frac{N}{N_a}\right)^b \right] \tag{4-11}$$

此即二参数威布尔分布。威布尔分布图如图 4－6 所示。

同理，可利用威布尔概率纸判定随机分布的数据是否服从威布尔分布，威布尔概率纸如图 4－7 所示。

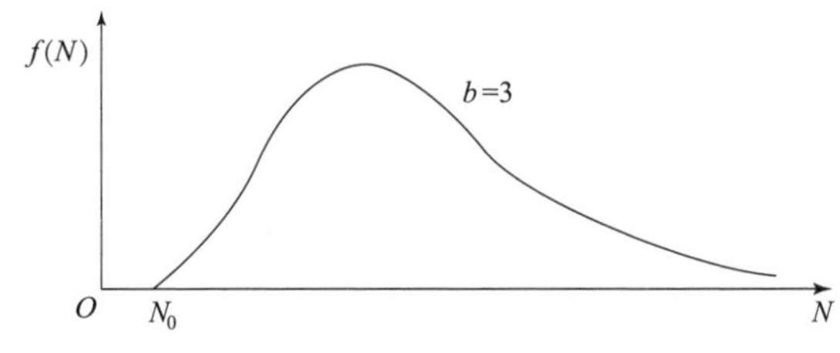

图 4－6　威布尔分布图

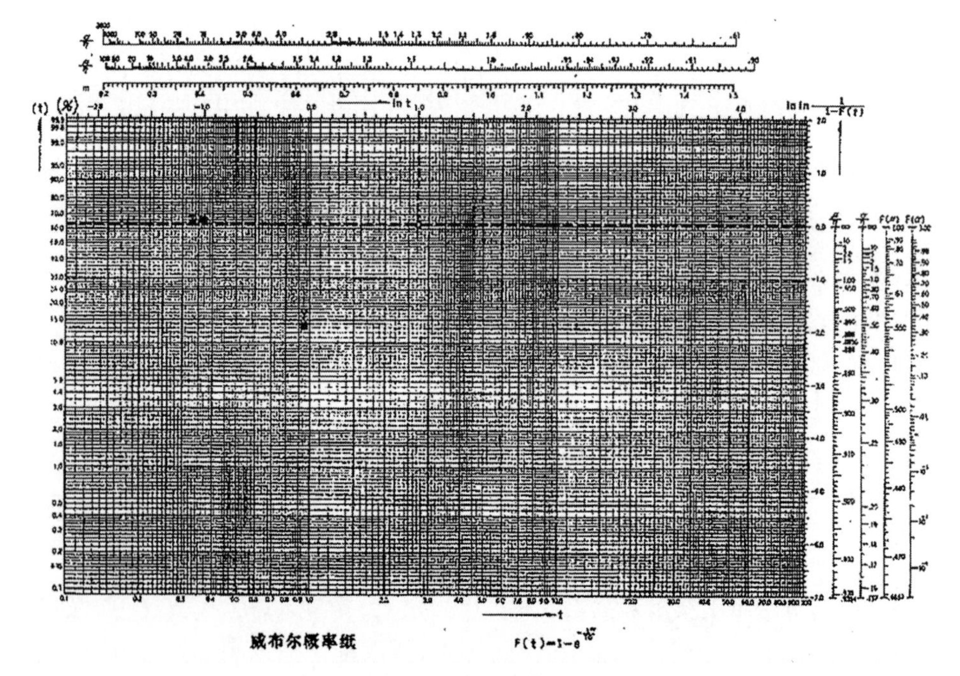

图 4－7　威布尔概率纸

2. 分散性评价指标

试验数据的分布图形作出以后，数据的分散性该如何评价，分散性的好坏应该选用何种参数或指标来对其描述，如何将分散性的好坏定量化，此时即需要确定出可以描述分散性好坏的评价指标来对其做出评判。针对试验数据的分布状态，可以将分布图的特征参数作为评价指标，例如正态分布的标准差、威布尔分布的模数等，此外还有其他可定义分散性好坏的参数指标，例如分散系数、变异系数等。

1）标准差

当试验数据服从正态分布时，可观察正态分布的标准差值，其计算公式为：

$$\sigma = \sqrt{\left[\sum_{i=1}^{n} x_i^2 - \frac{1}{n} \left(\sum_{i=1}^{n} x_i \right)^2 \right] \Big/ (n-1)} \tag{4-12}$$

由上小节已知，曲线的外形由标准差 σ 反映，σ 越大，曲线外形越扁平，表示分散性越大；σ 越小，曲线外形越狭高，分散性越小。

2）威布尔模数

当试验数据服从威布尔分布时，用最小二乘法进行回归分析，计算斜率参数 b，即威布尔模数。通常威布尔模数通过以下步骤进行计算：

$$\lg\lg[1 - F(N)]^{-1} = b\lg(N - N_0) + \lg\lg e - b\lg(N_a - N_0) \tag{4-13}$$

对照回归方程：

$$Y = A + BX \tag{4-14}$$

回归系数为：

$$A = \lg\lg e - b\lg(N_a - N_0) \tag{4-15}$$

$$B = \frac{L_{xy}}{L_{xx}} b \tag{4-16}$$

$$L_{xy} = \sum_{i=1}^{n} (x_i - \overline{X})(y_i - \overline{Y}) \tag{4-17}$$

$$L_{xx} = \sum_{i=1}^{n} (x_i - \overline{X})^2 \tag{4-18}$$

式中　N_0——最小寿命参数；

　　　N_a——尺度参数，也称特征寿命。

由上即可算出威布尔模数 b。模数越大，数据的分散性越小，模数越小，数据的分散性越大。

3）分散系数

在航天航空领域，全尺寸结构或部件不可能提供很多试验样件，而产品的使用寿命往往需要根据全尺寸试件的疲劳试验给出，因此以一定的可靠性根据极少量的试验结果确定实际使用的安全寿命是十分重要的问题。为解决这一问题，广泛使用的是“分散系数”的方法。在高强化柴油机上，会面临类似的问题，所以利用分散系数来确定数据分散性好坏也是一项判定方法，最终可利用分散系数来预估结构的安全寿命。

（1）分散系数的定义。

在产品标准差一定时，分散系数越大，可靠度越高，反之可靠度越低。根据定义，分散系数的计算公式为：

$$L_f = \frac{N_{50}}{N_p} \tag{4-19}$$

式中 N_{50}——中值疲劳寿命；

N_p——存活率为 p 的安全寿命。

（2）安全寿命。

为使由试验值估计理论值时不致偏高，在分散系数中引入置信水平。

分散系数计算公式修正为：

$$L_f = 10^{(u_\gamma/\sqrt{n} - u_p)\sigma_0} \tag{4-20}$$

式中 L_f——疲劳分散系数；

u_γ——置信水平的标准正态偏量系数，对应置信水平 γ 的 u_γ 值参见表 4-7；

n——试验件个数；

u_p——可靠度的标准正态偏量系数，对应存活率 p 的 u_p 值见表 4-8；

σ_0——已知标准差。

表 4-7　常用置信水平的标准正态偏量系数取值

置信水平 γ	50%	90%	95%	99%
u_γ	0	1.282	1.645	2.326

表 4-8　标准正态偏量数据表

$p = P(X > x_p)$	50%	84.1%	90%	95%	99%	99.9%	99.99%
u_p	0	-1	-1.282	-1.645	-2.326	-3.090	-3.719

对应某一存活率的对数安全寿命估计量：

$$x_p = \mu + u_p \sigma = \lg N_p \tag{4-21}$$

式中　N_p——存活率为 p 的安全寿命。

由式（4-21）可估算出存活率为 p 的安全寿命 N_p。

4）变异系数

标准差只与各个观测值的偏差绝对值有关，并未计及观测值本身的大小，而实际情况中，各组数据的观测值在数量级上会有较大差异，为了消除这种差异的影响，提出了变异系数。变异系数 C_v 的计算公式如下：

$$C_v = \frac{\sigma}{\bar{x}} \times 100\% \tag{4-22}$$

式中　σ——标准差；

$\bar{x}$——样本平均值。

变异系数是衡量一组数据相对分散程度的指标，它是无量纲的。不同性质、不同单位的两组观测值的分散性，也可用它们的变异系数进行比较。

4.3　气缸盖材料级力学性能表征方法

4.3.1　气缸盖本体解剖材料的疲劳强度

1. 本体解剖方案及方法

气缸盖结构复杂，包含进排气、冷却水腔、多个附近安装座以及形成燃烧室等作用，因此，其内部结构复杂，尤其包含大量厚度不同的曲面，其中在进排气道和上下水腔局部结构中，包含大量薄壁局部结构，上述局部结构在铸造过程中易发生铸造质量低而提前失效的现象，所以，有必要对局部位置原位取样开展力学及疲劳性能测试，以评估和预测气缸盖局部与整体性能。

气缸盖本体解剖及后续强度测试评估包括解剖评估位置及方法选择、力学性能测试流程、试验准备及开展几部分，具体如图4-8所示。

针对气缸盖结构拓扑特征、受载特征和环境特征选择需要原位解剖评价的位置，主要为对气缸盖本体无法取到标准试样的高载荷位置、易失效位置进行力学性能评估，具体包括：①进气道下端和下水腔间隔板与过渡位置；②排气道下端和下水腔间隔板与过渡位置；③上下水腔横隔板位置；④进气道上端位置；⑤排气道上端位置。

上述位置均为气缸盖内部复杂薄壁区域，各位置具体如图4-9所示，部分位置相对较厚可取到棒状小试样，取不到棒状小试样部分可取到板状小试样，部分位置由于曲面等原因板状小试样也无法取到。

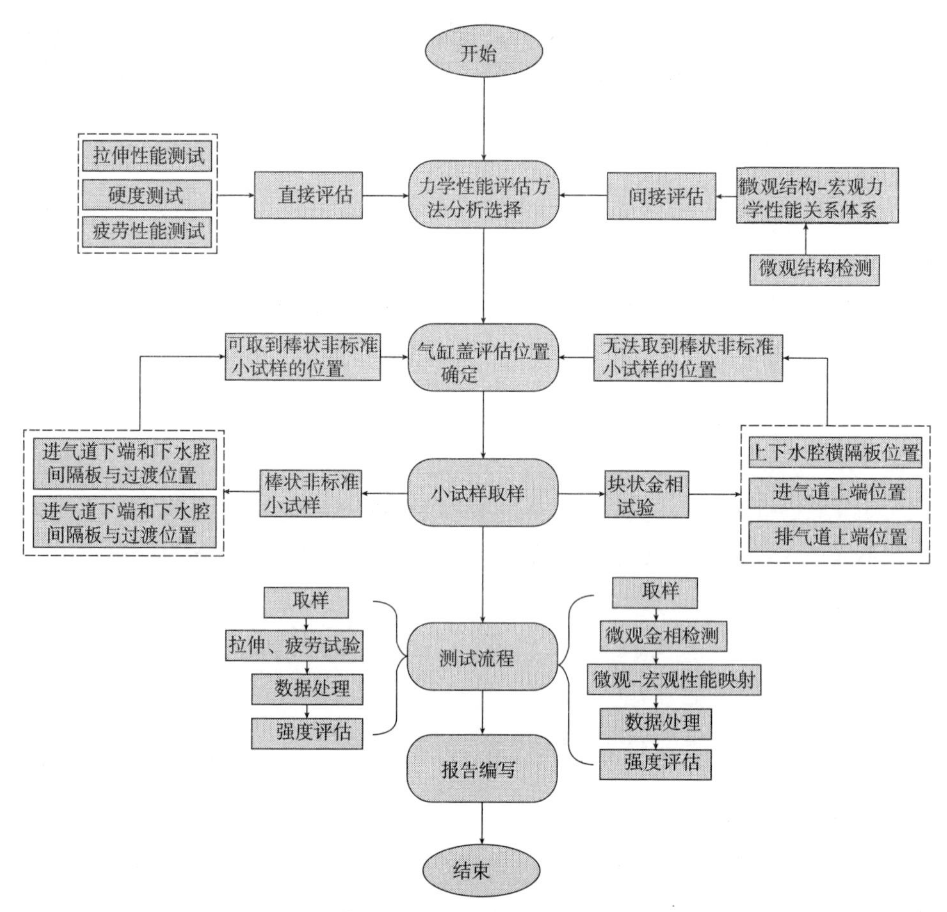

图 4-8　基于原位小试样的力学性能评估流程

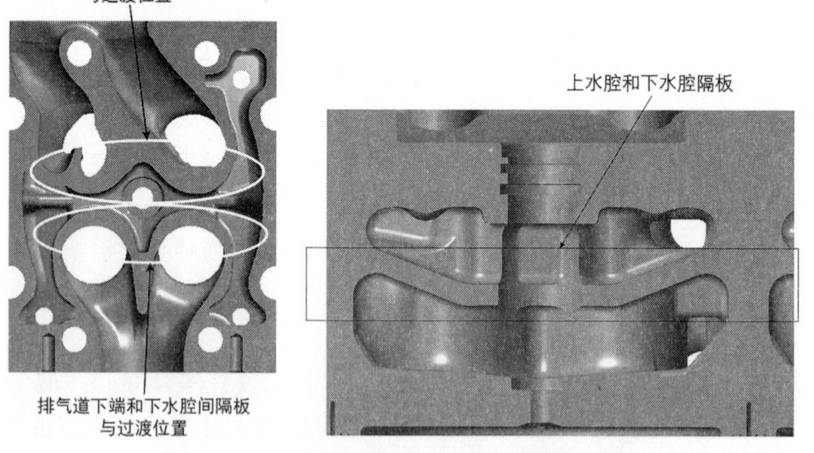

图 4-9　气缸盖本体非标小试样评估典型位置

力学性能评估包括直接评估与间接评估两种方法。

（1）直接评估：在典型位置取非标棒状或板状小试样，开展小试样力学性能测试试验，通过非标小试样与标准试样力学性能映射关系得到该位置力学性能。

（2）间接评估：对于无法取样测试的位置，取金相块状试样，检测该位置材料微观结构（晶粒尺寸、二次枝晶臂间距、共晶硅颗粒形貌参数）和硬度性能，通过建立的微观结构－宏观力学性能关系体系映射得到该位置材料宏观性能。

由于铝合金材料自身的特殊性，不适合开展板状销钉孔式小试样试验。此外，板状小试样由于屈曲、弯曲等故障无法开展疲劳试验，当前仅可开展拉伸试验，而当前建立的微观结构与宏观拉伸力学性能关系准确度较高，气缸盖狭小位置拉伸力学性能可通过原位金相测试有效预测。因此，再通过板状试样进行拉伸测试的必要性较低。综合上述原因，对无法取到棒状小试样的位置以及载荷较低的不关注的位置，采用微观－宏观力学性能映射模型进行拉伸性能预测与评估。

具体针对气缸盖5个典型薄壁位置，通过棒状小试样直接测试的位置为：进气道下端和下水腔间隔板与过渡位置，排气道下端和下水腔间隔板与过渡位置；通过金相试样间接测试宏观力学性能的位置为：上下水腔横隔板位置，进气道上端位置，排气道上端位置。

2. 本体解剖材料疲劳强度

对气缸盖本体进行力学性能直接测试或间接测试，包括拉伸性能、硬度性能和疲劳性能的测试。其中直接测试通过国标要求的测试流程开展拉伸和疲劳测试；间接测试通过金相观察得到材料微观特征，继而通过微观－宏观特征映射模型体系，得到该位置材料宏观力学性能。

小试样疲劳性能测试结果需通过尺寸效应映射关系得到其标准试样对应的疲劳性能，具体过程为：通过小试样与标准试样在不同应力幅下的疲劳性能数据，建立 $P-S-N$ 曲线。通过 $P-S-N$ 曲线，将不同应力幅下的疲劳寿命转换为同一应力幅下的疲劳寿命，进而拟合得到标准试样和小型试验的疲劳寿命威布尔分布。通过拟合得到的威布尔分布参数与威布尔分布最弱链理论，采用表面公式建立两种试样的疲劳强度之比得到标准试样与小试样的性能关系，由此得到该局部位置标准试样的疲劳性能。

铸造铝硅合金气缸盖基于金相测试与微观－宏观关系体系的性能预测与评估包括：金相取样与检测、硬度测试、映射关系式选择、宏观力学性能预测与评估。金相测量参数包括：晶粒尺寸、二次枝晶臂间距（*SDAS*）、共晶硅颗粒长宽比。晶粒尺寸通过试样抛光并阳极氧化处理后检测获得，*SDAS* 通过试样抛光后采用0.5%浓度的氢氟酸擦拭10 s后检测获得，共晶硅颗粒长宽比通过试样抛光后直接检测获得。通常，晶粒尺寸、*SDAS* 和共晶硅颗粒检测面积需大于50 mm^2、20 mm^2和5 mm^2，以减少测试误差。

4.3.2 高强度铝合金材料的疲劳强度

当前应用于工程的金属材料高周疲劳模型主要包括四种，分别为：①基于安全系数的零部件无限寿命校核方法；②基于宏观应力的 $S-N$ 曲线模型；③基于断裂力学的裂纹扩展模型；④基于损伤力学的疲劳预测模型。

基于安全系数的零部件无限寿命校核方法在工程中应用广泛，其使用对象一般为无限寿命设计部件，应用于设计和后期强度考核阶段，但该方法通常会造成部件有强度冗余，随轻量化要求逐渐提高，以及容限设计方法的采用，基于安全系数的强度方法逐渐被其他寿命预测方法所取代。

基于宏观应力－寿命模型为最经典的高周疲劳寿命预测模型，广泛应用于工程部件的高周寿命预测中，其优点为方法简单，以名义宏观应力为输入，基于前人试验数据拟合的 $S-N$ 曲线，考虑了平均应力等影响，可快速得到高周寿命。但该方法针对部分材料精度较低，尤其针对包含缺陷、多尺度微结构，即材料分散性高的材料，其预测精准度降低，需要考虑微结构的影响。

断裂力学的裂纹扩展模型对裂纹扩展速度建模，适用于本身包含较大缺陷的金属材料，在容限设计方面有广泛应用，同时该方法物理意义明显，为当前研究热点，也广泛用于航空材料等的寿命计算中。

基于连续损伤的损伤力学模型在工程中也有部分使用，该方法的优点为可考虑多重损伤模式，适用于复杂受载部件，可将损伤量化叠加，该方法适用于高周疲劳和低周疲劳损伤叠加寿命预测时使用。

下面分别简单介绍用于气缸盖材料的基于安全系数的无限寿命设计方法、高周疲劳的 $S-N$ 曲线模型、基于裂纹萌生与扩展的断裂力学模型和损伤力学模型。其中，基于所研究的材料，采用 $S-N$ 曲线模型和裂纹萌生与扩展模型进行分析。

1. 基于安全系数的无限寿命设计

应用于工程的基于安全系数的无限寿命设计被广泛应用，气缸盖疲劳安全系数通过应力幅、平均应力，以及各影响因子值计算疲劳安全系数。非对称循环下的疲劳安全系数公式宜采用以下计算公式：

$$n_{\sigma}=\frac{\sigma_{aD}}{\sigma_{a}}=\frac{\sigma_{\mathrm{limit}}}{\dfrac{K_{\sigma}}{\varepsilon\beta}\sigma_{a}+\psi_{\sigma}\sigma_{\mathrm{m}}} \tag{4-23}$$

式中，K_σ 为有效应力集中系数；ε 为尺寸系数；β 为面强化表面系数；ψ_σ 为不对称循环度系数。

2. 高周疲劳的 S－N 模型

高周疲劳 $S-N$ 模型绘制的 $S-N$ 曲线如图 4－10 所示，其表示在载荷比 $R=-1$ 情况下，光滑标准试样所受应力幅和对应寿命的曲线，通常 $S-N$ 曲线包含两个区域，左侧的高应力斜线区，以及右侧的低应力水平线区，右侧水平线对应材料疲劳极限，左侧斜线代表寿命随应力幅降低而提高，通常采用 Basquin 公式线性拟合，Basquin 公式为：

$$(S_a)^k N_f = C \tag{4-24}$$

在双对数坐标中，$S-N$ 曲线斜率为 $-1/k$，如图 4－11 所示。除斜率外，疲劳极限以及疲劳极限对应的最小寿命（即 $S-N$ 曲线拐点），共同构成 $S-N$ 曲线的主要特征。

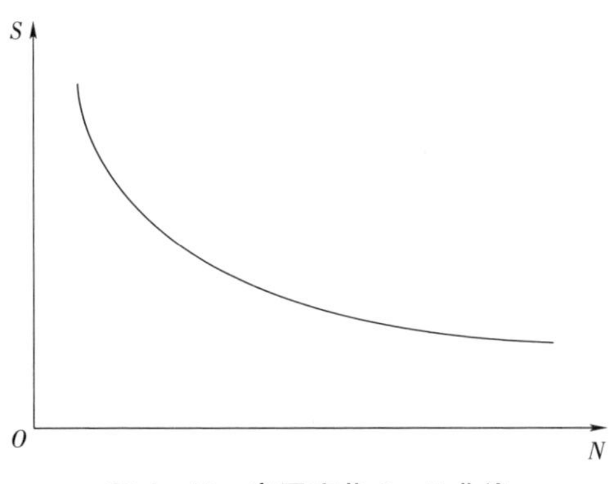

图 4－10　高周疲劳 $S-N$ 曲线

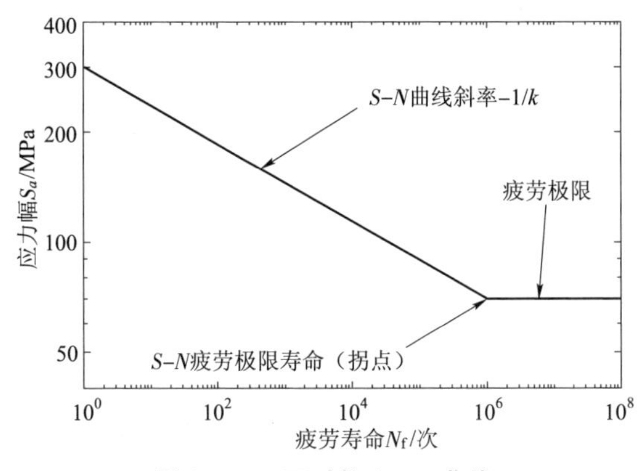

图 4－11　双对数 $S-N$ 曲线

部分寿命没有典型的疲劳极限，铸造铝合金就没有明显的疲劳极限，但通常认为寿命大于1 000万次（或更高，根据不同零部件设计要求确定）之后，材料小裂纹无法扩展，大部分试样不发生失效，该寿命对应的应力幅基本可看作疲劳极限。

以 $S-N$ 曲线为基本模型，耦合其他因素的方法即对基本 $S-N$ 曲线进行修正，$S-N$ 曲线包含三个特征，部分因素对三个特征均有影响，部分参数只影响其中部分特征。修正的方法包括试验测试和理论经验公式两种方式，通常两种方式结合的方法较合理。

高强度铝合金材料的疲劳强度评估需获得气缸盖铝合金材料基本元素的 $S-N$ 曲线。从气缸盖厚大位置（顶板、底板、力墙部位）直接取样加工为光滑的标准试样，试验分两部分：

（1）升降法进行定寿命疲劳极限测试。

（2）在高载荷下进行定应力测试。

其中升降法寿命定为 2.5×10^7 次，高载荷分别在110 MPa和150 MPa进行应力控制疲劳试验，每个载荷做3根。

试验结果显示，原始材料常温的疲劳极限约为71 MPa，顶板和力墙材料高应力疲劳寿命如图4－12和图4－13所示，其斜率分别为－7.5和－7.4，疲劳极限拐点寿命分别为 $2.496\,6\times10^7$ 次和 $1.422\,4\times10^7$ 次。可见顶板材料和力墙材料力学 $S-N$ 曲线斜率基本相同，而力墙材料 $S-N$ 曲线整体向左移，疲劳强度相比顶板较差，如图4－14所示。而底板位置150 MPa寿命相对较高，但110 MPa应力分散性极高，主要受其微观组织和缺陷影响。

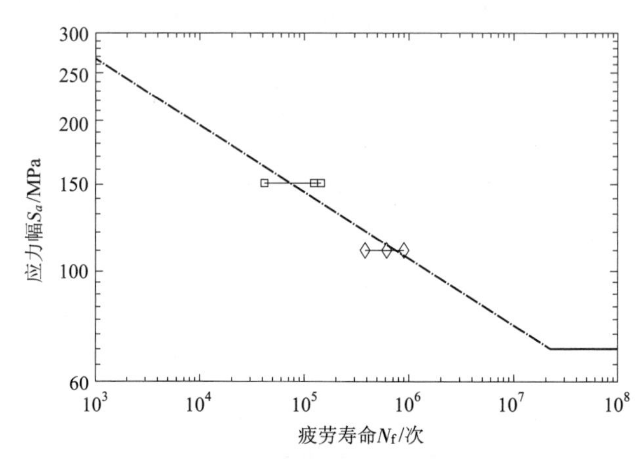

图4－12　顶板材料常温光棒 $S-N$ 曲线（$R=-1$）

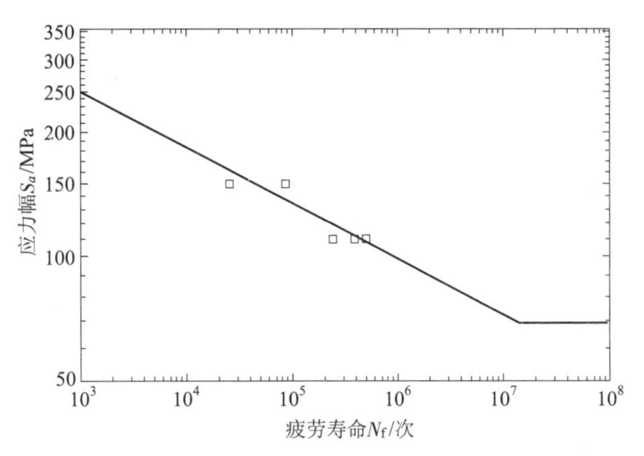

图4-13　力墙材料常温光棒 $S-N$ 曲线（$R=-1$）

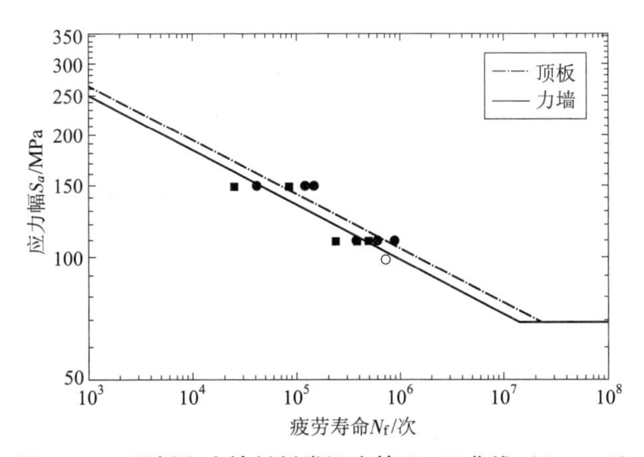

图4-14　顶板和力墙材料常温光棒 $S-N$ 曲线（$R=-1$）

3. 断裂力学疲劳裂纹扩展模型

裂纹扩展过程通常包含三个过程，分别为裂纹萌生阶段、小裂纹扩展阶段和长裂纹扩展阶段。其中，小裂纹扩展又包括机械小裂纹、微结构小裂纹和物理小裂纹。对于高周疲劳行为而言，裂纹萌生和小裂纹扩展阶段占总疲劳寿命的占比较高，同时该比例随裂纹萌生方式的不同而不同，如萌生于较大铸造缺陷，则裂纹萌生和小裂纹扩展寿命占20%～30%，如萌生于共晶硅等硬颗粒，则萌生和小裂纹扩展寿命占30%～50%，如萌生于固有滑移带，则该比例可最高达70%及以上，同时，上述比例随外载的变化而变化。因此，对高周疲劳行为而言，尤其必须考虑裂纹萌生与小裂纹扩展行为。

由于气缸盖材料设计为无限寿命设计，因此，其服役载荷通常需要低于疲劳极限，而铸造铝合金通常没有严格的疲劳极限，其寿命随载荷降低而呈缓慢降低趋势，因此，通常在工程设计中定义达到要求的寿命（如 2.5×10^7 次）对应的疲劳强度为疲劳极限。相关文献试验研究表明，高强度铸造铝合金疲劳极限在 55 MPa 和 80 MPa 之间。当前裂纹萌生与小裂纹扩展模型在学术领域开展了一定研究，其中，由 Mcdowell 等人提出的多阶段模型由于其较清晰的物理意义，对裂纹萌生于小裂纹尖端微塑性变形的良好表征与分析而受到关注，该模型最早应用于铝合金材料，后续用于镁合金等材料，试验验证表明该模型的适用性和准确性相对较高，可满足工程应用条件，缺点是该模型需拟合参数较多，下面采用多阶段模型（MSF model）对铸造铝合金开展疲劳寿命计算。

MSF 模型定义疲劳寿命由三部分组成，分别为裂纹萌生阶段、小裂纹扩展阶段和长裂纹扩展阶段，如下式所示：

$$N_{\text{Total}} = N_{\text{inc}} + N_{\text{MSC/PSC}} + N_{\text{LC}} \tag{4-25}$$

式中，N_{Total}为总疲劳寿命；N_{inc}为裂纹萌生寿命；$N_{\text{MSC/PSC}}$为小裂纹扩展寿命；N_{LC}为长裂纹扩展寿命。裂纹萌生代表在缺陷根部处的微裂纹形核及其初始扩展超过不连续的微缺口的局部影响区域；小裂纹扩展阶段包括微结构小裂纹和物理小裂纹，对铝合金而言，微结构小裂纹和物理小裂纹的范围分别为$a_{\text{i}} < a < k \cdot SDAS$ 和 $k \cdot SDAS < a < 10 \cdot SDAS$，其中，$SDAS$ 是铸造铝硅合金特征尺寸参数，即二次枝晶臂间距。微结构小裂纹和物理小裂纹的区别为物理小裂纹扩展存在裂纹闭合现象，在裂纹扩展速度计算和寿命计算中通常将其统一视作小裂纹；长裂纹则是微裂纹扩展至一定长度后，以较高速度一直扩展至破坏为止的裂纹扩展阶段。

1）裂纹萌生寿命阶段

裂纹萌生寿命通过 Coffin - Manson 公式计算，以缺陷周围最大塑性剪切应变为输入驱动参数，计算裂纹萌生寿命：

$$C_{\text{inc}} N_{\text{inc}}^{\alpha} = \beta \tag{4-26}$$

式中，C_{inc}和 α 分别为线性参数和指数参数；β 为局部缺陷或夹杂周围最大塑性剪切应变，塑性剪切应变为宏观载荷和材料内部缺陷几何特征的函数，内部缺陷几何特征参数主要为缺陷最大费雷特尺寸S_{Fer}和长宽比A_{asp}。

$$\beta = \frac{\Delta \gamma_{\max}^{P*}}{2} = f\ (\sigma_a,\ R,\ S_{\text{Fer}},\ A_{\text{asp}}) \tag{4-27}$$

式中，$\Delta \gamma_{\max}^{P*}$为局部最大塑性剪切应变。计算裂纹萌生寿命时，先通过无损检测或金相检测，或缺陷特征尺寸的分布函数预测得到所分析材料的表面最大缺陷尺寸S_{Fer}与长宽比A_{asp}，继而建立含最大缺陷的代表性体积单元，根据施加载荷幅值σ_a和载荷比相关参数 U 计算得到缺陷周围最大塑性剪切应变。对应铝合金高周疲劳工况而言，应变计算公式中指数参数经拟合为 $\alpha = -0.5$，线性参数 C_{inc} 可表示为：

$$C_{\mathrm{inc}} = C_n + z(C_m - C_n) \tag{4-28}$$

$$C_n = 0.24 - (1 - \langle R \rangle) \tag{4-29}$$

式中，R 为载荷比，C_m 经拟合为 0.03。通过上述公式和代表性体积单元有限元静力学仿真计算，可得到铸造铝合金裂纹萌生寿命。

2）小裂纹扩展寿命阶段

小裂纹扩展速度以裂纹尖端张开位移为驱动参数，通过施加载荷计算裂纹张开位移，速度公式为：

$$\left(\frac{\mathrm{d}a}{\mathrm{d}N}\right)_{\mathrm{MSC/PSC}} = \chi\ (\Delta CTD - \Delta\ CTD_{\mathrm{th}}) \tag{4-30}$$

式中，ΔCTD 为裂纹尖端张开位移；$\Delta\ CTD_{\mathrm{th}}$ 为裂纹尖端张开位移门槛值；χ 为材料参数，对铝合金而言，χ 为 0.35。铝基材料裂纹尖端张开位移门槛值为 Buger 向量值，为 2.5×10^{-4} μm。在高周疲劳载荷工况下，裂纹尖端张开位移由外载荷、材料孔隙率、材料特征参数 $SDAS$ 以及载荷比决定，具体可表示为：

$$\Delta CTD = C_2 f(\overline{\varphi})\left(\frac{SDAS}{SDAS_0}\right)\left(\frac{U\Delta\hat{\sigma}}{S_{\mathrm{ut}}}\right)^n a \tag{4-31}$$

式中，C_2 和 n 为材料参数；$\overline{\varphi}$ 为平均孔隙率；$SDAS_0$ 为 $SDAS$ 参考值，小裂纹扩展速度随 $SDAS$ 增加而增加；S_{ut} 为材料抗拉强度；$\Delta\hat{\sigma}$ 为综合载荷，其为 von Mises 单轴有效应力幅值（$\Delta\overline{\sigma}_a = \sqrt{\frac{3}{2}\frac{\Delta\ \sigma'_{ij}}{2}\frac{\Delta\ \sigma'_{ij}}{2}}$）和最大主应力范围（$\Delta\sigma_1$）的线性和，即 $\Delta\hat{\sigma} = 2\theta\Delta\ \overline{\sigma}_a + (1-\theta)\Delta\sigma_1$，其中 θ 为路径依赖的载荷参数；U 为载荷比相关参数，当实际载荷比小于 0 时，$U = 1/(1-R)$，当载荷比为 0 时，$U = 1$；f（$\overline{\varphi}$）为孔隙率函数，小裂纹扩展速度随平均孔隙率增加而增加。孔隙率函数表示为：

$$f(\overline{\varphi}) = 1 + \omega\left(1 - \mathrm{e}^{-\frac{\overline{\varphi}}{2\varphi_{\mathrm{th}}}}\right),\ \varphi_{\mathrm{th}} \approx 10^{-4} \tag{4-32}$$

式中，φ_{th} 为平均孔隙率参考值，对于铝合金大约为 10^{-4}；ω 为材料参数，铝合金通常为 2。

3）长裂纹扩展寿命阶段

长裂纹扩展速度通过 Paris 公式计算，驱动参数为应力强度因子，考虑裂纹闭合效应，计算有效应力强度因子范围，速度具体定义如下：

$$\left(\frac{\mathrm{d}a}{\mathrm{d}N}\right)_{\mathrm{LC}} = A_{\mathrm{P}}\ [(\Delta K_{\mathrm{eff}})^M - (\Delta K_{\mathrm{eff,th}})^M] \tag{4-33}$$

式中，ΔK_{eff}为有效应力强度因子范围，表示为$\Delta K_{eff}=K_{max}-K_{op}$，其中$K_{op}$为裂纹张开应力强度因子；$\Delta K_{eff,th}$为有效应力强度因子范围门槛值，对铝合金而言通常为1.3 MPa $\sqrt{m}$；A_P和M为材料参数，对铝合金而言通常为1.5×10^{-11} m（MPa $\sqrt{m}$）$^{-4.2}$/次和4.2。

4. 连续损伤力学高周疲劳模型

一般情况下，高周机械疲劳损伤的演化方程可以表示为如下形式：

$$\mathrm{d}D=f(D,\ \Delta\sigma,\ \bar{\sigma},\ \cdots)\,\mathrm{dN} \tag{4-34}$$

即材料的损伤与载荷水平有关，损伤驱动参数为力载荷。在多轴加载条件下，初期的裂纹沿着或基本上沿着最大剪应力的方向形成，随后近似沿着该平面的法向应力方向扩展。多轴疲劳试验断裂过程中对裂纹的形成及扩展过程进行观测表明，在多轴加载下最大剪应力和垂直于最大剪应力方向的正应力是多轴疲劳损伤的两个重要参数，用这两个参数来计算材料的疲劳损伤具有一定的物理意义。由于疲劳裂纹的扩展是沿着裂纹尖端剪切带的聚合过程，其裂纹面上的法向应力使这种聚合加剧，所以在构造临界面上的疲劳损伤参量时，应适当考虑法向正应力对疲劳损伤累积的影响。

利用等效应力准则将临界面上的最大剪应力幅和适当考虑垂直于临界面上的正应力合成为一个等效应力幅疲劳损伤参量与寿命模型：

$$\sqrt{3(\Delta\tau/2)^2+S(\Delta\sigma/2)^2}=f(N_f) \tag{4-35}$$

方程右式结合 Basquin 公式，得到一个拉伸形式的多轴疲劳损伤累积模型：

$$\sqrt{3(\Delta\tau/2)^2+S(\Delta\sigma/2)^2}=(\sigma'_f-2\,\sigma_{n,\mathrm{mean}})\ (2N_f)^b \tag{4-36}$$

式中，临界面为经历最大剪应力幅的平面；$\Delta\tau/2$为在一个加载周期内临界面剪应力幅；$\Delta\sigma/2$为临界面法向正应力幅；S为材料特性参数，表征临界面法向正应力幅对疲劳损伤的影响因子；σ'_f为疲劳强度系数；$\sigma_{n,\mathrm{mean}}$为临界面平均法向应力；b为疲劳强度指数。σ'_f、b为材料单轴疲劳特性参数。上述各参数除S外均可以直接由材料的机械疲劳试验得到。

为了提高预测精度，通过优化修正法向应力影响因子S使得多轴疲劳损伤模型更准确预测比例载荷下疲劳寿命。以S为变量，以多轴疲劳模型

$$\sqrt{3(\Delta\tau/2)^2+S(\Delta\sigma/2)^2}=(\sigma'_f-2\,\sigma_{n,\mathrm{mean}})(2N_f)^b$$

为状态方程，将各载荷下的预测寿命与试验寿命误差和最小为目标函数，通过优化迭代得到最小误差值时S的取值。

由式（4-36）得到机械疲劳寿命的直接表达式为：

$$N_{\mathrm{mech}}=\left(\frac{\sqrt{3(\Delta\tau/2)^2+S(\Delta\sigma/2)^2}}{(\sigma_{\mathrm{f}}'-2\sigma_{n,\mathrm{mean}})}\right)^{1/b}\Big/2 \tag{4-37}$$

根据材料损伤的定义，在每一循环作用后材料的损伤为：

$$\mathrm{d}D_{\mathrm{mech}}=\frac{1}{N_{\mathrm{mech}}}=\frac{2}{\left[\frac{\sqrt{3(\Delta\tau/2)^2+S(\Delta\sigma/2)^2}}{(\sigma_{\mathrm{f}}'-2\sigma_{n,\mathrm{mean}})}\right]^{1/b}} \tag{4-38}$$

这样，在一定的循环累积后，材料在机械疲劳作用下产生的损伤值为：

$$D_{\mathrm{mech}}=\sum_i\frac{N_i}{N_{\mathrm{mech}}}=\sum_i\frac{2N_i}{\left[\frac{\sqrt{3(\Delta\tau/2)^2+S(\Delta\sigma/2)^2}}{(\sigma_{\mathrm{f}}'-2\sigma_{n,\mathrm{mean}})}\right]^{1/b}} \tag{4-39}$$

4.4　薄壁气缸盖结构力学性能尺寸效应及评估方法

4.4.1　薄壁结构气缸盖尺寸效应

1. 气缸盖薄壁位置特征及评估必要性

气缸盖作为柴油机的重要零部件，不仅布置有冷却水腔、进排气道和燃烧室等复杂结构，还在工作过程中承受螺栓预紧力、过盈力、铸造残余应力、周期性燃气爆发压力等多种热机载荷，使其成为柴油机最易失效的零部件之一。此外，受到铸造加工方式固有特点以及复杂结构等因素的影响，气缸盖不同位置结构强度通常表现出差异。尤其是气缸盖内部的复杂结构位置，在服役过程受到复杂载荷作用时，会造成相关部位的加速失效，对其可靠性以及柴油机寿命造成一定影响，因此有必要对气缸盖内部结构位置进行力学性能评估。

然而，气缸盖结构复杂且内部多为薄壁，该特征导致取样空间有限，无法取到标准试样，因此需考虑使用小型试样进行测试分析。随着机械零部件朝着结构复杂化和功能多样化的特点发展，用小型试样进行力学性能测试的必要性逐渐增加。然而，通过小型试样进行拉伸及疲劳性能测试的结果与标准试样的测试结果表现出不小的差异，表现出所谓的尺寸效应现象。许多专家学者想到通过对小型试样尺寸进行优化来达到和标准试样测试结果的近似，但考虑到气缸盖内部结构空间的限制，无法满足对取样尺寸的优化来达到和标准试样近似的测试结果，因此无法得知薄壁部位可以参考的力学性能数据。为了能将小型试样得到的力学性能数据用于部件的结构强度分析，研究试样的尺寸效应现象并建立小型试样力学数据和标准试样的对应关系是至关重要的。

2. 尺寸效应现象

为开展气缸盖整体结构的力学性能分析，应对同一个气缸盖多个位置进行机械加工取样。从气缸盖顶板、力墙、底板位置处切取样坯并进行机械加工得到标准试样，并在紧邻标准试样取样位置处加工得到小型试样，以此来避免因为气缸盖不同位置的材料特性差异影响尺寸效应的研究。同时在气缸盖内部的进气道夹壁、排气道夹壁和水腔隔板位置处切取样坯并加工成小型试样。气缸盖结构取样位置示意如图 4 – 15 所示。试样取样位置及数量根据实际气缸盖大小、试验测试成本以及统计需要的最低试验数据样本数量来决定。

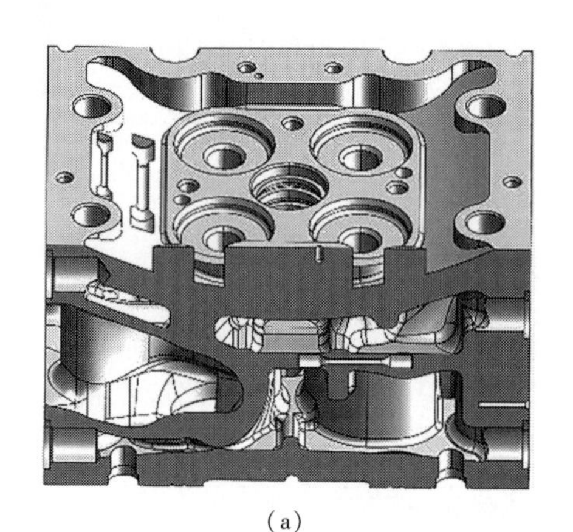

(a)

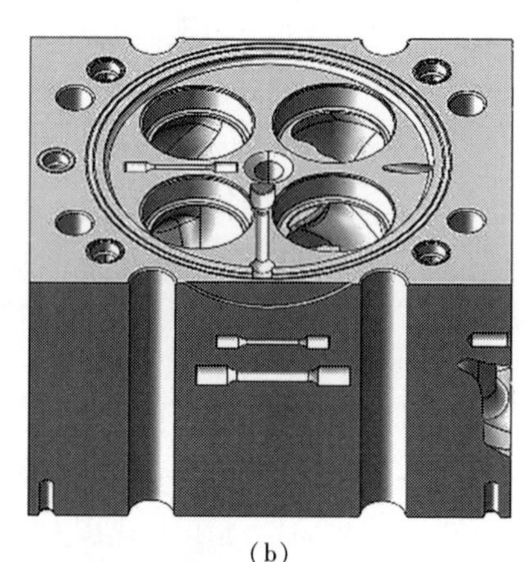

(b)

图 4 – 15　气缸盖结构取样示意图

(a) 顶板位置和内部关键位置取样示意；(b) 力墙位置和底板位置取样示意

将所取到的试样进行拉伸与疲劳测试，测试结果如图 4 – 16、图 4 – 17 所示。

由图 4 – 16 (a) 所示，对比不同位置处的标准试样，顶板位置处的抗拉强度最高 (320. 8 MPa)；其次是底板位置 (288. 2 MPa)；力墙位置处的抗拉强度最低 (267. 2 MPa)。对比不同位置处的非标试样，抗拉强度从高到低依次是顶板位置 (288. 4 MPa)、底板位置 (275. 6 MPa) 和力墙位置 (241. 2 MPa)。在相同位置处，由于试样尺寸不同也导致了明显的差异，标准试样的抗拉强度明显高于非标试样。与标准试样相比，非标试样在顶板、底板、力墙位置的抗拉强度分别下降了 10. 1% 、4. 4% 和 9. 7% 。

图 4 – 16 (b) 中显示出了试样之间的屈服强度差异。标准试样在顶板位置、底板位置和力墙位置的屈服强度分别为 260. 2 MPa、254. 2 MPa、246 MPa。对比不同位置处的非标试样，屈服强度从高到低依次是顶板位置 (195. 2 MPa)、

底板位置（190.6 MPa）和力墙位置（180 MPa）。与标准试样相比，非标试样在顶板、底板、力墙位置的屈服强度分别下降了 25%、25% 和 27%。

试样的断面收缩率和断后伸长率的对比如图 4－16（c）、（d）所示。对比发现，顶板位置的断面收缩率和断后伸长率最大，其次是底板位置，力墙位置的最小。非标试样的断面收缩率和断后伸长率明显高于标准试样。断面收缩率和断后伸长率的大小反映了材料塑性变形的能力。

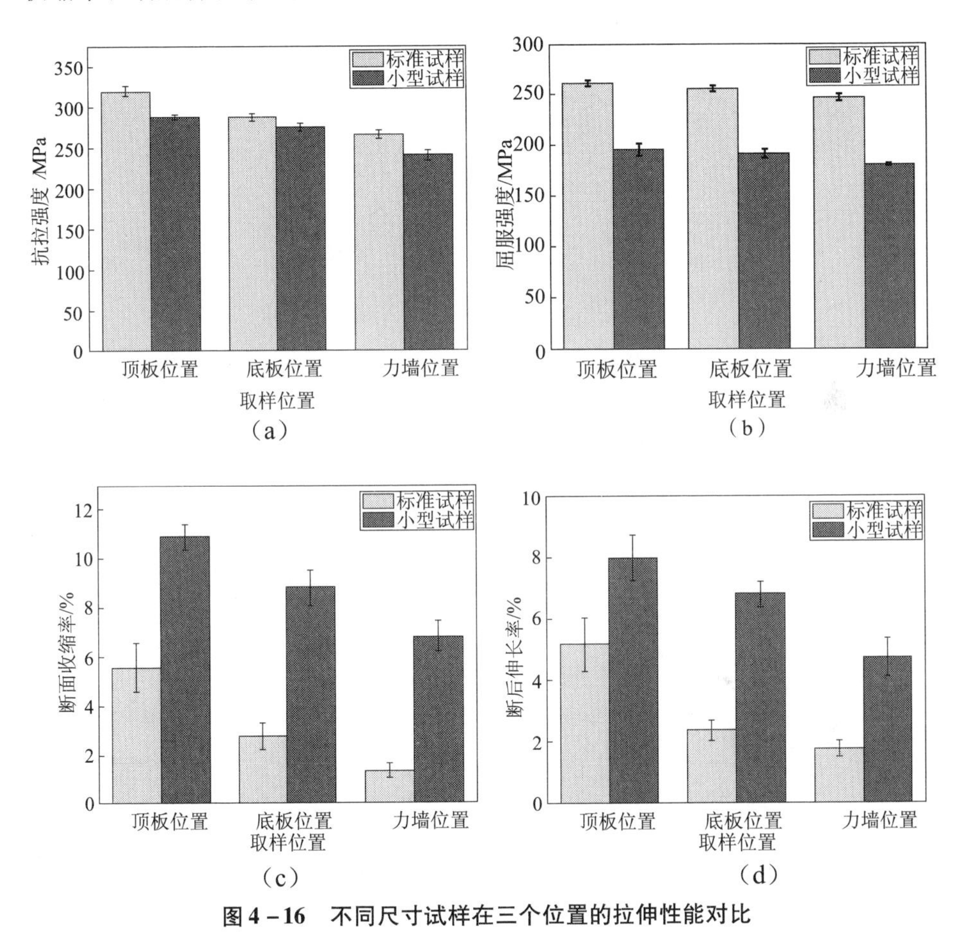

图 4－16　不同尺寸试样在三个位置的拉伸性能对比

（a）抗拉强度对比；（b）屈服强度对比；（c）断面收缩率对比；（d）断后伸长率对比

如图 4－17 所示，标准试验与小型试样的疲劳试验结果的失效循环次数与应力幅相对应。随着应力幅值的增大，试样的疲劳寿命减小，且试样之间疲劳寿命的分散程度也减小。通过对比可以明显地发现标准试样的疲劳强度高于小型试样。

通过力学性能数据的对比，发现试样在同一取样位置，标准试样的力学性能明显优于非标试样。标准试样和非标试样的力学性能差异表现出了尺寸效应现象。

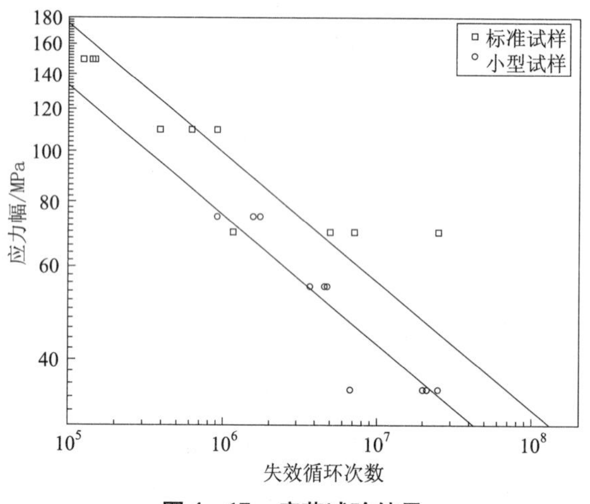

图 4-17 疲劳试验结果

4.4.2 基于尺寸效应的薄壁气缸盖结构评估方法

1. 拉伸性能的评估方法

因试样尺寸不同形成的力学性能的差异，在研究中分为统计尺寸效应、几何尺寸效应和工艺尺寸效应三种。本书所列举的两种尺寸试样，取样位置靠近，取样加工工艺一致，且试样断裂位置处于标距段内，可以排除因试样存在不同尺寸的表面缺口和不同加工工艺等因素导致的拉伸性能差异。因此可以通过研究统计尺寸效应常用的威布尔分布模型，对拉伸性能数据进行统计分析。

威布尔分布的最弱环节理论假设试样中存在导致样品失效的关键缺陷，因此试样中缺陷的随机分布导致材料强度的分散。使用最弱环节理论的威布尔分布模型，不需要对试样中存在的缺陷进行全面的检测与统计，只需用拉伸性能数据对模型进行拟合即可。在有限的缺陷检测条件下，此模型具备简便高效的特点。在基于最弱环节理论的威布尔强度分布中，试样在强度 σ 下的分布函数为：

$$P(\sigma)=1-\exp\left[-\left(\frac{\sigma}{\sigma_c}\right)^w\right] \tag{4-40}$$

式中，$P(\sigma)$为在强度小于或等于 σ 的情况下试样的失效概率；σ_c为尺度参数，反映数据 σ 的分散性；w 为形状参数，控制函数曲线形状。

式（4-40）中样本的失效概率 P 由 Bergman 提出的方法来估计，利用蒙特卡罗模拟表明，Bergman 的估计是使威布尔分布的两个参数计算精度最高的方法之一。由 Bergman 估计的故障概率由以下公式给出：

$$P=\frac{i-0.3}{n+0.4} \tag{4-41}$$

式中，n 为参与统计的试样数量；i 为所有测试样品的抗拉强度值按递增顺序进行排列的排列数。为了方便进行模型的拟合，将式（4-40）变形成如下形式：

$$\ln\left(\ln\left(\frac{1}{1-P}\right)\right)=w\ln(\sigma)-w\ln(\sigma_c) \tag{4-42}$$

用式（4-42）计算得到每个试样在对应抗拉强度 σ 下的失效概率 P，采用最小二乘法即可拟合得出不同尺寸试样的威布尔分布模型的函数曲线（$\ln\left(\ln\left(\frac{1}{1-P}\right)\right)$作为 $\ln(\sigma)$ 的函数）。得到标准试样威布尔分布模型的函数曲线为 $\ln\left(\ln\left(\frac{1}{1-P}\right)\right)=12.8136\ln(\sigma)-73.2370$，小型试样威布尔分布模型的函数曲线为 $\ln\left(\ln\left(\frac{1}{1-P}\right)\right)=13.5812\ln(\sigma)-76.4482$。画出的威布尔分布曲线图与试验数据点如图 4-18 所示。从图中可以看出，拟合出的曲线与试验数据点的分布有良好的一致性。

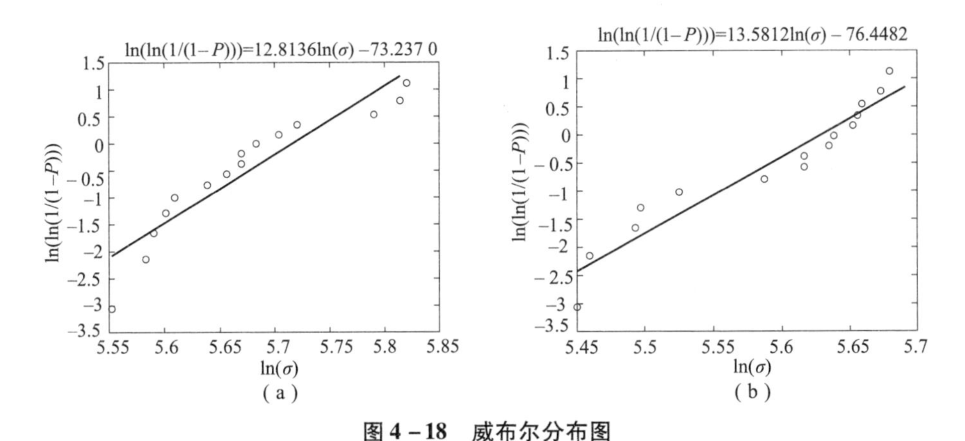

图 4-18　威布尔分布图

（a）标准试样抗拉强度的威布尔分布；（b）小型试样抗拉强度的威布尔分布

通过拟合得到的两种试样的威布尔分布模型，便可建立标准试样与小型试样的抗拉强度在相同失效概率下的对应关系，即：

$$12.8136\ln(\sigma_1)-73.237=13.5812\ln(\sigma_2)-76.4482 \tag{4-43}$$

式中，σ_1为标准试样的抗拉强度；σ_2为小型试样的抗拉强度。通过式（4-43）得出两种试样抗拉强度的关系为：

$$\sigma_1 = 0.78\,\sigma_2^{1.06} \tag{4-44}$$

通过建立的对应关系，便可使用小型试样抗拉强度计算得到标准试样抗拉强度的预测值。预测值与试验测量值的对比结果如图4-19所示，通过对比发现，预测值与试验测量值之间的最大误差仅为6.64%。由此说明，通过威布尔分布建立不同尺寸试样抗拉强度的对应关系，可以得到较为准确的抗拉强度数据。

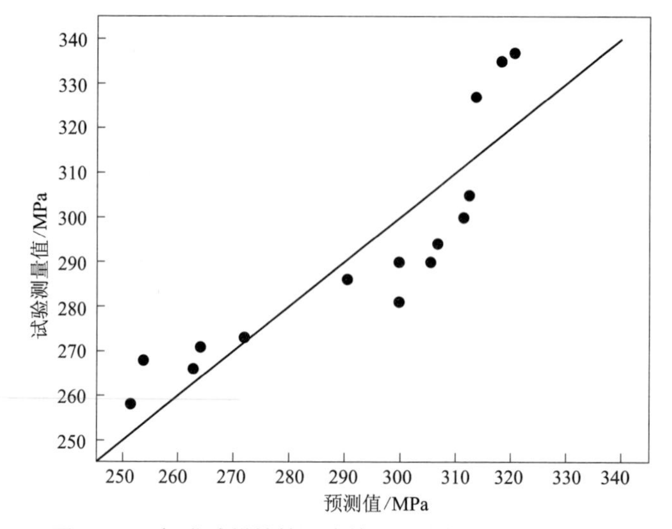

图4-19　标准试样抗拉强度的预测值与试验测量值对比

气缸盖内部结构复杂且多为薄壁结构，为了得到气缸盖内部关键部位可靠的拉伸性能，对其内部进气道夹壁、排气道夹壁和水腔隔板处的小型试样进行试验测量，并通过建立的两种试样关系来预测标准试样的抗拉强度。预测得到的标准试样的抗拉强度如表4-9所示。将预测结果与其他位置标准试样的抗拉强度进行对比，发现进气道夹壁、排气道夹壁和水腔隔板处的抗拉强度均低于顶板、力墙和底板位置，排气道夹壁位置的抗拉强度最低。由此反映出在气缸盖工作过程中，内部薄壁位置比其他位置更容易出现裂纹而导致失效，其排气道夹壁位置的结构强度可能是影响气缸盖整体安全工作的关键。因此在气缸盖的结构设计与铸造过程中，需同时考虑气缸盖内部薄壁的结构强度与工作可靠性问题。

表 4-9　关键部位小型试样试验测量值与对应标准试样预测值

取样位置	小型试样试验测量值/MPa	对应标准试样预测值/MPa
进气道夹壁	217	233.7
	218	234.8
排气道夹壁	207	222.3
	203	217.8
水腔隔板	223	240.6
	220	237.2

2. 疲劳性能的评估方法

根据疲劳试验的测试结果可知，在同一应力水平下疲劳寿命有明显的分散。因此有必要引入失效概率 P，并将其与应力幅 σ 和疲劳寿命 N 联系起来，建立 $P-S-N$ 图。$P-S-N$ 图的建立需要通过充分的试验确定不同应力水平下的 $P-N$ 关系。在本实例中，每种试样仅测试了 10 个数据，无法根据不同应力水平下的 $P-N$ 关系建立 $P-S-N$ 图，因此使用了另一种方法。

假设试样的强度变异系数是恒定的，在一个 $P-S-N$ 图中，对应不同失效概率的 $S-N$ 曲线是互相平行的。确定一条失效概率下的 $S-N$ 曲线，便可将这条曲线在 S 方向上平移得到不同失效概率的 $S-N$ 曲线族。首先要得到一条 $S-N$ 曲线，通常假设 $S-N$ 曲线遵循 Basquin 公式 $\sigma^m N=c$，将此式取对数得到如下关系式：

$$\lg N = -m\lg\sigma + \lg c \tag{4-45}$$

将标准试样和小型试样的疲劳数据代入上式，通过最小二乘法可得到未知参数。根据最薄弱环节理论，两种试样的 $S-N$ 曲线是平行的，因此两种试样疲劳数据拟合得到相同的 m 和不同的 c。拟合得到的平均 $S-N$ 曲线如图 4-20 所示，标准试样的 $S-N$ 曲线公式为$\sigma^{4.0632}N=14.1166$（黑色曲线），小型试样的 $S-N$ 曲线公式为$\sigma^{4.0632}N=13.6324$（红色曲线）。

如图 4-20 所示，将试样的 $S-N$ 曲线进行平移，分别通过试验数据的数据点，便可得到 10 条平行的 $S-N$ 曲线，每条 $S-N$ 曲线代表一种失效概率。通过平行的 $S-N$ 曲线，可得到某一应力水平下的疲劳寿命分布。该方法将不同应力水平下的疲劳寿命转换为相同的应力水平，并且可以使用相对较少的试验数据来计算疲劳寿命的分布。

通过威布尔强度分布公式，转换为威布尔寿命分布：

$$P(\sigma)=1-\exp\left[-\left(\frac{N}{N_c}\right)^k\right] \tag{4-46}$$

式中，$k=-\frac{w}{m}$。假定不同失效概率的 $S-N$ 曲线是平行的，因此不同应力水平下的疲劳寿命分布是相同的。因此，使用上述方法，将相同应力水平下的疲劳寿命进行拟合，并使用 Minitab 软件和最小二乘法获得威布尔寿命分布参数。标准试样和小型试样的形状参数 k 分别为 1.260 2 和 2.148 9。根据威布尔寿命分布，可以得到一定失效概率下的疲劳寿命。图 4-21 所示的失效概率为 10%、50% 和 90% 的 $S-N$ 曲线与数据分布非常一致。

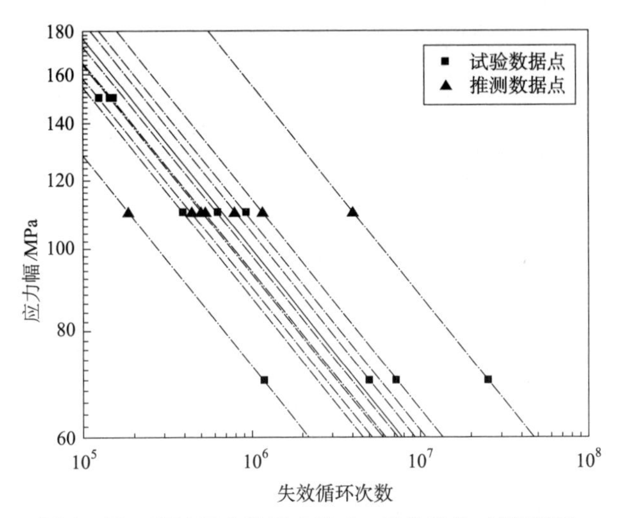

图 4-20　通过每个数据点的 $S-N$ 曲线族（附彩插）

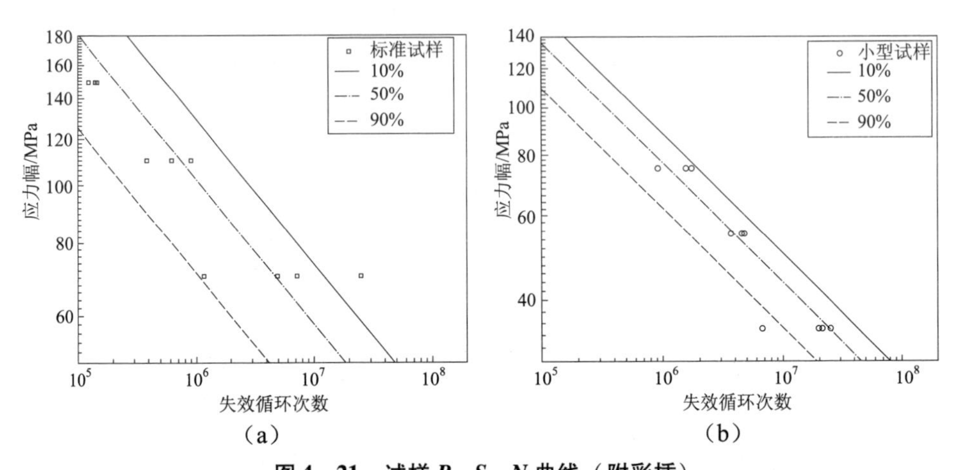

图 4-21　试样 $P-S-N$ 曲线（附彩插）

（a）标准试样 $P-S-N$ 曲线；（b）小型试样 $P-S-N$ 曲线

根据最薄弱环节理论的分析，采用表面公式和体积公式，标准试件和小试件的疲劳强度之比分别为：

$$\left(\frac{\sigma_{f1}}{\sigma_{f2}}\right)=\left(\frac{A_1}{A_2}\right)^{-\frac{1}{w}} \tag{4-47}$$

和

$$\left(\frac{\sigma_{f1}}{\sigma_{f2}}\right)=\left(\frac{V_1}{V_2}\right)^{-\frac{1}{w}} \tag{4-48}$$

式中，σ_{f1} 和 σ_{f2} 分别为标准试样和小型试样的疲劳强度；A_1 和 A_2 分别为标准试样和小型试样标距段部位的表面积；V_1 和 V_2 分别为标准试样和小型试样标距段部位的体积。

图 4－22（a）显示了通过表面公式获得的标准试样的预测 $P-S-N$ 曲线与试验数据的比较。图 4－22（b）显示了通过体积公式获得的标准样品的预测 $P-S-N$ 曲线与试验数据的比较。通过比较可知，表面公式比体积公式产生更好的预测。由最弱链理论的表面公式得到的预测 $P-S-N$ 曲线很好地描述了数据点的分布。

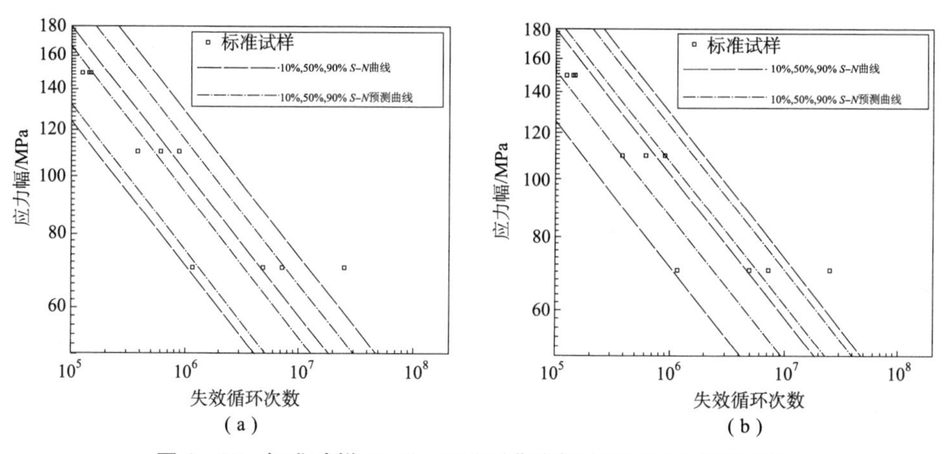

图 4－22　标准试样 $P-S-N$ 预测曲线与试验测量曲线的对比

（a）通过表面公式的对比；（b）通过体积公式的对比

4.5　气缸盖模拟件级力学性能表征方法

4.5.1　模拟件设计原则

气缸盖在服役期间的高温高周载荷和启停期间的低周热－机载荷作用下，

承受复杂的多轴交变载荷。其中火力面鼻梁区、排气道夹壁、气道和底板过渡连接处、喷油器座孔等位置易产生疲劳裂纹，发生失效。在实际的工作过程中，气缸盖工作循环非常复杂，很难进行多次台架试验进行模拟，而且模拟的气缸盖关键位置的应力状态很难与实际的应力状态达到一致。又考虑到整体气缸盖疲劳试验所需时间较长，试验成本较高。此外，在多轴应力状态下，力在最小的体积单元上沿两个方向施加，力作用在平面的四个区域上。试验需要在平行于试样平面的方向施加载荷，因为在其他方向施加载荷会引起试样的弯曲。在平行于试样平面的方向施加载荷，可以保证应力和应变在试样厚度方向保持恒定，也便于应变的测量与应力的计算。试样的几何形状和试验装置本身也会影响试验数据，可能的影响包括接触区域的摩擦、试验装置的不对称性、材料的非各向同性和几何形状的应力集中等。因此为了更简便、准确地预测气缸盖关键位置疲劳寿命，需要设计合适的结构模拟件进行疲劳试验以得到适用于气缸盖的疲劳寿命模型。进行模拟件设计时需要遵循一定的方法与设计原则，介绍如下。

1. 应力状态相似性

模拟件最重要的特征是可模拟气缸盖某一特定位置或区域在循环过程中的应力状态。因此要保准模拟件在受到一定载荷的情况下，模拟件的应力集中区域的应力状态与实际气缸盖某一位置的应力状态近似，以此保证所得到的试验数据的适用性和准确性。

2. 材料的一致性

为了保证气缸盖模拟件和实际气缸盖在相似应力状态下的疲劳寿命的一致性与准确性，首先要保证模拟件和实际气缸盖材料属性的一致性。为了避免气缸盖材料不同批次加工工艺与流程对材料物性的影响，此模拟件的材料直接从气缸盖本体上所研究区域的附近取下。

3. 试验的可行性

除了满足上述原则之外，为了简便模拟件取样工作与模拟件结构设计工作，在进行模拟件的结构设计时，尽量保证同一结构的模拟件可以通过改变加载方式与载荷大小来模拟对应气缸盖多个关键位置的应力状态。除此之外，还要保证所设计的模拟件可以在合理的成本范围内被加工，同时设计的模拟件方便在疲劳试验机上进行疲劳试验。

4. 几何相似性

根据模拟件所模拟的实际物体的结构，在保证了应力状态相似性之后，可以考虑保证模拟件结构与实际物体的结构的几何相似性。

4.5.2　模拟件力学性能表征方法

（1）对模拟件的有限元模型进行仿真分析。为了确保模拟件仿真模型计算得到的对应载荷的应力状态准确可靠，首先要对模拟件仿真模型进行网格尺寸的合理设置。若网格尺寸设置太大，会出现计算结果的较大误差，若网格尺寸设置太小，虽然可以保证计算结果可靠，但花费的计算时间成本太高。进行网格的收敛性分析，既可以得到可靠的计算结果，也可控制计算时间成本。对模拟件施加载荷进行应力应变测试，可以保证模拟件仿真结果与试验结果的一致性，同时保证模拟件不受额外载荷（如弯矩、扭矩）的影响。

（2）在模拟件有限元模型中调试施加的载荷，保证模拟件高应力点的应力状态与气缸盖重点关注点的应力状态相似。如果无法模拟较为相似的应力状态，则把气缸盖重点关注点的应力状态通过 Goodman 公式转换为应力比为 −1 的应力状态，以便模拟件进行应力状态的模拟。

（3）以模拟件断裂、模拟件出现一定长度裂纹或达到一定疲劳寿命为试验停止的判断依据。得到的模拟件试验结果可以作为参考来对气缸盖关注点进行强度评估，还可以对后续的疲劳寿命模型的准确性进行判断与评价。

4.5.3　模拟件试样设计与工装设计

在平行于试样平面的方向施加载荷的测试试验中，十字形试样的双轴测试试验较为常用。十字形试样的基本思想基于标准拉伸试验，但增加了第二个加载方向。可以给十字形试样的四个臂施加位移，从而在试样的中心产生相互垂直的两个方向上的应力，如图 4 − 23 所示。在双轴试验过程中，在厚度方向产生均匀的应变分布，在试样的中心部分会发生屈服并能够描述不同的应变路径。

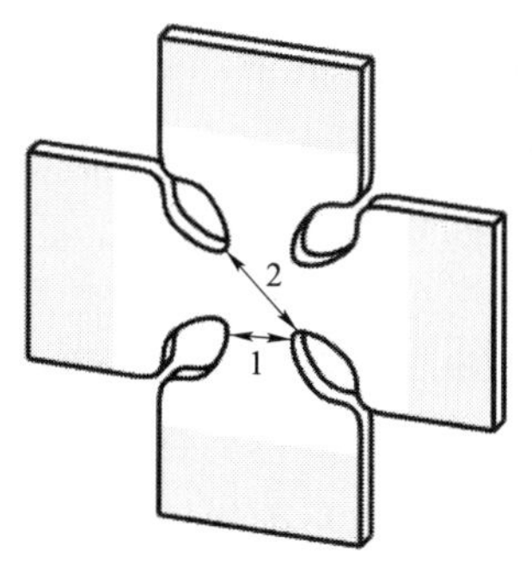

图 4 − 23　十字形试样

不同的研究人员开发了多种不同样式的十字形试样，如图 4 – 24 所示。在平行于应力方向上有狭长的细缝，用来避免在平面上产生弯曲力，同时使加载区域的应变分布更加均匀。在夹持端位置，有的使用弯曲的夹持臂，有些使用直的夹持臂。为了防止在加载过程中未达到应力要求就提前发生失效，对试样连接两个夹持臂的拐角位置进行了优化，保证此处的应力降低。在试样的中心位置，试样厚度变薄，形成方形或圆形的变薄区域，使中心的应力分布更加均匀。

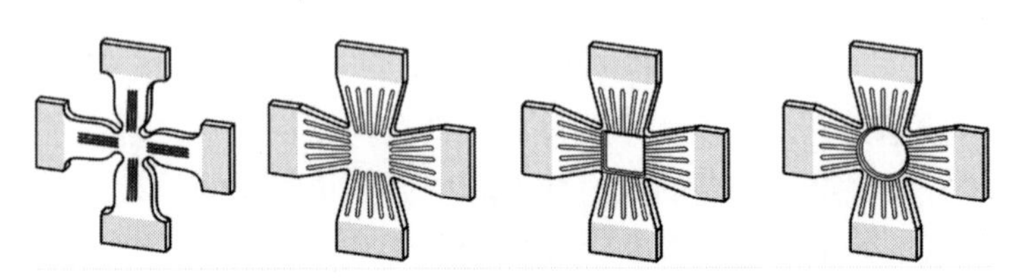

图 4 – 24　不同形状的十字形试样

对十字形试样进行三维模型的建立，由于结构的对称，可以仅对试样的八分之一结构进行建模。试样的边界条件仅为对称平面和夹持臂的位移，在其他区域没有接触。为了将数值仿真结果与试验结果进行比较，计算与试验结果相同的应变类型的数值仿真应变场，包括总应变、主应变和次应变。产生的应力场用于确定达到的最大拉应力，该应力被假定为颈缩的起点。对十字形试样进行试验测试，用于进行双轴试验的测试工装需要单独设计。设计需要满足以下原则：工装设计必须满足试样可以完全断裂，因此总伸长量要达到4 mm 以上；预期的最大拉力在两个方向上均高于2 kN；工装必须可以满足在不同方向以相同的力施加给试样，并满足所有的力的施加方向都在一个平面内；应变路径可以改变并且方便进行应变测量。

试验工装的最终设计是将十字形试样处于水平位置，拉压试验机的压缩使工装的四个方向的夹持端向外推动，实现将夹持端夹持的十字形试样的四个臂进行拉伸。试验工装原理如图 4 – 25 所示。试验工装实物图如图 4 – 26 所示，该工装可以放置在传统的拉力试验机中。将工装底部的圆柱体 2 连接到拉力试验机的中心环中，当拉力试验机向蓝色箭头方向移动时，工装的四个夹持杆沿红色箭头向外移动。四个夹持杆上共有八个 125 mm 长的二力杆，为了改变载荷的分布，可以通过改变二力杆的长度来实现。夹持杆与二力杆由球窝接头 5 连接，可以实现固定平面内的自由转动。夹持杆的夹持端 6 带有螺纹，可以夹紧试验的夹持臂，并实现相对垂直的向外移动 7。为了方便观察试样的应变，在工装底部的圆柱形装置 3 中安装镜面且呈 45°，并安装可用于进行实时应变测量的相机设备，通过圆柱形上的孔对准里面的镜面进行观测。

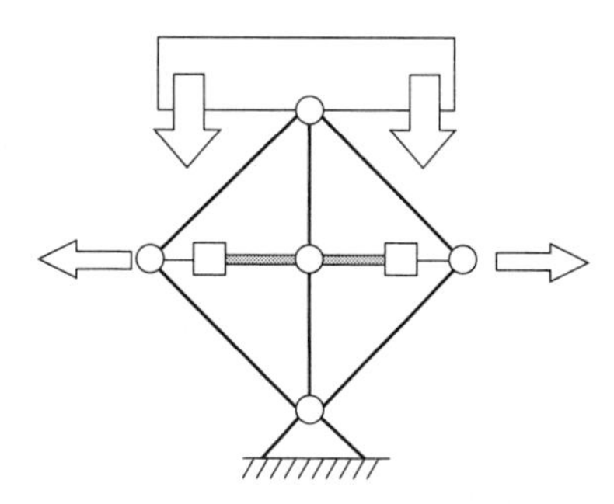

图 4－25　试验工装原理

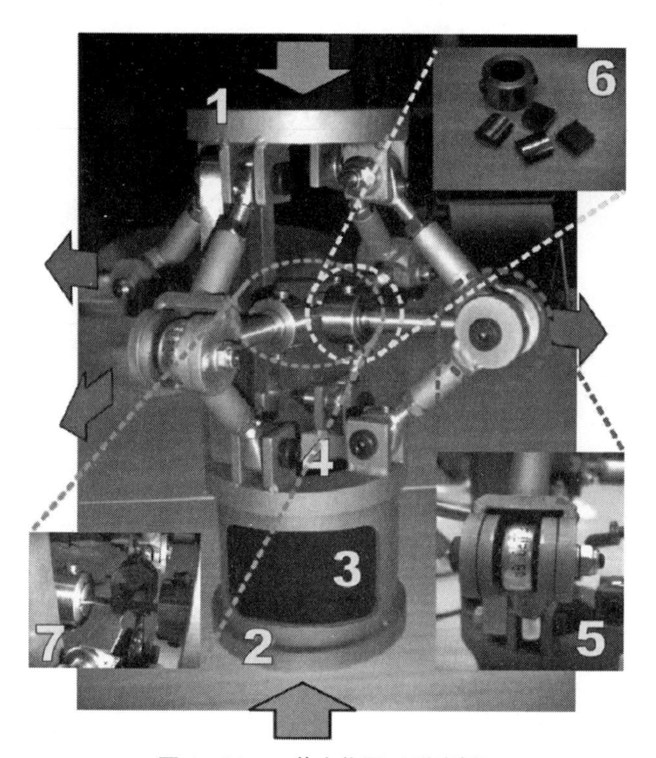

图 4－26　工装实物图（附彩插）

十字形试样在夹持过程中可能会因为夹持角度的变化引起错位。如图 4－27 所示为不同的错位夹持情况下，试样的应力分布。试样在四个方向都被拉伸了 2 mm，在错位夹持的一端产生了偏离主方向 1 mm 的位移。可以发现试样的应力分布没有变化，只有试样中心的最高应力产生了变化，这表明试验对夹持错误或歪斜而导致的错位不敏感。因此在试验中错位夹持带来的试验结果不会影响对仿真结果的验证与对比。

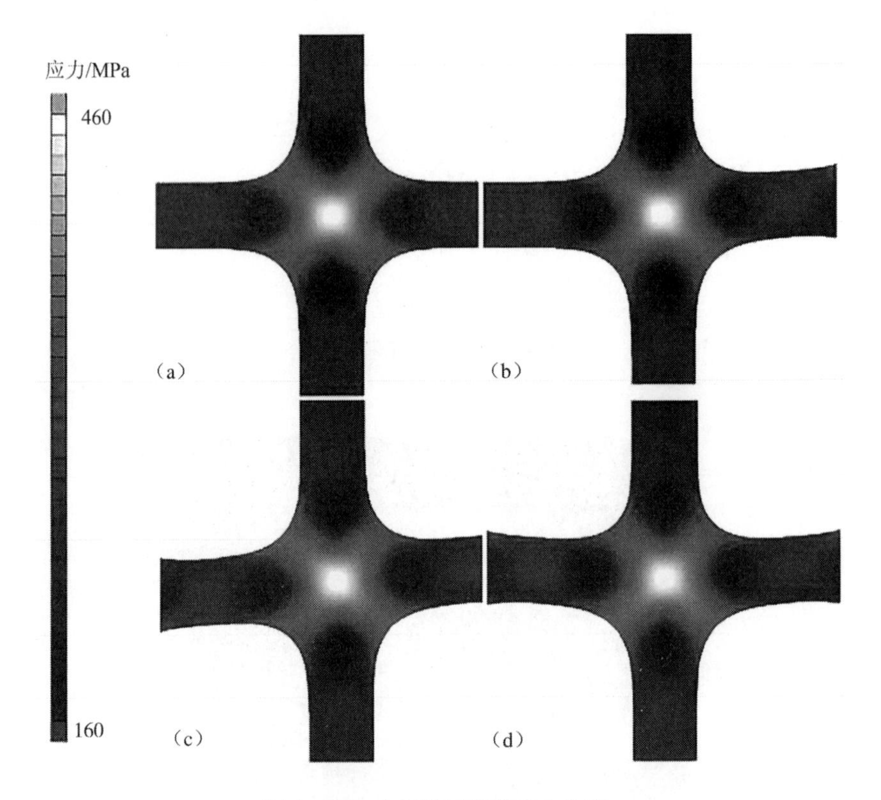

图 4-27　十字形试样的应力分布

(a) 理想的对称拉伸；(b) 一个夹持臂产生错位；

(c) 具有相反错位的两个夹持臂；(d) 具有相同错位的两个夹持臂

试样受到的力和位移需要通过拉力试验机获得的数据与工装的几何特征进行计算得到。对于试样应变的测量，通过上述的安装镜面和相机，并使用 Aramis 系统进行应变测量。设置相机的快门时间、调整相机的光圈、对焦之后，设置 Aramis 系统每秒拍摄一张照片。

4.5.4　试验数值仿真与试验方法

在先前的研究中，许多的研究内容集中在了研究试样的屈服特性上，而需要更进一步的是研究十字形试样的颈缩和断裂，这需要提供十字形试样中心的应力，从而从试样中心开始断裂。为了保证试样在中心断裂，需要将中心位置的厚度变薄，使试样在夹持臂断裂之前在试样中心产生断裂。

对十字形试样进行三维模型的建立，由于结构的对称，可以仅对试样的八分之一结构进行建模。试样的边界条件仅为对称平面和夹持臂的位移，在其他区域没有接触。为了将数值仿真结果与试验结果进行比较，计算与试验结果相同的应变类型的数值仿真应变场，包括总应变、主应变和次应变。产生的应力场用于确定达到的最大拉应力，该应力被假定为颈缩的起点。将试样进行数值模拟仿真，仿真结果如图4－28所示。从仿真结果可以看出，在试样中心产生了双轴应变和从中心向外发展的应变带，由此表示试样在中心可能产生断裂，裂纹沿应变带扩展。所有试样均按照数值仿真结果的预测发生，裂纹明显呈对角线扩展，裂纹起始点位于试样中心。

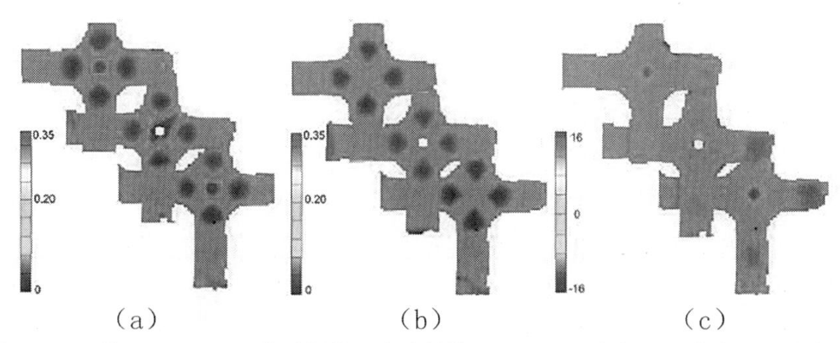

图4－28　使用Aramis系统测量的三个试样的Von Mises应变、主应变和次应变

(a) Von Mises应变；(b) 主应变；(c) 次应变

通过Aramis系统测量被测试样的局部应变，所有试验结果如图4－29所示，多次试验结果呈现出相似的应变分布和断裂位置的相似应变值。试验结果与数值仿真结果也具有一致性。

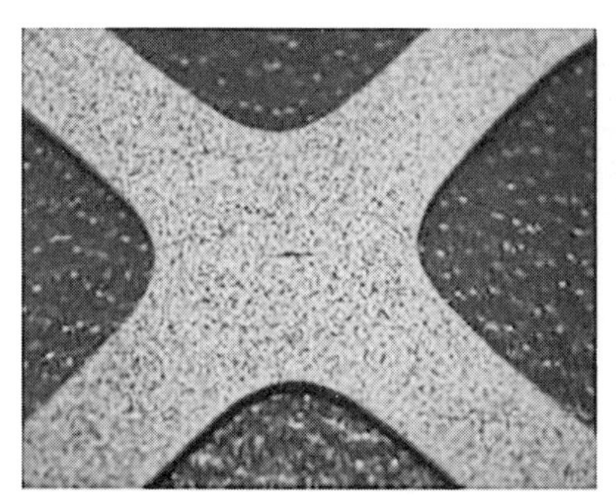

图4－29　十字形试样试验结果

第5章
高强化柴油机燃烧室广义热疲劳及表征方法

5.1 引言

在柴油机热冲击试验等某些场合中，燃烧室基体材料，如铸铁等会承受热冲击载荷，其应用温度也很高，长时间工作后表面会产生微裂纹，当裂纹扩展到一定程度时会造成破坏失效，严重时会影响高功率密度柴油机服役性能。本章将柴油机燃烧室作为具体热端部件研究对象，通过对燃烧室热裂纹群萌生机理及其裂纹扩展机制进行了准确描述，并基于广义热疲劳损伤特性，建立了燃烧室的广义热疲劳服役性能预测方法，为热疲劳损伤抑制提供有效参考。

5.2 热裂纹群萌生与主裂纹扩展机制

5.2.1 热冲击载荷与微裂纹密度的关系

分形学可以帮助人们认识不规则几何形貌及复杂物理现象，作为一种有效的数学工具，已经在自然科学的各个领域得到了广泛应用。在断裂方面，分形技术可以用来研究断口特征问题和裂纹扩展问题。研究表明：疲劳裂纹的扩展路径可视为分形曲线，裂纹路径的不规则性可用分形维数加以描述。对于表面裂纹网的分布情况也可以用分形方法进行研究。

1. 热冲击试验及研究方法

1）热冲击试验

用高频电磁感应加热设备将铸铁试件加热至一定温度，空冷 2 s，然后喷水冷却至室温，重复此循环过程。高温的试件遇到喷射的水流时，会迅速冷却，产生塑性应变，经历一定循环后试件表面会产生微裂纹，当单条裂纹长度超过 3 mm 时停止试验，每隔一定循环次数对试件表面进行显微拍照，得到试件表面情况随循环次数的变化过程。

将试件分别加热并空冷至 500 ℃、600 ℃、650 ℃和 700 ℃（试件观察面），然后喷水冷却（水温为 18 ℃），共进行四组试验，利用金相显微镜对试件表面进行拍照，分别得到了四组试件表面微裂纹随加载循环次数的变化过程。图 5－1 给出了 700 ℃热冲击试验过程中的部分表面裂纹照片。

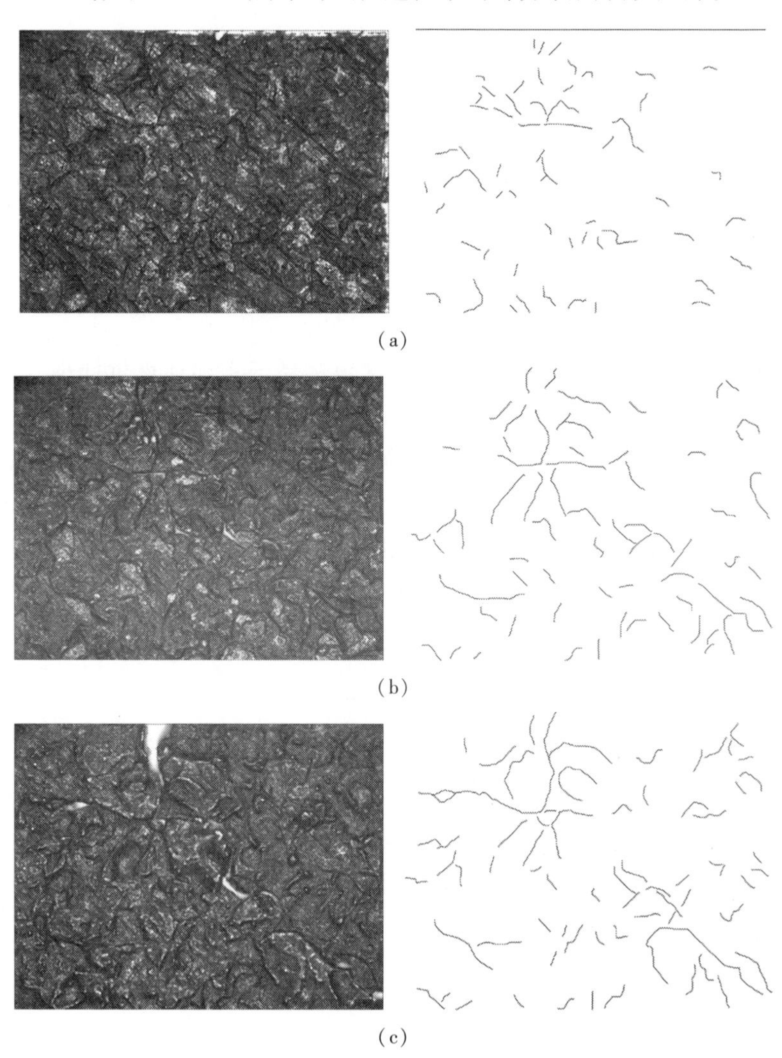

图 5－1　700 ℃热冲击试验过程的部分裂纹照片

（a）3 循环；（b）15 循环；（c）30 循环

2）盒维数法理论

分形具有自相似性（标度不变性）的特点，按照这个特点可以将分形维数的测量原理分为两类：通过改变粗视化程度和利用测度关系进行分形维数的测量。分形维数可以通过实测方法得到，盒维数法是基于统计理论的分形维数计算方法，具有简单有效、利于计算机处理的特点，因此本章采用盒维数法通过改变粗视化程度，利用图形分析方法来得到表面热冲击裂纹基于统计意义的分形维数。

设 F 是 $\mathbf{R}^n$ 上的任意非空的有限子集，$N_\delta(F)$ 是直径最大为 δ、可以覆盖 F 子集的最少个数，则 F 的下、上计盒维数分别定义为

$$\underline{\dim}_B F = \underline{\lim}_{\delta\to 0}\frac{\lg N_\delta(F)}{-\lg\delta} \tag{5-1}$$

$$\overline{\dim}_B F = \overline{\lim}_{\delta\to 0}\frac{\lg N_\delta(F)}{-\lg\delta} \tag{5-2}$$

如果这两个值相等，则称该共同的值为 F 的计盒维数，记为

$$\overline{\dim}_B F = \lim_{\delta\to 0}\frac{\lg N_\delta(F)}{-\lg\delta} \tag{5-3}$$

对于本次试验得到的裂纹照片，盒维数法易于实现计算机处理，具体处理方法为：

(1) 用边长为 r 的正方形对含有裂纹的照片进行网格化分割，计算出其中含有裂纹的格子数目 $N(r)$；

(2) 改变 r 值的大小，重复 (1) 的过程，得到多组 r 和 $N(r)$ 的数据；

(3) 对 r 和 $N(r)$ 的多组数据进行回归分析，得到 r 和 $N(r)$ 的幂次关系，如果这种关系满足分形方程：

$$\frac{\lg N(\gamma)}{\lg\gamma} = -D \tag{5-4}$$

则表面裂纹分布具有分形特征，D 即为其分形维数。

由于原始照片颜色比较模糊，无法对其进行直接分析，因此利用图像处理软件和 Matlab 软件对包含裂纹的照片进行处理，过滤掉背景信息，只保留裂纹，方便对图像进行分形研究和裂纹长度统计。利用统计图像像素的方法计算照片中的裂纹长度，利用盒维数法对处理后的裂纹图片进行分析，判断表面裂纹是否具有分析特征并计算其分形维数，研究热冲击载荷与表面裂纹总长度及分形维数的关系。

2. 热冲击载荷与裂纹密度的关系研究

1) 热冲击载荷与裂纹总长度的关系

得到裂纹总长度随热冲击载荷循环次数的变化关系，如图 5－2 所示。从图 5－1 和图 5－2 中可以看出最初几个循环时出现大量微裂纹；随着循环次

数的增加，裂纹数量增多，裂纹长度变长，但增大趋势变缓；当达到一定循环次数后，表面裂纹数量基本不变，趋于稳定。

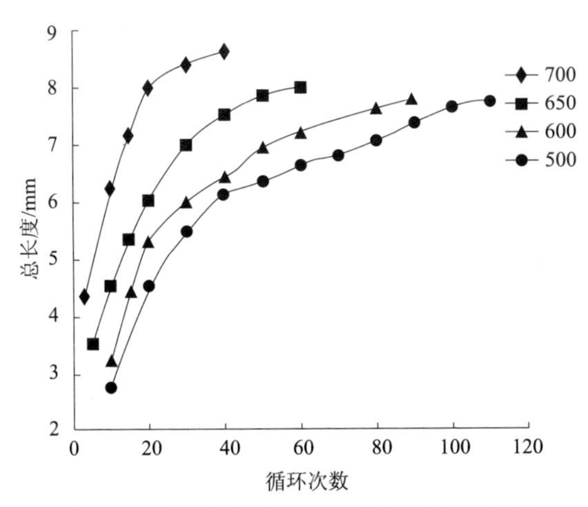

图 5-2　裂纹总长度随循环次数的变化曲线

2）热冲击载荷与裂纹分形维数的关系

利用盒维数法对处理后的裂纹图片进行分析，从图 5-3 中可以看出表面

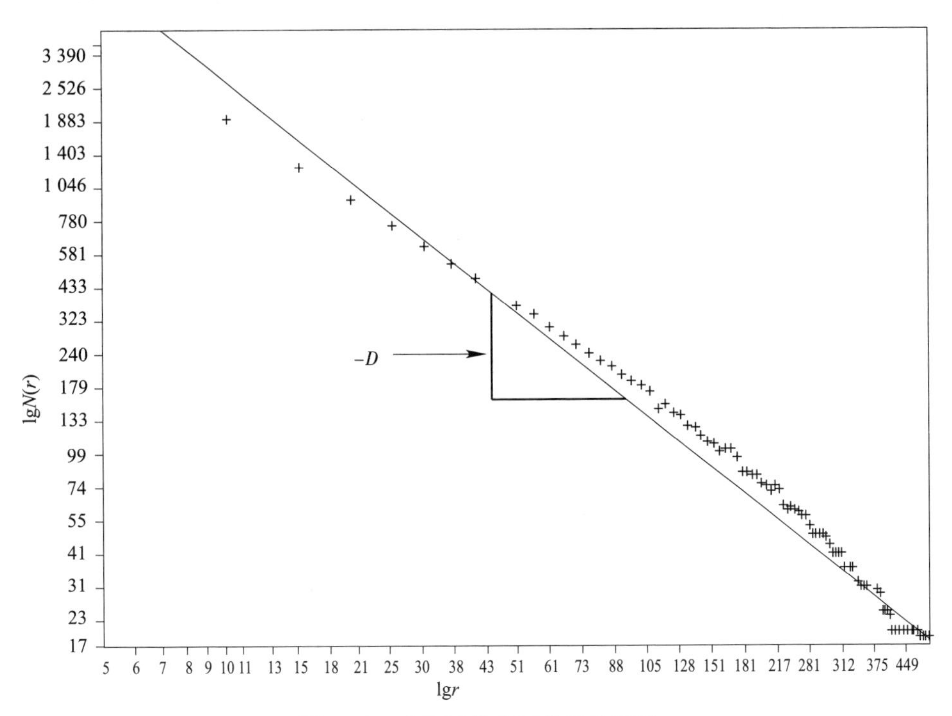

图 5-3　表面裂纹分形特征的判断

裂纹分布满足分形公式的线性关系，所以表面裂纹具有统计意义的分析特征。然后利用盒维数法计算裂纹照片的分形维数，得到不同热冲击试验中不同阶段表面裂纹的分形维数。利用 Matlab 软件的曲线拟合功能，得到不同最高温度的热冲击试件表面裂纹分形维数随循环次数的变化曲线，如图 5 -4 中拟合曲线 1 所示。

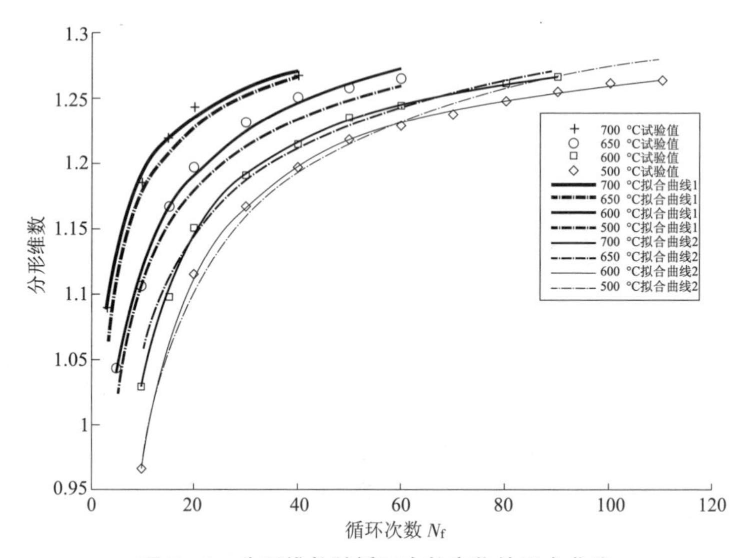

图 5 -4　分形维数随循环次数变化的拟合曲线

从图 5 -4 可以看出，分形维数在最初的一定循环中迅速增大；然后增大趋势变缓，当循环次数达到一定量时分形维数趋于稳定，最终趋近于一个定值。当试件表面单条裂纹长度达到 3 mm 时，热冲击试件裂纹的分形维数基本相等，此时的分形维数与最高加热温度无关。

拟合得到的分形维数与循环次数之间的关系为：

$$D = D_0 - k \cdot N_f^{\alpha} \tag{5-5}$$

式中，D 为表面裂纹的分形维数；D_0为分形维数的趋近值，约为 1.42；k 和 α 为与材料和温度相关的常数，其拟合值如表 5 -1 所示；N_f为加载循环次数。

表 5 -1　模型参数的拟合值

温度/℃	k	α
500	1.284 4	-0.464 1
600	1.040 8	-0.436 4
650	0.701 9	-0.375 5
700	0.466 0	-0.308 7

从表 5－1 可以看出，k 和 α 与温度大致呈线性关系，如果按线性关系考虑，式（5－5）可以表示为：

$$D = D_0 - (k_1 \cdot T + m) \cdot N_f^{k_2 \cdot T + n} \tag{5-6}$$

其中，拟合得到的各系数为 $k_1 = -0.004\ 115$，$k_2 = 0.000\ 76$，$m = 3.397\ 5$，$n = -0.861$，其拟合曲线如图 5－4 中拟合曲线 2 所示，从图中可以看出拟合曲线与试验值有一定误差，但变化趋势基本一致。如果通过一定试验预先得到零部件受热冲击载荷时分形维数与循环次数间的关系，当检查实际工作零部件的状况时，就可以根据表面裂纹的分形维数与循环次数间的关系来预测零部件目前所处的状态和剩余寿命。

5.2.2　微裂纹间的作用与制约关系

气缸盖火力板鼻梁区位置在热疲劳载荷作用下，会萌生大量微裂纹，由于微裂纹之间会产生相互作用，这种相互作用会影响微裂纹的萌生状态，并影响主裂纹的形成和扩展，因此需要对气缸盖热疲劳微裂纹间的作用与制约关系进行研究。

1. 气缸盖火力板鼻梁区的受力状态及简化

1）气缸盖火力板鼻梁区的受力状态

在柴油机铸铁气缸盖经常发生热疲劳裂纹失效问题的鼻梁区位置，此处沿鼻梁区长度方向（Y 方向）的温度梯度较大，如图 5－5（a）所示，此处的应力主要为 Y 方向的应力，其他两个方向的应力相对很小。此处的裂纹方向大致为沿鼻梁区宽度方向（X 方向），如图 5－5（b）所示，裂纹的形式大致为张开型（Ⅰ型）。

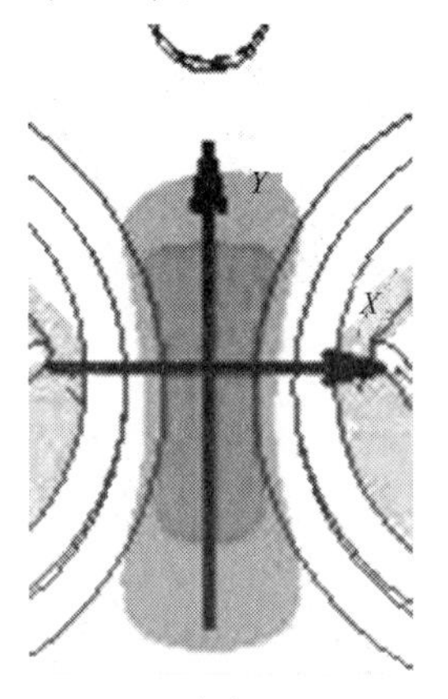

（a）

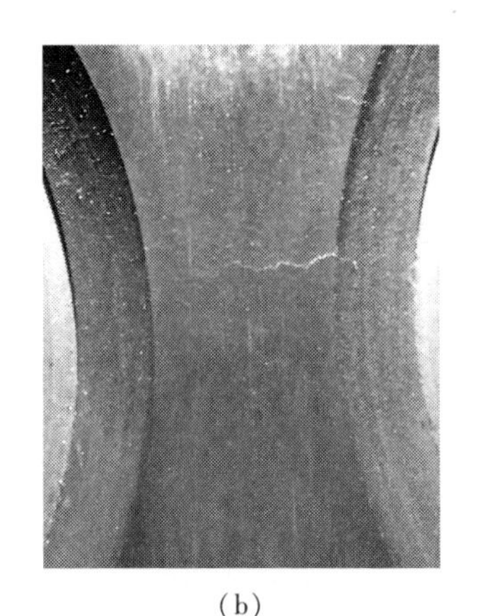

（b）

图 5－5　柴油机铸铁气缸盖鼻梁区的温度场和裂纹

（a）温度场；（b）裂纹

气缸盖火力板鼻梁区位置所受约束主要来自鼻梁区长度方向上两侧的温度较低区域，工作状态下鼻梁区由于长度方向两侧的约束为受压状态，进入屈服状态产生塑性变形，导致卸载后鼻梁区变为受拉状态；鼻梁区位置在宽度方向和厚度方向的约束很小，因此其受力状态主要为鼻梁区长度方向的应力，表5－2给出了鼻梁区位置各方向的应力。

表5－2　气缸盖火力板鼻梁区处的受力状态

位置	载荷状态	应力/MPa		
		X（宽度）方向	Y（长度）方向	Z（厚度）方向
1点	加载时	－23.3	－128.7	－18.3
	卸载后	18.4	136.0	－1.1
2点	加载时	－18.4	－156.9	－19
	卸载后	12.1	177.7	－1.5

2）气缸盖火力板鼻梁区的简化处理

从表5－2可知气缸盖火力板鼻梁区宽度方向上应力很小，可以将鼻梁区简化为长度和厚度方向的二维平面应力状态进行分析。

气缸盖两排气门间鼻梁区在长度和厚度方向组成的平面内的温度场和受力状态（功率强化后）如图5－6所示。根据此处的结构特点和温度、应力分布情况，将此处简化为长50 mm、厚10 mm的平面，简化后的大致温度场和应力场如图5－7所示，简化后平面的温度场和应力场分布与鼻梁区实际情况有一定差别，由于主要对微裂纹的相互影响做规律性研究，所以这种差别可以接受。

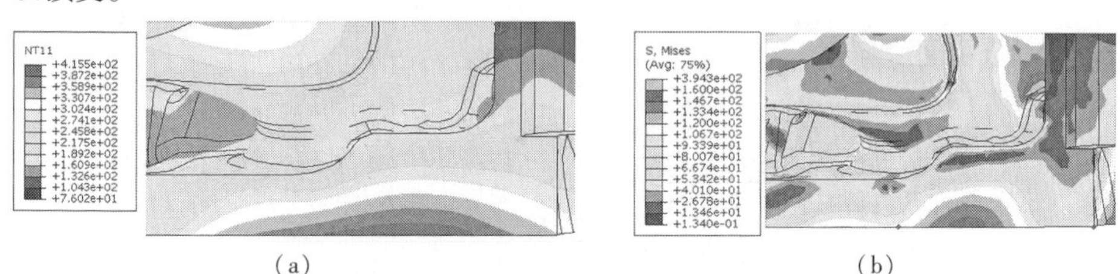

(a)　　　　　　　　　　(b)

图5－6　气缸盖火力板鼻梁区位置的温度场和等效应力场

(a) 温度场（单位为℃）；(b) 等效应力场（单位为MPa）

2. 气缸盖鼻梁区的热疲劳微裂纹状况

通过气缸盖的加速热疲劳试验，可以获得气缸盖鼻梁区位置的热疲劳微裂纹情况。热疲劳试验过程中，微裂纹会达到一定稳定状态，稳定后微裂纹停止扩展，图5－8给出了气缸盖鼻梁区中间位置稳定后的微裂纹照片。

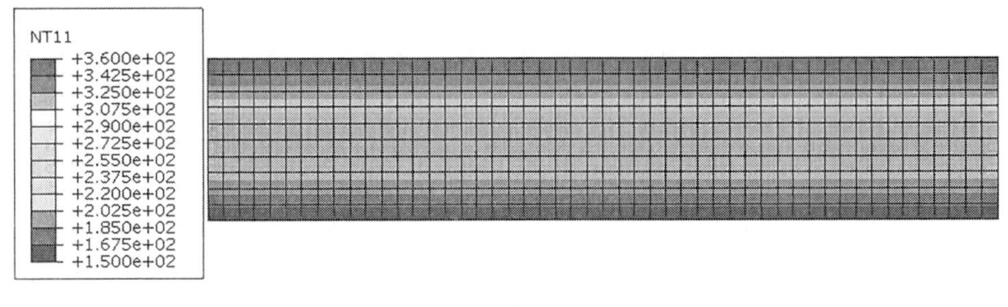

(a)

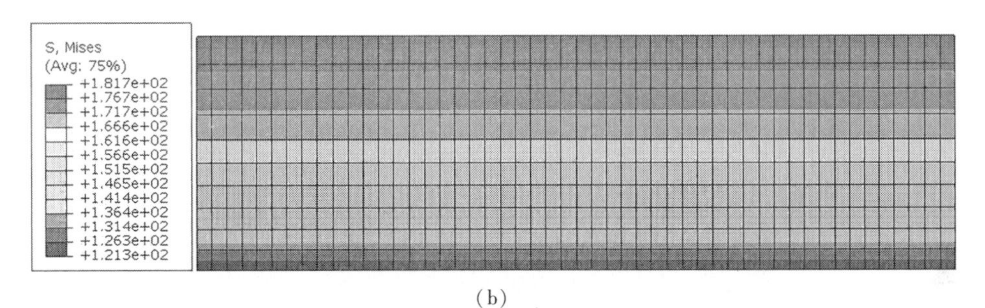

(b)

图5-7　鼻梁区简化平面状态的温度场和等效应力场

(a) 温度场（单位为℃）；(b) 加载时的等效应力场（单位为MPa）

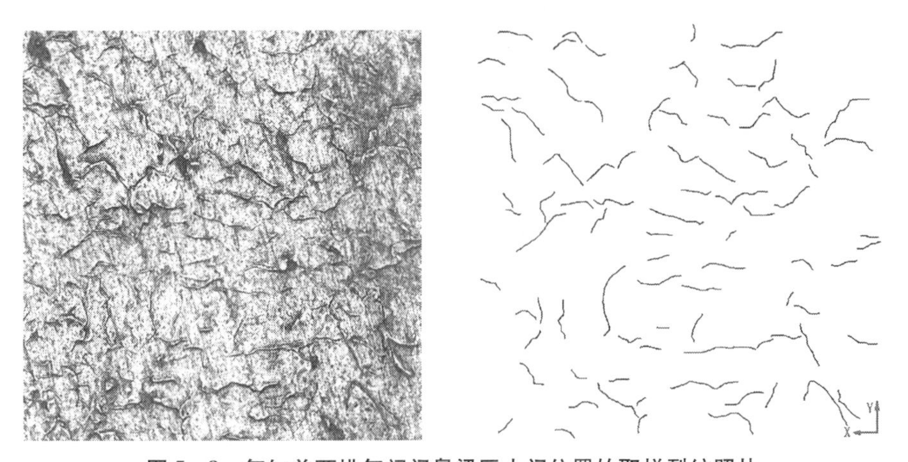

图5-8　气缸盖两排气门间鼻梁区中间位置的取样裂纹照片

对图5-8中的裂纹进行统计分析，得到裂纹的总长度、裂纹数量和裂纹角度等信息，具体情况如表5-3所示。

表 5-3　气缸盖热疲劳裂纹与试件热冲击裂纹的对比

图片大小/(mm × mm)	1 × 1
裂纹总长度/mm	8.11
裂纹数量/条	85
平均裂纹长度/mm	0.095 4
单位面积裂纹长度/(mm^{-1})	8.11
单位面积裂纹密度/(条 · mm^{-2})	85.0
裂纹统计角度（与 X 方向的角度）/(°)	32.69

当气缸盖的热疲劳微裂纹达到稳定状态后，裂纹基本停止扩展，从表 5-3 中可以看出，微裂纹的平均长度约为 0.1 mm，这与灰铸铁材料中片状石墨（见图 5-9）的平均长度基本一致，这说明灰铸铁材料中的片状石墨是热疲劳微裂纹萌生的重要因素。

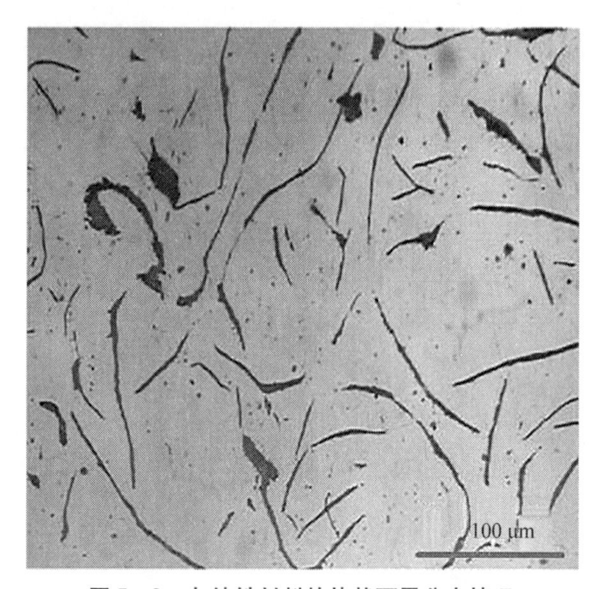

图 5-9　灰铸铁材料的片状石墨分布情况

3. 裂纹间的作用与制约关系

1）单条微裂纹的影响

首先研究裂纹对其周围的应力释放作用，因此在鼻梁区平面添加一条裂纹，研究不同裂纹深度对其周围的应力降低效果和 J 积分的变化规律。对鼻梁区平面中间包含一条裂纹的情况进行有限元分析，图 5-10 给出了裂纹深

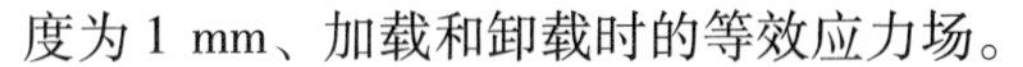

度为 1 mm、加载和卸载时的等效应力场。

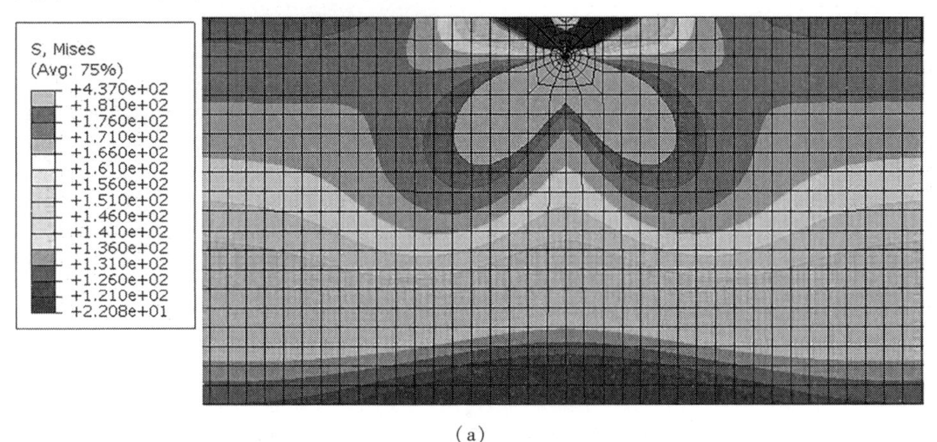

(a)

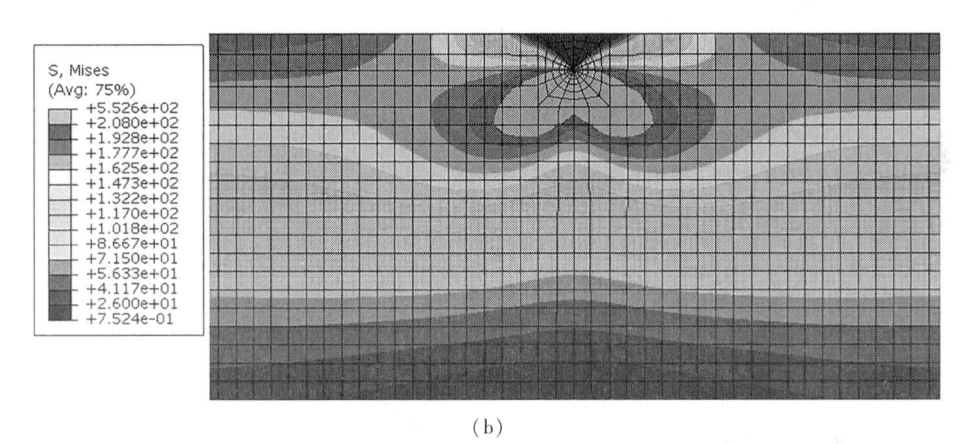

(b)

图 5－10　鼻梁区简化平面包含一条裂纹加载和卸载时的等效应力场（单位为 MPa）

(a) 加载时；(b) 卸载时

从图 5－10 可以看出，裂纹尖端处应力较大，应力大的方向与裂纹大致成 45°；在火力面深度方向，裂纹只对小于其深度 1 mm 范围内的结构起到应力降低作用，因此裂纹在深度方向的影响范围为裂纹深度；裂纹周围表面的应力迅速下降，加载和卸载时应力降低明显（应力比无裂纹时降低超过 30%）的区域的宽度分别为 4.2 mm 和 7 mm，这就是裂纹对其周围应力降低的大致影响范围。图 5－11 给出了应力影响范围随裂纹深度的变化规律，裂纹的影响范围半径与其深度的比值 r/a 在一定范围内变化，加载时，比值 r/a 随裂纹深度的增加逐渐减小，其范围为 3.5～4；卸载时，比值 r/a 也随裂纹深度的增加逐渐减小，其范围为 2～2.8。

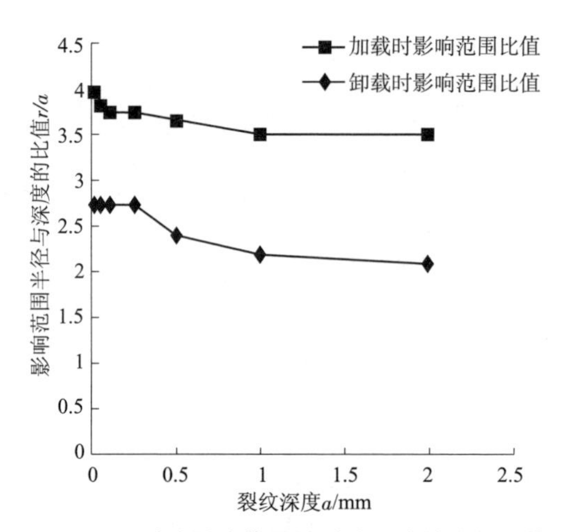

图 5-11　裂纹影响范围随裂纹深度的变化规律

2）J 积分随裂纹深度的变化规律

由于裂纹尖端存在奇异现象，不能用应力等物理量来表征裂纹尖端应力场的强度，J 积分（能量释放率）是有限量，可以用来表征裂纹尖端的应力场强，因此研究了 J 积分随裂纹深度的变化关系，从图 5-12 中可以看出 J 积分与裂纹深度呈线性关系，这与 J 积分和裂纹长度的理论关系相吻合。

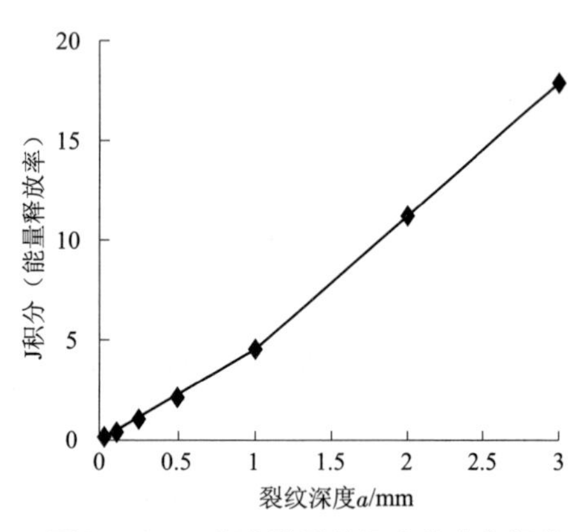

图 5-12　J 积分随裂纹深度的变化规律

3）两条微裂纹间的作用与制约关系

根据前面对热疲劳微裂纹的分析可知，微裂纹的平均长度为 0.1 mm，假设表面微裂纹为半圆形，则裂纹的深度为 0.05 mm。因此，研究两条微裂纹的相互影响时，设定裂纹的深度为 0.05 mm。

改变裂纹间的距离，研究裂纹距离对裂纹 J 积分的影响规律，从而进一步研究裂纹的影响范围。对两条裂纹间距离从 0.1 至 0.6 mm 间的几种情况分别进行了计算分析，图 5-13 给出了两条微裂纹距离 L 为 0.4 mm 时加载和卸载时裂纹尖端附近的等效应力场。图 5-14 给出了微裂纹的 J 积分随两条裂纹间距离的变化规律，J 积分随裂纹间距离的增大，逐渐变大，并趋近于单条裂纹时的 J 积分值 0.238；并且在裂纹间距离与深度的比值 $L/a>8$ 后，变化趋势变平缓。这说明裂纹间距离越远，裂纹间的影响越小，并逐渐趋近于单条裂纹时的状况，在 $L/a>8$ 后裂纹间的相互影响相对较小，这与前面单条裂纹影响范围的计算结果基本一致，说明裂纹的影响范围大约为裂纹深度的 4 倍。

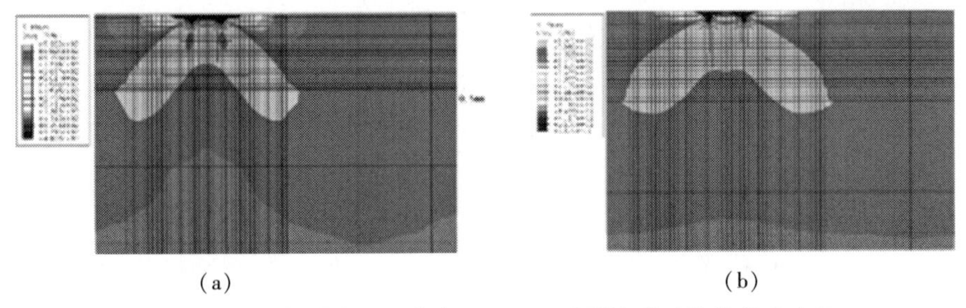

图 5-13　两条裂纹间距离为 0.4 mm 时裂纹附近的等效应力场

（a）加载时；（b）卸载时

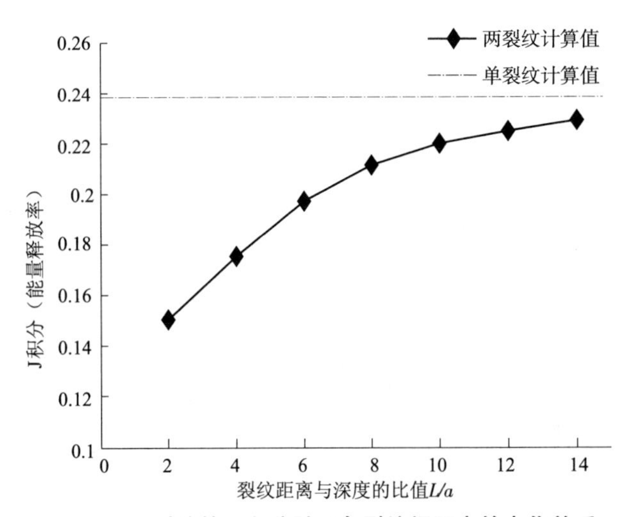

图 5-14　裂纹的 J 积分随两条裂纹间距离的变化关系

5.2.3　微裂纹形成的热应变逃逸及其作用范围

在机械结构体中，产生热应力的原因很多，大致可分为：

①结构体构件的热膨胀或收缩受到外界约束；

②结构体构件之间的温差；

③结构体内某一构件中的温度梯度；

④线膨胀系数不同的材料组合。

但针对本次热冲击试验，在铸铁圆形试件内部产生热应力的主要原因是：首先，圆形试件在试验过程中由温差导致各部位产生不均匀热变形，而后通过自身的约束达到平衡，从而产生热应力。

其次热冲击过程中结构内部存在温差。

当低温的水流遇到高温的试件表面时，在试件的表面会产生很大的拉伸应力，引起塑性变形。当对试件施加热冲击载荷时，则在试件表面产生压应力。在反复的拉压载荷作用下，试件内部的夹杂物、微观缺陷等结构以及不同相成分之间会产生应力集中和相对的位错运动，形成裂纹始点。

然后伴随着微裂纹的萌生，试件内部的应力水平也会发生变化。根据试验所得的微裂纹总长度及分形维数与循环次数的变化关系曲线可知，裂纹总长度与分形维数均随着循环次数的增加而呈现增长速度变缓最终趋于稳定。因此，随着裂纹的不断萌生与扩展，试件表面的热应力呈现不断下降的趋势，即表明萌生的裂纹对周围区域产生了一定程度的应力释放作用，降低了周围区域的应力水平。

图 5－15 为同一位置不同热冲击循环次数下的微裂纹形貌图片，可见，在垂直于已产生裂纹区域的附近区域，经历 50 次热冲击后，依旧未产生新的微裂纹，而仅发生了裂纹的扩展合并现象。这表明垂直于裂纹的方向上，热应力的水平相对较低，不易产生新的微裂纹。

(a)

(b)

图 5－15　不同热冲击循环下形成的微裂纹形貌

(a) 50 循环；(b) 100 循环

当微裂纹形成时，相当于试件结构内部产生了很大的热应变，同时解除了周围区域的热约束，使附近区域的应力水平和应变量均大幅降低，导致了热应变的区域附近会形成一个低应力区，从而达到一定程度的应力释放作用。这种由于产生热裂纹而解除热约束进而导致周围区域的应力水平与应变程度降低的作用称作热应变逃逸。

1. 热应变逃逸作用机制

热应变逃逸的形成起到了一定的应力释放作用，这是由于热约束的解除导致的。当裂纹形成后，试件表面形成的拉应力在沿着载荷方向上约束解除，使拉应力能够沿着载荷方向发生应变。实际工程应用中，热应变逃逸的作用机制与应力释放孔的作用效果类似，都是通过约束作用的消除使应变发生释放，从而降低热应力水平。

热应变逃逸的形成机制，可以在很多实际的工程问题中得到应用，比如可以对防裂、止裂提供理论上的支持，并且在降低应力、消除残余应力的方面也有很高的指导意义。

2. 热应变逃逸作用范围研究

通过热冲击试验的显微分析，可知热应变逃逸现象在裂纹的形成过程中是存在的。但是，形成的热应变的具体作用范围区域大小需要利用数值计算来进行量化处理。为了探究热应变逃逸的作用范围，特别设计了基于 ABAQUS 模型的仿真计算。通过对有裂纹和无裂纹模型施加交变的温度载荷场来观测裂纹周围区域的应力水平变化。

利用 ABAQUS 仿真软件建立裂纹，确定裂纹路径、裂纹尖端、裂纹深度等参数，通过平面应力计算得到模型内由于微裂纹的存在而引起的应力水平的改变，进而确定应力释放作用，即热应变逃逸现象的影响范围。

对模型施加稳态的温度场计算，图 5－16 所示是不包含裂纹模型的温度场和加载后等效应力场的状态，可见温度与应力均为均匀分布。

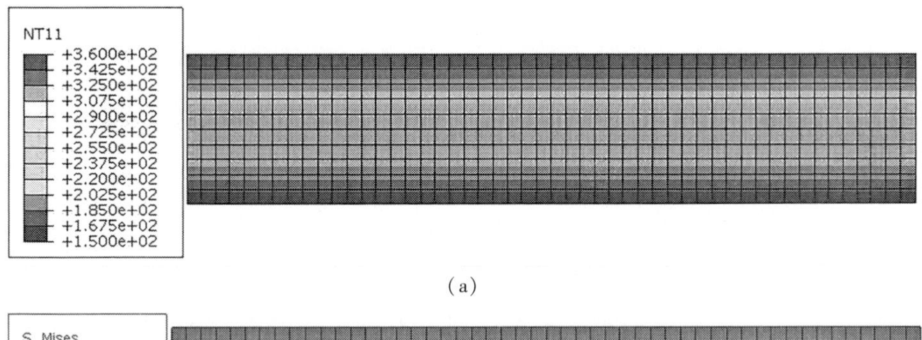

（a）

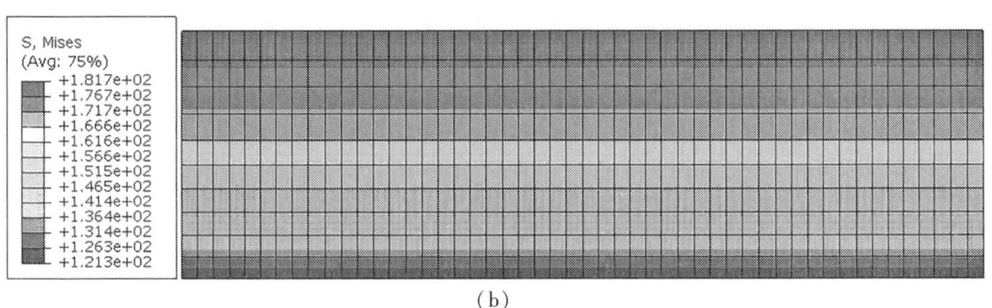

（b）

图 5－16　简化平面状态的温度场和等效应力场

（a）温度场；（b）加载时的等效应力场

图 5－17 为裂纹模型裂纹深度为 1 mm 时，加载和卸载后的等效应力场分布。如图可见，在裂纹的尖端区域应力较大，且增大的区域沿着裂纹尖端与裂纹大致呈 45°交角。在裂纹的深度范围内，裂纹对其周围区域产生了很强的应力释放作用，这种释放作用在表层最大，并且沿着深度方向逐渐减小。取等效应力值比无裂纹状态下降低 30% 的区域作为热应变逃逸现象的影响范围，可得在加载和卸载的阶段，模型表层的影响范围分别为 4.2 mm 和 7 mm。再分别设定不同深度的裂纹，分别仿真计算在不同裂纹深度的影响下，热应变逃逸范围的影响范围，确定裂纹深度的不同对热应变逃逸影响范围的影响。

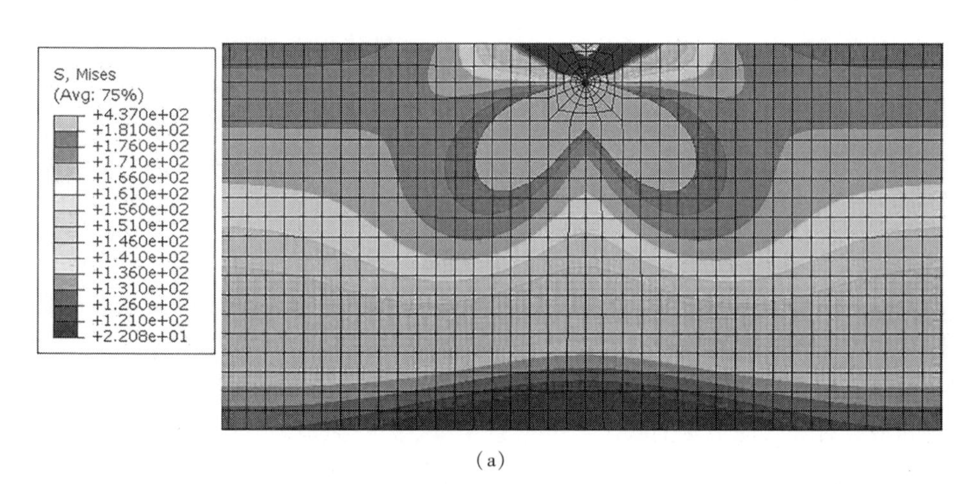

(a)

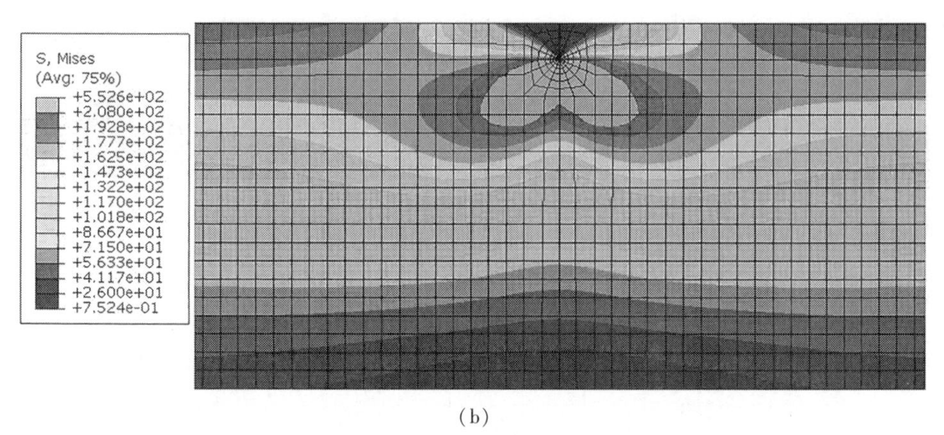

(b)

图 5－17　简化平面包含裂纹加载和卸载时的等效应力场

(a) 加载时；(b) 卸载时

图 5－18 给出了热应变逃逸影响范围随裂纹深度的变化规律。裂纹的影响范围半径与其深度的比值 r/a 在一定范围内变化，加载时，比值 r/a 随裂纹

深度的增加逐渐减小，其范围为3.5～4；卸载时，比值r/a也随裂纹深度的增加而逐渐减小，其范围为2～2.8。

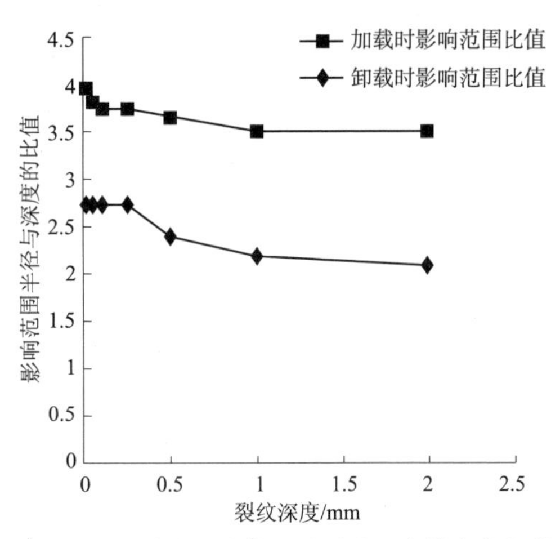

图5－18　裂纹影响范围随裂纹深度的变化规律

另外，在仿真结果云图中也可以清晰地发现：随着裂纹深度的增加，模型表层总体的应力水平呈现下降趋势，即裂纹深度越深，模型表面远离裂纹无限远处的应力水平越低。这表明热应变逃逸在整个裂纹形成的表面上都是存在的，但是在裂纹周围比较近的区域应力水平变化更明显，影响更大。

5.2.4　主裂纹扩展的热疲劳试验

气缸盖火力板鼻梁区位置在热疲劳载荷作用下，经过大量微裂纹的萌生阶段后，由于载荷的作用，微裂纹之间会产生相互作用，通过多裂纹间的抑制和合并演化，逐渐形成主裂纹，主裂纹继续扩展并最终导致零件失效。主裂纹的状况能够影响气缸盖鼻梁区的应力分布，鼻梁区的应力分布又直接影响着主裂纹的扩展，因此主裂纹的扩展与鼻梁区的应力分布关系比较复杂，需要通过试验来研究气缸盖火力板鼻梁区位置的主裂纹扩展规律。

1. 试验方案及方法

1）试验方案及方法

由于气缸盖的结构非常复杂，其热疲劳裂纹失效的影响因素很多，通过实际气缸盖的热疲劳试验研究其裂纹影响因素比较困难。根据气缸盖的结构及受力特点，将其简化为结构简单的模拟试验件，既可以反映气缸盖火力板的实际结构和受力特点，又能消除次要因素对主裂纹扩展的影响。因此采用气缸盖火力板简化试验件代替气缸盖，进行气缸盖的热疲劳主裂纹扩展试验。

高频感应加热方式可以快速加热铸铁材料气缸盖，并且可以通过改变加热线圈形状实现对气缸盖温度场分布的模拟，因此选择高频感应加热方式进行试验。试验通过控制温度场来实现对气缸盖实际工作状态的模拟，并用加热-保温-冷却试验循环实现对气缸盖启动-工作-停车实际循环过程的模拟。

每隔一定循环次数，对气缸盖火力板鼻梁区进行观测并拍照，实现对鼻梁区位置热疲劳裂纹变化情况的全程追踪，得到热疲劳裂纹随加载循环次数的变化情况。

2）气缸盖火力板模拟试验件

柴油机气缸盖大多选用灰铸铁材料，因此试验件也选用灰铸铁材料。根据气缸盖火力板的实际结构特点，设计了气缸盖火力板模拟试验件，其结构如图5-19所示。试验件能够反映实际气缸盖火力板鼻梁区和气门孔的结构特点，通过控制温度场可以实现鼻梁区热疲劳裂纹的萌生和扩展过程。

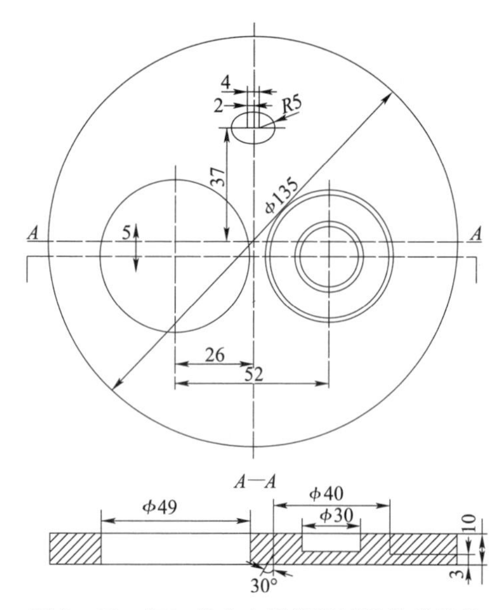

图5-19　气缸盖火力板模拟试验件的结构

3）热疲劳试验装置及规范

高频感应加速热疲劳试验台由高频发生器、感应加热器、冷却装置和冷-热循环控制装置及一些辅助设备、仪器等组成。其主要工作原理是将380 V的工频交流电升压到3.5～10 kV的工频高压，经高压整流后变为高压直流，再经电子管振荡器变为高频高压交流电，振荡频率为0.44 MHz，最后经高频变压器变为高频低压供给感应加热线圈。感应加热器是根据所加热零件的形状、部位及加热的强度分布要求而设计的铜制环形线圈，是高频变压器的次级。通电（加热）时，感应加热器中的高频低压的交变电流在其周围形成交变磁场，使放置（耦合）在加热器旁的被试件（气缸盖）内产生交变的感应电流（涡流），被试件被加热。加热到一定温度和时间后，再对试件进行冷却，在冷却到一定温度和时间后再重新加热。加热－保温－冷却－加热的过程由循环控制装置自动转换，并控制循环的载荷（温度）及时间参数，记录循环次数。

根据气缸盖火力板的实际结构及温度场的分布情况，设计了试验的感应加热线圈，如图5－20所示，能够准确模拟气缸盖火力板的温度场，保证试验的合理性。

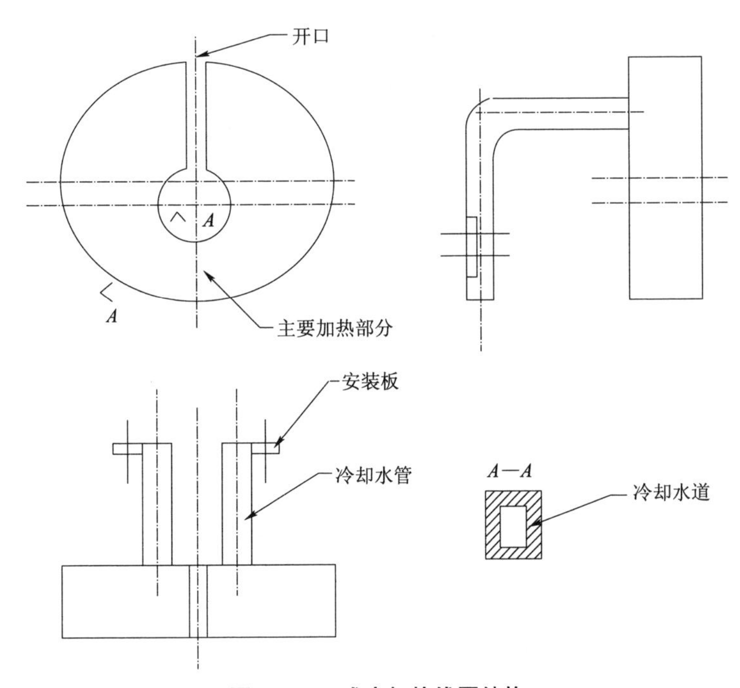

图5－20　感应加热线圈结构

试验采用XTS30连续变倍体视光学显微镜对气缸盖火力板鼻梁区位置的裂纹进行观测并拍照。通过图像处理及图像信息统计可以得到裂纹情况随循环次数的变化。

试验通过合理设计感应加热线圈的形状，模拟气缸盖火力板的温度场状态；并用加热－保温－冷却过程模拟柴油机气缸盖的启动－工作－停车循环过程，其试验过程的温度变化情况如图5－21所示。

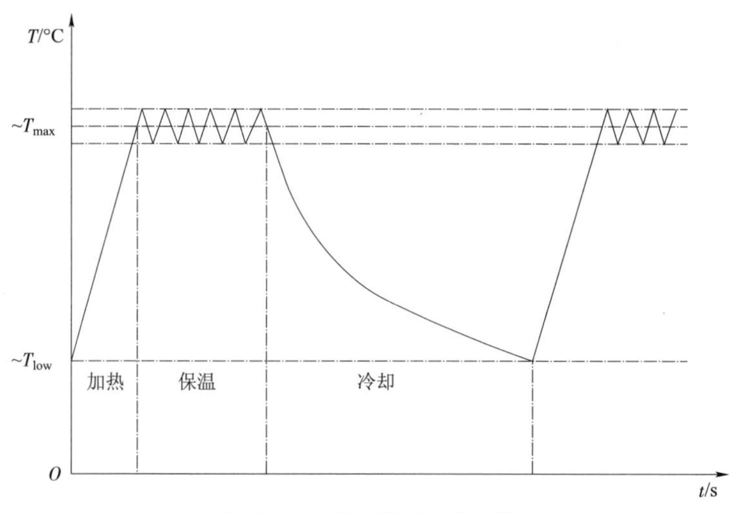

图 5－21　热疲劳试验的过程

2. 试验数据及分析

1）试验结果

根据前面的试验规范进行了一定数量的主裂纹扩展试验，其中一个试件试验时的裂纹如图 5－22 所示，主裂纹已经贯穿鼻梁区。

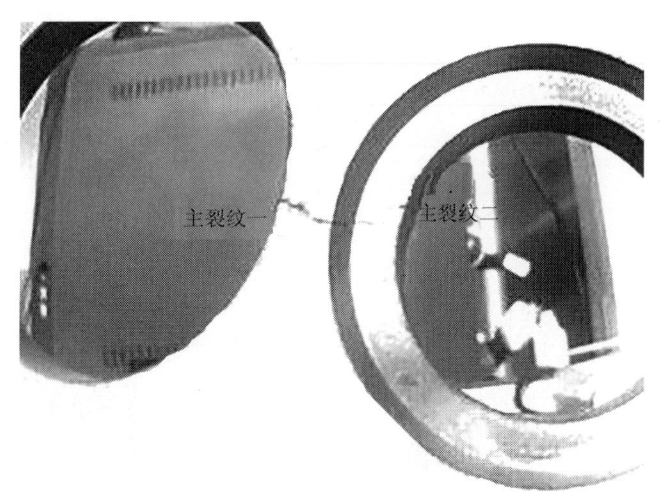

图 5－22　试验结束后鼻梁区位置的主裂纹照片

2）试验结果分析

试验结果表明热疲劳裂纹扩展呈现以下特征：

（1）尽管试件表面比较粗糙，而且是铸造零件，内部及表面缺陷较多，在很大的热应力下，依然有大约 25% 寿命的微裂纹萌生与扩展阶段，这说明热疲劳裂纹对微观缺陷的敏感程度较低。

（2）裂纹扩展过程中由于遇到了缸盖气门座圈台阶，因此裂纹扩展到约 3.2 mm 时几乎停滞，但随后又快速扩展，整体扩展状况几乎没有受到台阶的影响。

（3）除上述结构变化对裂纹扩展规律的影响外，快速加热条件下试件上距加热面越远的地方加热量越小，使得距加热面越远的地方温度分布得越均匀，致使局部热应力沿裂纹扩展方向逐渐减小，因此整个宏观热疲劳裂纹扩展的速率基本上呈指数变化，而没有明显的快速失稳扩展阶段。

（4）由此可将裂纹扩展过程分为初期裂纹快速扩展阶段和亚临界裂纹扩展阶段。

（5）初期裂纹快速扩展阶段，热疲劳裂纹扩展速率近似服从指数函数规律，可以借用帕尔斯（Paris）的应力强度幅度模型形式来模拟。

（6）亚临界裂纹扩展阶段，热疲劳裂纹扩展速率近似服从幂函数规律，可以选用麦克林托克的塑性钝化模型来模拟。

帕尔斯应力强度幅度模型为：

$$\frac{\mathrm{d}a}{\mathrm{d}N}=C(\Delta K)^{m} \tag{5-7}$$

麦克林托克塑性钝化模型为：

$$\frac{\mathrm{d}a}{\mathrm{d}N}=\frac{4\beta}{E\cdot\sigma_{\mathrm{b}}}\sigma^{2}a \tag{5-8}$$

式中，a 为裂纹长度；N 为循环次数；C 为常数；ΔK 为应力强度因子幅度；m、β 为材料常数；σ 为循环应力；E 为弹性模量。

3）主裂纹扩展模型

（1）初期裂纹快速扩展阶段。

初期裂纹快速扩展阶段即热疲劳裂纹形成后的快速扩展阶段，此阶段中热疲劳裂纹以很高的速率扩展，但扩展速率逐渐减缓，扩展时间相对较短。

本试验中试件上萌生的热疲劳裂纹相当于半无限大板萌生的张开型边裂纹（即Ⅰ型裂纹），故

$$\Delta K=1.122\cdot\Delta\sigma\sqrt{\pi a} \tag{5-9}$$

式（5-9）可以转化为以下形式：

$$\frac{\mathrm{d}a}{\mathrm{d}N}=k_{1}\cdot a^{n} \tag{5-10}$$

式中，$k_1 = 1.0067 \times 10^{-6}$，$n = -0.6667$。

根据试验结果数据可以得到，初期疲劳裂纹快速扩展的循环门槛值为 42，即从第 42 个循环开始进入初期裂纹快速扩展阶段。此后的疲劳裂纹扩展速率为式（5 - 10）。

（2）亚临界裂纹扩展阶段。

亚临界裂纹扩展阶段即热疲劳裂纹形成后的稳定扩展阶段，此阶段中宏观裂纹扩展以较低的速率缓慢扩展，但扩展速率逐渐增快，扩展时间很长，一直到构件破坏。

试验结果表明：热疲劳裂纹在第 55 循环时进入亚临界裂纹扩展阶段，也即热疲劳裂纹的初期快速扩展阶段于第 55 循环截止，相应的热疲劳裂纹长度为 1.16 mm，此后热疲劳裂纹的扩展速率为

$$\frac{\mathrm{d}a}{\mathrm{d}N} = k_2 \cdot a(a \geqslant 1.16) \tag{5-11}$$

式中，$k_2 = 0.0238$。

根据分析结果及相应的试验数据，得出试验中热疲劳裂纹长度随循环次数增加的扩展过程如图 5 - 23 所示。

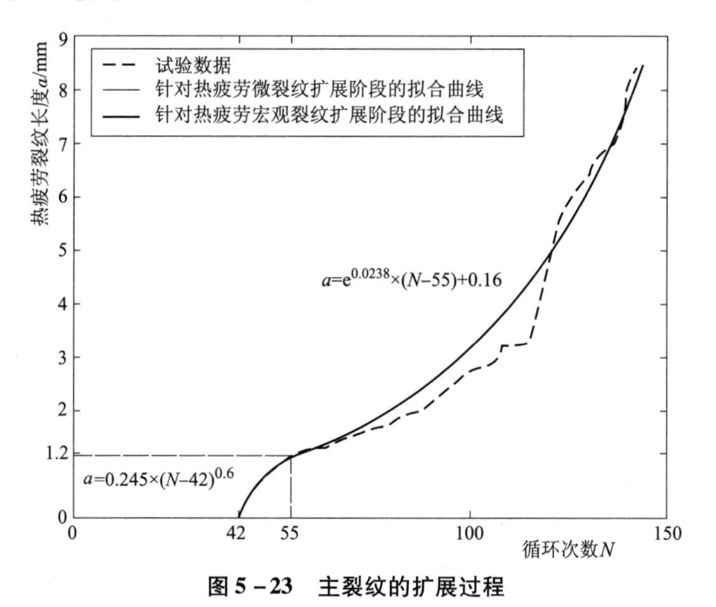

图 5 - 23　主裂纹的扩展过程

5.2.5　热裂纹群萌生机理及热裂纹群内主裂纹扩展模型

1. 热裂纹萌生机理

通过对铸铁试件进行热冲击试验，用电子显微镜对试件表面标记位置进

行显微分析，得出裂纹的形貌图样，然后采用分形的研究方法对表面裂纹进行统计研究，进而得到热裂纹群的萌生机理。

1）热冲击试验及显微分析结果

热冲击试验是通过对试件施加冷热冲击载荷的方式，使试件的温度在短期内实现大幅改变。采用高频感应加热装置对铸铁试件进行加热，当试件的表面中心温度达到设定的温度值时，空冷 4 s，使试件表面各处温度趋于一致，然后采用喷水冷却的方法使试件表面温度冷却至室温，如此反复循环。

在一定的循环次数下对试件进行显微分析，得到表面裂纹的形貌图片。再通过图像处理的方法，过滤掉背景信息，只保留生成的裂纹。图 5 – 24 给出了蠕墨铸铁在 650 ℃热冲击试验过程中的部分表面裂纹照片，图 5 – 25 为裂纹总长度随循环次数的变化曲线。

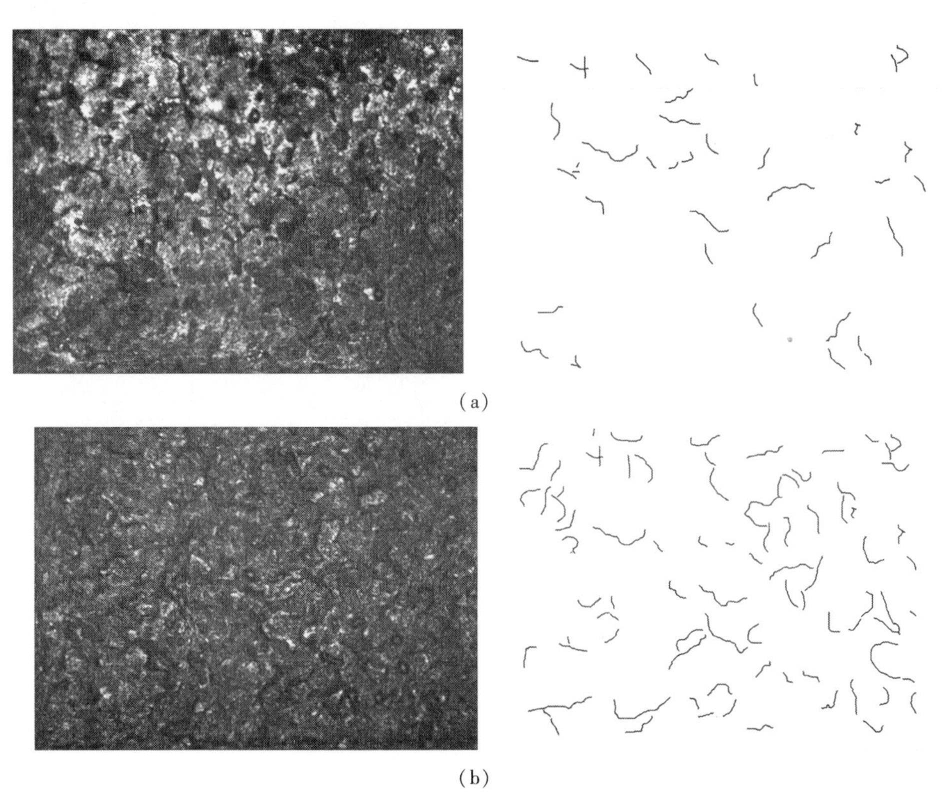

(a)

(b)

图 5 – 24　蠕墨铸铁在 650 ℃热冲击试验过程中的部分裂纹照片

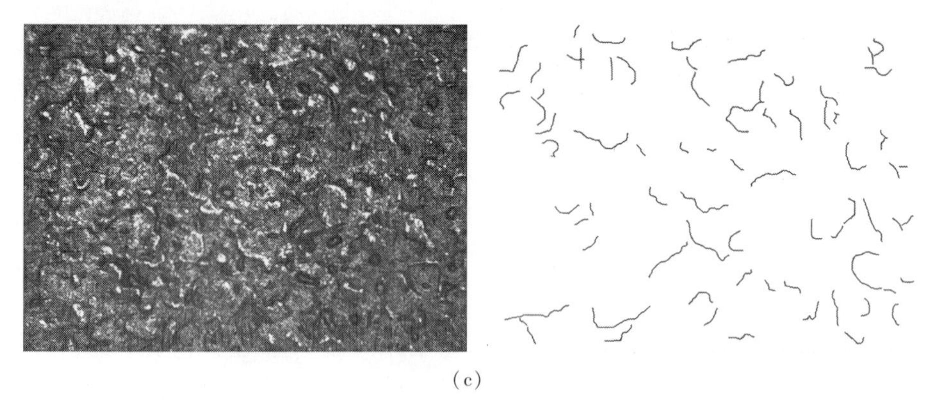

(c)

图 5-24　蠕墨铸铁在 650 ℃热冲击试验过程中的部分裂纹照片（续）

(a) 10 循环；(b) 30 循环；(c) 70 循环

图 5-25（a）为相同材料（蠕墨铸铁）在相同温度（650 ℃）不同石墨密度下的铸铁热冲击微裂纹总长度随循环次数的变化曲线。由图可见，在最初的循环内，不同密度的试件裂纹总长度增长状况基本一致，这是因为蠕虫状石墨附近区域萌生微裂纹的状况相似。随着循环次数的增加，高石墨密度试件的裂纹增长趋势变缓，这是因为大量存在的球状石墨对基体的割裂作用比较小，在其附近产生的应力集中现象并不明显，并且大量存在的球状石墨产生的应力释放作用降低了试件热疲劳下的总体应力水平，使微裂纹的萌生变得不易。在这种影响关系下，致使高石墨密度试件的裂纹总长度低于低石墨密度试件。即石墨越细小、分布越密，寿命越长。

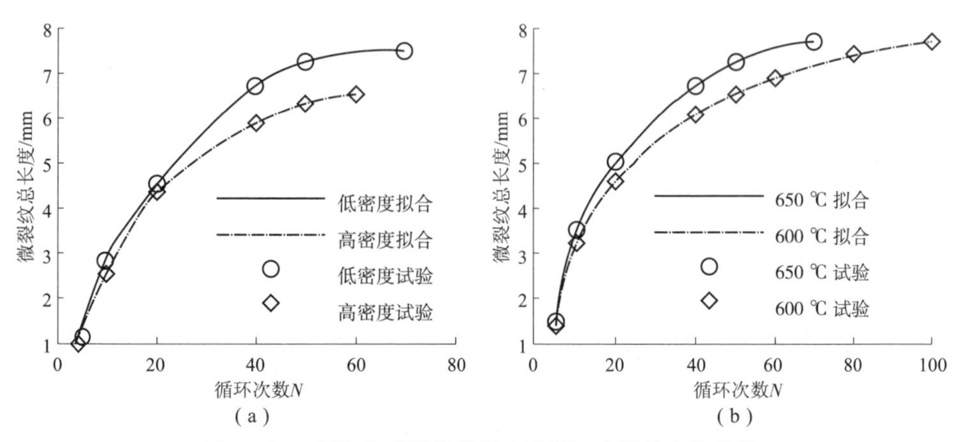

图 5-25　蠕墨铸铁裂纹总长度随循环次数的变化曲线

(a) 不同石墨密度；(b) 不同温度

从图 5－25（b）中可以看出，蠕墨铸铁试件的微裂纹数量在最初的循环内迅速增多，且随着循环次数的增加微裂纹数量和长度也增加，在达到一定的程度后增长趋势变缓，最终进入稳定状态。

2）热裂纹群萌生机理分析

热裂纹群的萌生有很多破坏机制，不同的破坏机制表明，微观裂纹是在晶界、孪晶界、夹杂、微观结构或成分的不均匀区，以及微观或宏观的应力集中部位形核。在单相合金中，微裂纹的形成一般起源于滑移带、孪晶和晶界。在疲劳极限范围内，裂纹在滑移带内萌生；在高应力范围和高温下，裂纹可能沿着晶界形成。在多相合金中，夹杂物和第二相沉淀物成了潜在的裂纹源。在具备这种裂纹成核的材料中，成核位置具有某种随机性，取决于夹杂物的尺寸和间距以及在基体中的分布。此外，加载、试验条件、环境及表面状态等均会对成核位置产生影响。

在热冲击载荷下，试件受到热负荷的作用而发生膨胀，当表面受到水流的冲击冷却时，表面温度迅速下降发生收缩，而其他区域由于导热的滞后保持原状态不变，因此在试件表层产生了较大的拉应力。由于铸铁材料内部不同的石墨形态对铁素体与珠光体基体产生了不同程度的割裂作用，且石墨相与珠光体相的弹塑性参数大不相同，在两相晶界处与石墨相尖端处会产生很大的应力集中现象，因此石墨相的位置成了试件潜在的裂纹源。当试件承受交变的热冲击载荷时，会使石墨相与珠光体相的交界处发生位错运动而形成微裂纹。石墨尖端处也会因应力集中导致局部应力大于材料的疲劳极限，使微裂纹沿着石墨尖端发生扩展。

图 5－26 为微裂纹的形成过程示意图，在 20 次热冲击循环时，产生的微裂纹数量很少，并且都是沿着石墨萌生，并有少许扩展。当循环次数达到 50 时，许多微裂纹发生了合并，形成连贯的大裂纹。但通过与图 5－26（a）中石墨形态的图片相对比可以发现，发生合并的裂纹都是在石墨尖端同向的石墨处。当热冲击循环次数达到 100 次时，微裂纹进一步合并，在试件表面形成了肉眼可见的宏观裂纹，在显微镜下表现为更宽更深的长主裂纹。而此时，细小的微裂纹数量很少，因为产生的主裂纹降低了周围区域的应力水平，抑制了周围微裂纹的萌生与扩展。

2. 主裂纹扩展模型

在疲劳的研究中，循环受载构件的总寿命由裂纹萌生和裂纹扩展两个阶段组成。现代损伤容限疲劳设计方法的前提是：工程构件原本就带有裂纹，

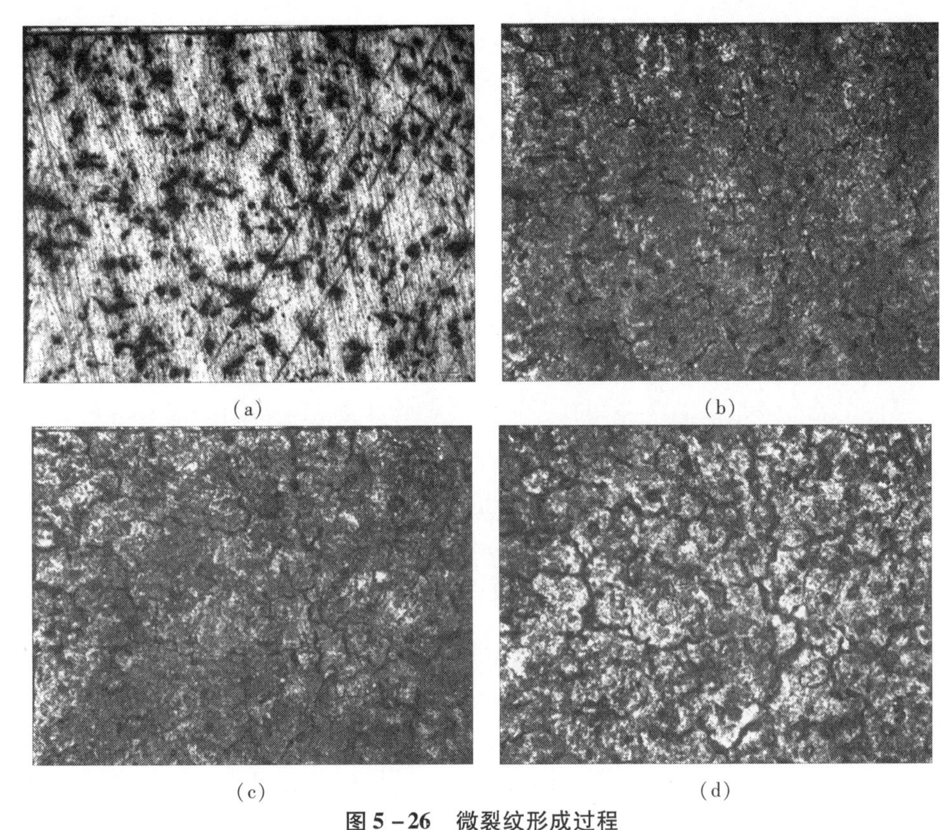

图 5－26　微裂纹形成过程

(a) 石墨形态；(b) 20 循环；(c) 50 循环；(d) 100 循环

其有效疲劳寿命是使一条具有假设的，或测量得到的初始尺寸的主裂纹扩展到某个临界尺寸所需的时间或循环次数。在循环加载的条件下，大多数金属材料发生突发性失效前都要经历一段裂纹稳定扩展期。

在断裂力学方法中，Paris 提出疲劳裂纹扩展速率 da/dN 与应力强度因子范围呈幂次关系，如式（5－7），而且从多种金属材料上积累的试验数据证明，Paris 公式中的幂次关系确实存在。虽然 Paris 公式只是个经验公式，但是在分析多种材料及多种疲劳试验条件下的疲劳裂纹扩展中，它仍是最适用的表达式之一。

为了研究裂纹在铸铁材料内的形成与扩展行为，设计了针对铸铁材料的热冲击试验与模拟气缸盖火力板的疲劳裂纹扩展试验，分别从微观与宏观两个方面对裂纹的形成与扩展过程进行了分析，并基于所得的试验数据建立裂纹扩展模型，并对模型的可行性进行评估。

针对试验结果，可将裂纹的形成与扩展过程大致分为微裂纹形成阶段、裂纹稳定扩展阶段和裂纹快速扩展阶段。在微裂纹的形成阶段中，用分形的方法来对微裂纹进行统计分析并基于分形维数建立与载荷及循环次数有关的裂纹模型。而在裂纹稳定扩展与快速扩展阶段，基于 Paris 公式和断裂力学模型建立裂纹扩展速率模型。模型内的各项参数通过进行的试验数据进行拟合。

1）微裂纹形成阶段模型

在微裂纹的形成阶段，微裂纹的总长度和表征裂纹密度与数量的分形维数均随着热冲击循环次数的增加呈现前期增长速度快、后期增长速度降低并趋于平缓的状态。由于在裂纹的形成过程中，快速冷却阶段的冷冲击载荷是导致材料热疲劳裂纹形成的主因，基于柴油机受热件热疲劳试验损伤的寿命研究，冲击作用下的试件表面的载荷水平可用如下关系式来表示：

$$\sigma = C\frac{\Delta T^{\gamma}}{t^{\nu}} \tag{5-12}$$

为了方便数据拟合计算，将载荷计算式中的温差除以 100，时间除以 10，得到：

$$\Delta\sigma = C\frac{\left(\frac{\Delta T}{100}\right)^{\gamma}}{\left(\frac{t}{10}\right)^{\nu}} \tag{5-13}$$

式中，ΔT 为冷冲击载荷施加前后的温度变化范围；t 为冲击载荷作用时间；C、γ 和 ν 为模型参数，经试验确定，$\gamma = 1.2$，$\nu = 0.478$。

根据试验数据可得，在微裂纹的形成始点时分形维数 $D = 1$，而在微裂纹萌生的终点时，分形维数 D 趋近于 1.27，且此时微裂纹长度最长可达到 0.3 mm，但裂纹平均尺度为 0.1 mm。通过对数据的拟合，发现 C_2 在变化的过程中仅在很小的范围内变动，取 C_2 为常数，大小为 $C_2 = -0.42$。由于载荷大小与 C_1 大致呈线性关系，因此对 C_1 进行线性拟合，得到：

灰铸铁：

$$C_1 = -0.0582\frac{\left(\frac{\Delta T}{100}\right)^{\gamma}}{\left(\frac{t}{10}\right)^{\nu}} + 2.224 \tag{5-14}$$

蠕墨铸铁：

$$C_1 = -0.0467\frac{\left(\frac{\Delta T}{100}\right)^{\gamma}}{\left(\frac{t}{10}\right)^{\nu}} + 2.214 \tag{5-15}$$

因此，微裂纹群萌生阶段的裂纹模型可表示为：

灰铸铁：

$$D=1.42-\left[-0.0582\frac{\left(\frac{\Delta T}{100}\right)^{\gamma}}{\left(\frac{t}{10}\right)^{\nu}}+2.224\right]\cdot N^{-0.42} \quad (5-16)$$

蠕墨铸铁：

$$D=1.42-\left[-0.0467\frac{\left(\frac{\Delta T}{100}\right)^{\gamma}}{\left(\frac{t}{10}\right)^{\nu}}+2.214\right]\cdot N^{-0.42} \quad (5-17)$$

上式中，将 $D=1$ 代入可以得到微裂纹起始寿命；将 $D=1.27$ 代入可以得到微裂纹群萌生并稳定后的寿命。

通过对比灰铸铁和蠕墨铸铁的裂纹模型可以发现，在载荷适中的情况下，蠕墨铸铁模型中系数 C_1 的值要明显高于灰铸铁模型中 C_1 的值，这表明在达到同一微裂纹水平（分形维数）的情况下，蠕墨铸铁所需的循环载荷数更高。

2）裂纹稳定扩展阶段模型

疲劳裂纹的扩展速率受到几种共存并相互竞争的机制因素的影响，包括微观组织结构、力学载荷参量、环境以及裂纹闭合效应。但没有一个理论能够根据最基本的原理成功地预测众多试验因素下的裂纹扩展速率。目前预测恒幅疲劳裂纹扩展速率的理论分为两种，分别是以裂纹顶端位移作为基础的几何模型和以裂纹顶端的积累应变量或塑性功达到某个临界值作为疲劳断裂判据的累计损伤模型。两个模型均能在一定的范围内描述裂纹扩展速率随循环和载荷的变化规律，但在本次试验的条件下，均不能较好地反应试验所得数据。

在针对气缸盖的加速热疲劳试验与模拟气缸盖火力板的裂纹扩展试验的研究中发现，主裂纹的长度在裂纹初期扩展过程中与循环次数呈现单调的线性关系。因此可认为在这个裂纹扩展阶段中，裂纹是保持着一个稳定的扩展速率进行扩展的，即扩展速率与裂纹的长度与循环次数无关，仅与所施加的载荷大小有关。这个裂纹扩展阶段可以称为裂纹的稳定扩展阶段。在此阶段中，热疲劳裂纹所特有的应变逃逸进而引起应力下降的机理是导致主裂纹发生稳定扩展的主因。根据试验所得的数据，此阶段裂纹扩展的尺寸变化范围为1～3.2 mm，载荷温度变化范围为120～420 ℃，加热时长为5.6 s，此阶段内循环次数范围是70循环左右。

根据微裂纹阶段模型，裂纹扩展速率也可表示为式（5－7）的形式，对于本试验，试件上萌生的热疲劳裂纹相当于无限大板萌生的张开型边裂纹（即Ⅰ型裂纹），故：

$$\Delta K = C' \cdot \Delta\sigma \cdot \sqrt{\pi a} \tag{5-18}$$

将式（5-18）代入式（5-7）中，且在主裂纹稳定扩展阶段不考虑裂纹长度对裂纹扩展速度的影响，可以得到在裂纹稳定扩展区域内，主裂纹扩展速率的模型为：

$$\frac{\mathrm{d}a}{\mathrm{d}N} = C \cdot (C' \cdot \Delta\sigma \cdot \sqrt{\pi})^m = C \cdot \left(\frac{\Delta T^\gamma}{t^\nu}\right)^m = C \cdot \left(\frac{\Delta T^\gamma}{t^\nu}\right)^4 \tag{5-19}$$

根据裂纹扩展试验模拟所得的数据进行计算，$\gamma = 1.2$，$\nu = 0.478$，得到常数 C 为 7.762×10^{-15}。

3）裂纹快速扩展阶段模型

在 ΔK 很大的情况下，疲劳裂纹扩展速率远高于在稳定扩展阶段所观察到的速率。这是因为裂纹扩展速率对微观组织结构、载荷比和应力状态也相当敏感。然而由于扩展速率太高，因此试验环境下热应变逃逸的影响变小。

研究表明，当循环中应力强度因子的最大值 $K_{\max} \geqslant (0.5 \sim 0.7) K_c$ 时，裂纹扩展速率加速提高，进入快速扩展阶段。在此阶段中，应力比、试件厚度和显微组织对裂纹扩展速率有很大影响。相比较稳定扩展阶段，此阶段扩展速率提升很高，且扩展速率大致呈指数形式增长。故基于 Paris 公式可用如下模型描述裂纹扩展速率：

$$\frac{\mathrm{d}a}{\mathrm{d}N} = C \cdot (C' \cdot \Delta K)^m = C'' \cdot (\sigma\sqrt{\pi a})^m = C \cdot a^{\frac{m}{2}} \cdot \left(\frac{\Delta T^\gamma}{t^\nu}\right)^m \tag{5-20}$$

式中，m 取4，$\gamma = 1.2$，$\nu = 0.478$，a 为裂纹长度，C 为待定常数。根据模拟试验中的数据，取裂纹长度为 3.2 mm 时进入快速扩展区域。通过计算得到 $C = 7.58 \times 10^{-16}$。

通过试验数据给出的裂纹长度与不同阶段裂纹扩展速率的关系可用图5-27大致描述。

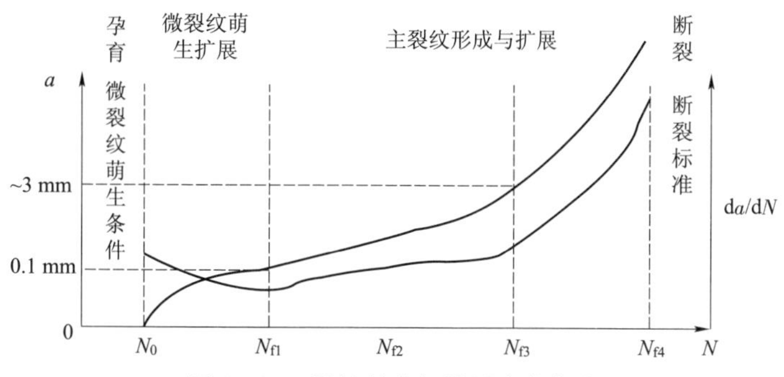

图 5-27　裂纹长度与扩展速率曲线

5.2.6 主裂纹扩展及止裂规律和机制

1. 热疲劳试验及主裂纹扩展行为研究

内燃机铸铁气缸盖鼻梁区在实际工作中会产生很大的温度梯度和热应力，在低循环热疲劳作用下往往会发生疲劳断裂。低循环热疲劳是由于工况（负荷和转速）大幅度变化而引起的，如内燃机的启动—工作—停车循环，其特点是温度和热应力的变化幅值大，循环寿命低。因此用加速热疲劳试验来模拟内燃机的启动—工作—停车循环，每个循环包括三个阶段：快速加热阶段、保温阶段和冷却阶段，如图 5－28 所示。快速加热阶段模拟内燃机的启动阶段，保温阶段模拟内燃机的工作阶段，冷却阶段模拟内燃机的停车阶段。通过气缸盖的加速热疲劳试验，可以得到气缸盖鼻梁区的裂纹扩展图片，通过对裂纹图片的分析可以得到主裂纹扩展行为的规律。

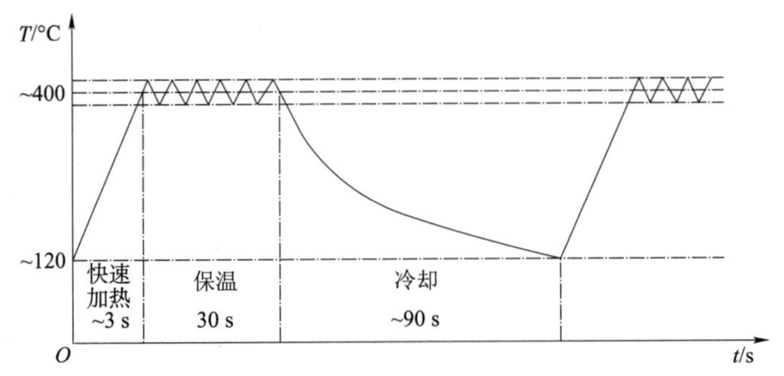

图 5－28 气缸盖加速热疲劳试验循环（最高温度点的温度变化曲线）

气缸盖的加速热疲劳试验在内燃机受热件热疲劳试验台上进行，其加热方式为高频电磁感应加热，冷却方式为风机吹气冷却。气缸盖的最高温度出现在两排气门之间的鼻梁区区域，此处为常出现热疲劳裂纹的区域，在加速热疲劳试验时不允许打孔、安装热电偶，因此不能在此处安装热电偶来控制试验温度，试验中一般选择偏离鼻梁区位置并与鼻梁区最高温度点温度变化趋势一致的点作为热疲劳试验温度控制点，试验前需要提前确定控制点和最高温度点之间的温度对应关系。

14 个点为控制点，控制温度上限为 320 ℃，温度下限为 120 ℃，对国产气缸盖进行了加速热疲劳试验，试验照片如图 5－29、图 5－30 所示。

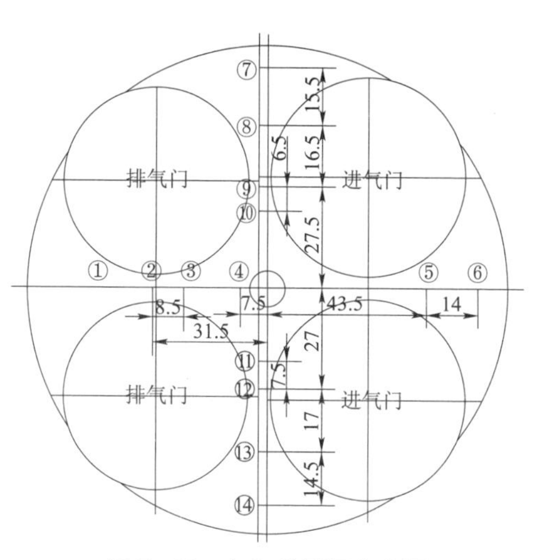

图5－29　气缸盖测温点布置位置及尺寸

图5－30　气缸盖的加速热疲劳试验照片

根据气缸盖的热疲劳试验，从气缸盖的两排气门间鼻梁区热疲劳裂纹照片中的一段主裂纹作为研究对象，针对主裂纹的形成和扩展问题进行研究。

从图5－31中可以看出，126循环时只有大量微裂纹；190～290循环时一些相邻的微裂纹发生扩展，并逐渐合并为几条较长的裂纹；375循环时几条较长的裂纹继续扩展并最终合并为一条主裂纹。微裂纹的扩展方向和最终的主裂纹方向都沿排气门间鼻梁区的宽度方向。

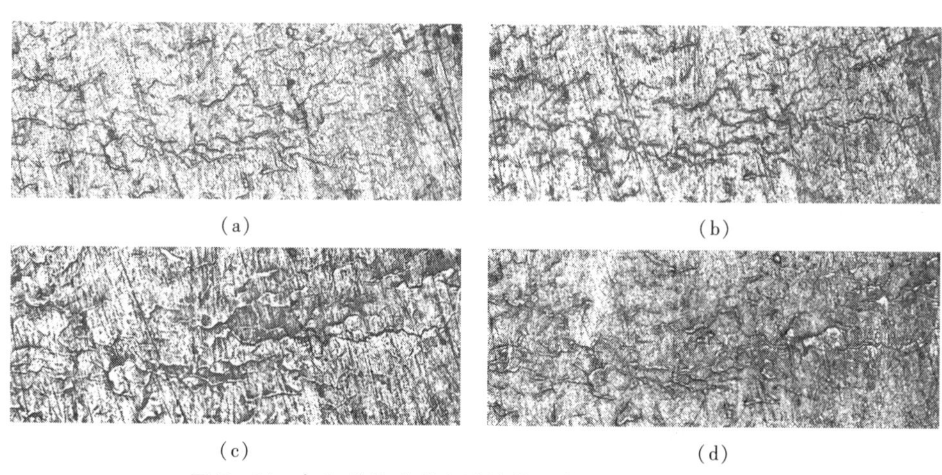

图5－31　气缸盖热疲劳主裂纹的形成及扩展过程（一）

(a) 126循环；(b) 190循环；(c) 240循环；(d) 290循环

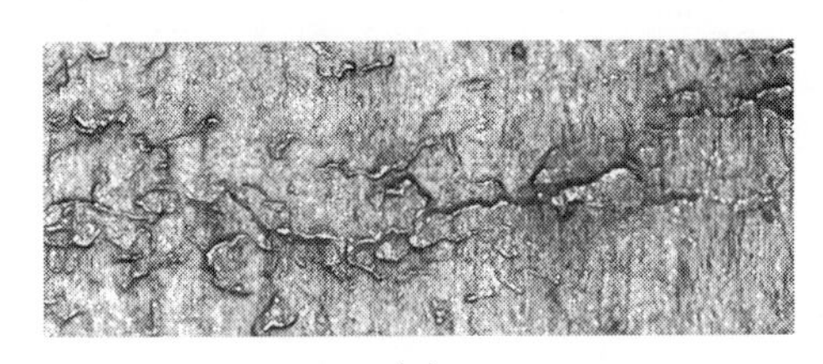

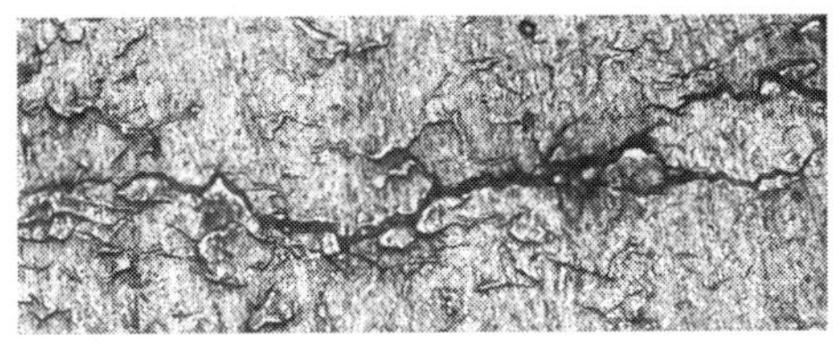

(e)　　(f)

图 5－31　气缸盖热疲劳主裂纹的形成及扩展过程（一）（续）

(e) 323 循环；(f) 375 循环

因此主裂纹的形成及扩展规律为：少量应力集中严重区域的微裂纹在鼻梁区拉伸载荷的作用下，微裂纹会失稳发生扩展，由于微裂纹方向基本一致，因此微裂纹扩展后与周围微裂纹发生合并，形成较长的裂纹；由于鼻梁位置整体承受沿长度方向的拉应力，裂纹只对其周围区域有应力卸载作用，因此会同时有较多处发生微裂纹的扩展和合并；随着加载的继续，距离较近的较长裂纹会扩展合并，并最终形成主裂纹，主裂纹继续扩展导致气缸盖的热疲劳失效。

将图 5－31 的照片进行处理，只保留与主裂纹的形成有关的微裂纹信息，得到主裂纹的形成及扩展过程，如图 5－32 所示。

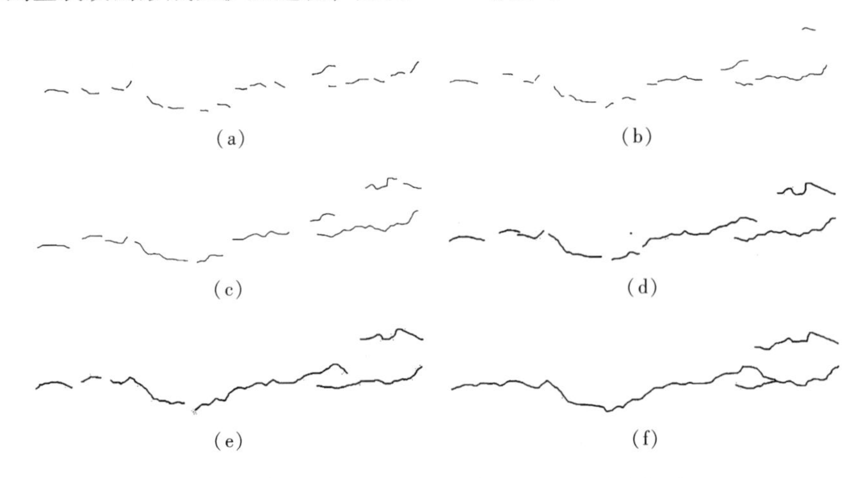

图 5－32　气缸盖热疲劳主裂纹的形成及扩展过程（二）

(a) 126 循环；(b) 190 循环；(c) 240 循环；(d) 290 循环；(e) 323 循环；(f) 375 循环

对图 5－32 进行分析，得到与主裂纹形成有关的裂纹的总长度及扩展速度随加载循环次数的变化关系，分别如图 5－33 和图 5－34 所示。

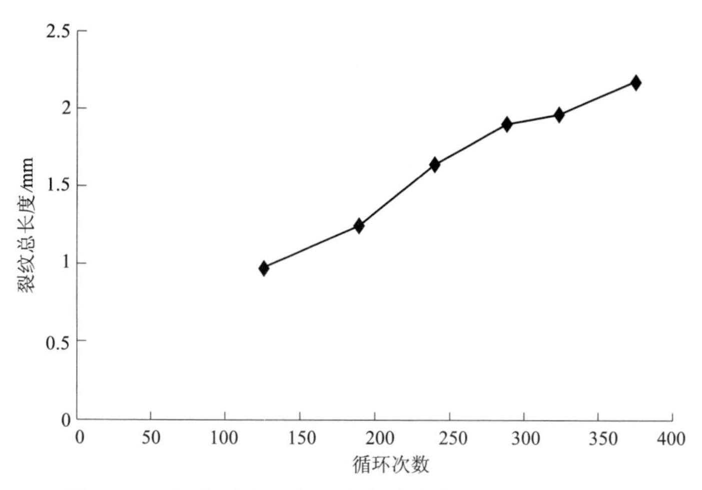

图5－33　与主裂纹形成有关的裂纹的总长度随加载循环次数的变化关系

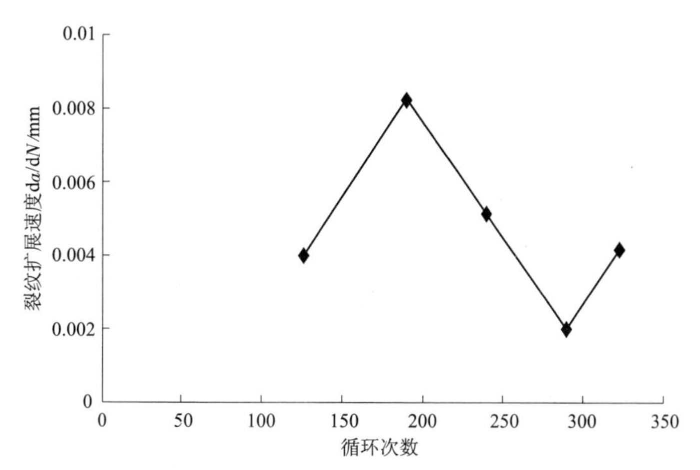

图5－34　与主裂纹形成有关的裂纹的扩展速度随加载循环次数的变化关系

从图5－33和图5－34中可以看出，在主裂纹的形成过程中，与主裂纹形成有关的裂纹的扩展速度随加载循环次数先变大，再变小，最后变大。其原因是：最初时，虽然单条微裂纹的扩展速度较小，但是与主裂纹形成有关的微裂纹数量较多，因此整体扩展速度较大；随着裂纹的合并，裂纹数目减少，因此整体裂纹扩展速度变小；当基本形成主裂纹后，由于主裂纹的应力集中现象比微裂纹时严重，因此裂纹的扩展速度反而增大。

2. 止裂规律和机制研究

1）模型建立和简单温度应力场的分析

在 ABAQUS 中建立简单的平面裂纹模型。模型长 50 mm，宽 10 mm，材料为蠕墨铸铁。加热状态为对顶部施加密度为 3 MW/m^2 的热流，冷却状态为全局 30 ℃的冷却。加热后的温度分布如图 5－35 所示。

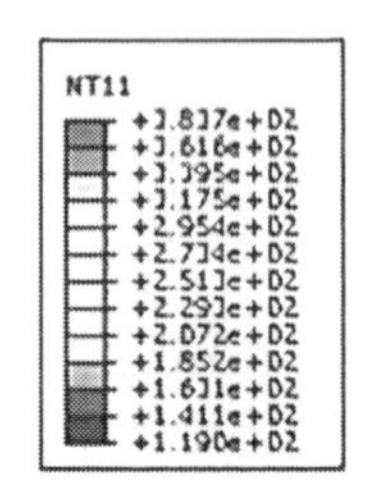

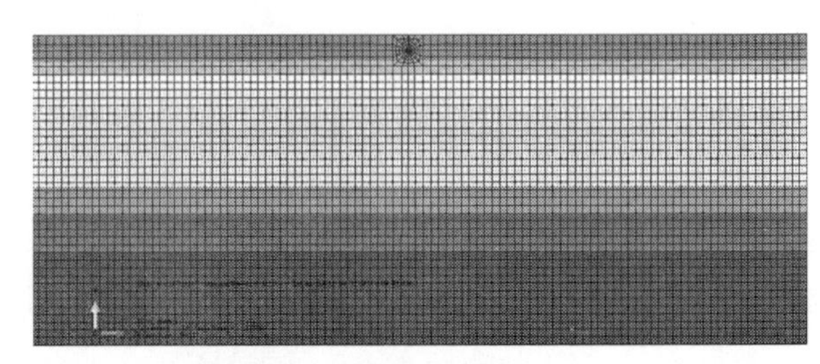

图 5－35　裂纹模型温度场温度分布

首先对无裂纹的模型进行计算分析，在经历两次加热冷却的作用后，模型内残余应力分布如图 5－36 所示。可见，在热负荷作用下，4 mm 内的深度范围内都处于 400 MPa 以上的应力水平。

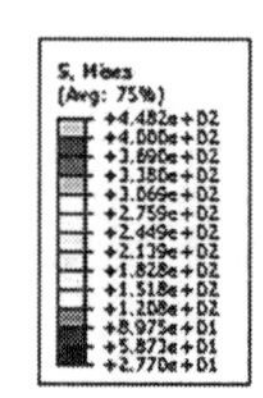

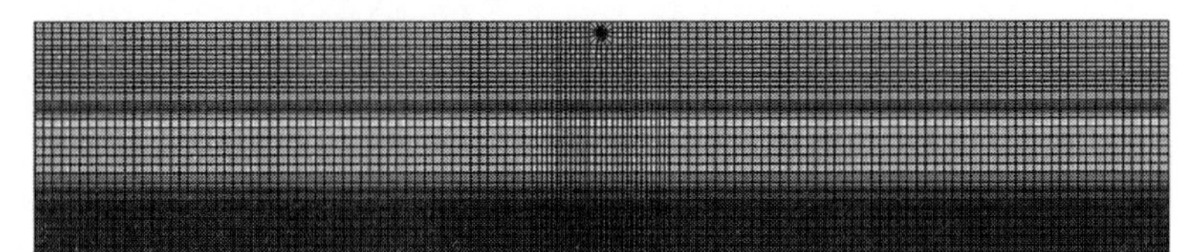

图 5－36　无裂纹模型热负荷作用下 Mises 应力分布

然后对有裂纹（深度为 0.5 mm、尖端处为圆角）的模型进行计算分析，同样经历两次加热冷却循环，模型内残余应力分布如图 5－37 所示。可见，在有裂纹的模型中，应力大小为 400 MPa 的作用范围仅为 1 mm 左右，大大小于无裂缝的情况。

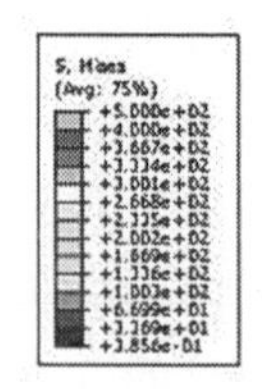

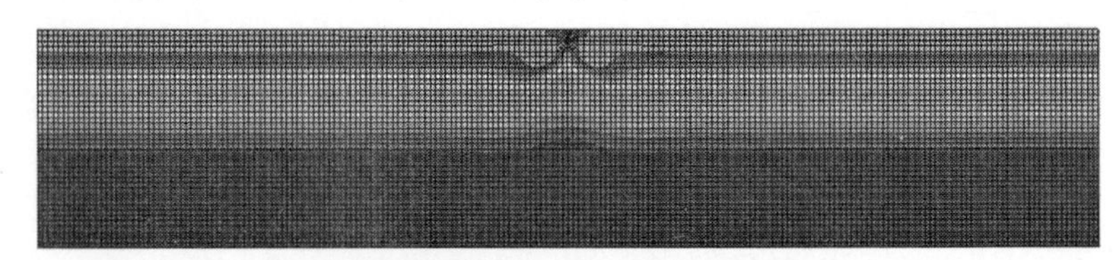

图 5－37　有裂纹模型热负荷作用下 Mises 应力分布

由此可见，裂纹的存在导致了模型整体应力水平的降低，尤其在裂纹附近深度方向上降低显著，与裂纹的萌生规律即裂纹的萌生会降低周围区域的应力水平相一致。

2）有裂纹不同深度的模型计算分析

由材料的塑性特性可知，蠕墨铸铁在 400 ℃下其屈服极限为 275 MPa。在仿真计算结果中，275 MPa 对应的模型深度大概为 2 mm。取 2 mm 深度为仿真模型的塑性区与弹性区的分界线，深度小于 2 mm 为塑性区域，大于 2 mm 为弹性区域。现取两种不同深度的裂纹进行仿真，第一种为位于塑性区的深度为 0. 5 mm 的裂纹，第二种为位于弹性区的深度为 2 mm 的裂纹。分别对两种裂纹进行仿真分析，得到裂纹对模型应力水平的影响。

图 5 – 38 和图 5 – 39 分别为裂纹深度为 0. 5 mm 和 2 mm 的裂纹模型加热冷却后的 Mises 应力分布。可见，裂纹深度深入弹性层后，其裂纹尖端处的应力水平较塑性层内明显降低，并且影响范围也相应减小。

图 5 – 38　裂纹深度 0. 5 mm 模型热负荷作用下 Mises 应力分布

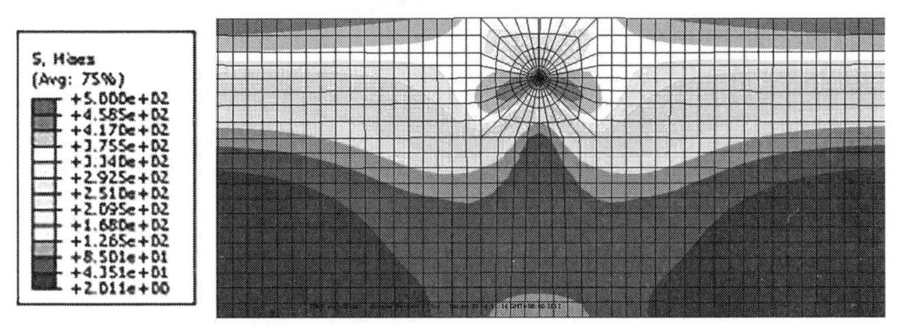

图 5 – 39　裂纹深度 2 mm 模型热负荷作用下 Mises 应力分布

通过以上的仿真分析可知，裂纹的存在会在一定程度上降低模型的整体应力水平，并且当裂纹深入模型的弹性区时，应力降低程度明显。若裂纹不易扩展，则这条裂纹不但不会降低材料的疲劳性能，反而可以降低材料表层及内部的应力，提高疲劳强度。因此，在实际工程应用中，为了防止金属材料表面因交变的热负荷作用而产生热裂纹，可以预先设置一个深入材料弹性区的裂缝，将其尖端处做成不易扩展的形态，并在裂纹处加注其他的弹塑性性能更好的材料。这样在热负荷的作用下，金属材料和加注材料就有了相对的独立性，热胀冷缩时受到周围金属的约束小，减小了拉压应力，使其不易产生热裂纹，提高了工作可靠性。

这种防止裂纹的方法已经应用在了一些风冷柴油机的气缸盖上，通过在“鼻梁区”铸入两片八字形的经喷砂处理后的低碳钢或钛合金钢片，降低高温度梯度和热负荷的“鼻梁区”的拉压应力水平，增加了气缸盖的疲劳性能，提高了气缸盖的可靠性。目前，机械行业对断裂问题并没有根本性的解决措施，但通过一些特殊的方法可以起到防止裂纹扩展的目的。除上面提出的防裂措施外，还可以应用设置止裂层的方法防止裂纹扩展。（图 5－40 为贝壳的层状结构。）可见，若要使整体的贝壳断裂开，必须将所有的片层都断裂，这样就需要经历许多个裂纹从萌生到扩展继而断裂的过程，大大加强了其疲劳寿命。基于这种机制，可以通过在气缸盖内设置止裂层的方法，在气缸盖内部镀一层疲劳性能好的材料，增加其疲劳性能，提高疲劳寿命。

图 5－40　贝壳的层状结构

5.3　广义热疲劳损伤累积模型研究

5.3.1　多种损伤相互作用关系研究

1. 加速热疲劳台架试验数据的修正

在高温下，影响内燃机受热件热疲劳寿命的两个主要因素是取决于循环的疲劳强度和取决于时间的蠕变持久强度。而实际受热件寿命的确定必须根据某种观点同时考虑这两种因素的影响。利用有代表性、较为实用的线性损伤累积原则：

$$\Phi_f + \Phi_c = D = 1 \tag{5-21}$$

对长时间蠕变，蠕变损伤 Φ_c 可表示为在变动应力和变动温度下经过时间 Δt 时的应变增量 $\Delta\varepsilon_c$ 与相同变动时刻静态蠕变断裂时总蠕变应变 ε_{c0} 之比的总和：

$$\Phi_c = \sum_i (\Delta \varepsilon_{ci} / \varepsilon_{c0i}) \tag{5-22}$$

而疲劳损伤就是实际循环次数 N_x 与完全依循环而定的疲劳寿命 N_f 之比：

$$\Phi_f = N_x / N_f \tag{5-23}$$

很显然，由于蠕变损伤的介入，通过加速热疲劳台架试验所得到的循环寿命 N_{tf} 要小于纯热疲劳寿命 N_f，应具有：

$$N_{tf}/N_f + \Phi_c = 1 \tag{5-24}$$

即：

$$N_f = N_{tf}/(1 - \Phi_c) \tag{5-25}$$

由于应力和温度对蠕变的影响呈指数和幂指数关系，因此可以假设蠕变只在试验的保温期出现。在高温下，由于材料蠕变和松弛的作用，原高温高应力处的应力会迅速下降，最终基本稳定到一个较低值。不可逆的塑性变形和蠕变应变的累积反而使卸载后，在原高温高应力处，出现很大的反向应力，甚至会达到反向屈服。根据肯尼迪（Kennedy）理论假设，卸载又重新加载后，第Ⅰ阶段蠕变速度会全部中断，恢复到加载前的状态。如果在保温期的温度和应力条件下，材料蠕变破坏时的应变为 ε_{c0}，则 N_{tf} 次台架循环下的总蠕变为：

$$\varepsilon_c = N_{tf}[\beta_0(\sigma/\sigma_s)^m t_2^n + K_0(\sigma/\sigma_s)^{m'} t_2] \tag{5-26}$$

由此得 N_{tf} 次台架循环下的损伤为：

$$\Phi_c(N_{tf}) = \varepsilon_c/\varepsilon_{c0} = N_{tf}/\varepsilon_{c0}[\beta_0(\sigma/\sigma_s)^m t_2^n + K_0(\sigma/\sigma_s)^{m'} t_2] = N_{tf}\Psi_c \tag{5-27}$$

式（5-27）中第一项表示第Ⅰ阶段蠕变损伤和；第二项表示第Ⅱ阶段蠕变损伤和；σ 为应力；σ_s 为材料屈服应力极限；β_0、K_0、m、m'、n 为材料蠕变常数；Ψ_c 为保温时间为 t_2 时一个循环的蠕变损伤。

但由于实际内燃机平均每循环的稳定工作时间远大于台架的保温时间（假设为 k 倍），因此实际蠕变 ε_{ck} 要大于台架上的蠕变，内燃机稳定工作时间为 kt_2 的实际循环蠕变损伤为：

$$\Phi_{ck}(N_{tf}) = \varepsilon_{ck}/\varepsilon_{c0} = N_{tf}/\varepsilon_{c0}[\beta_0(\sigma/\sigma_s)^m(k\,t_2)^n + K_0(\sigma/\sigma_s)^{m'}k\,t_2] = N_{tf}\Psi_{ck} \tag{5-28}$$

根据线性损伤原则，对于内燃机热疲劳寿命N_{fk}，有：

$$N_{fk}/N_f + \Phi_{ck}(N_{fk}) = 1 \tag{5-29}$$

将式（5－25）和由式（5－27）得出的$\Phi_{ck}(N_{fk}) = N_{fk}\Psi_{ck}$代入上式得：

$$N_{fk} = \frac{1}{1 - \Phi_c(N_{tf}) + N_{tf}\Psi_{ck}}N_{tf} = B'N_{tf} \tag{5-30}$$

其中修正系数

$$B' = 1/[1 - \Phi_c(N_{tf}) + N_{tf}\Psi_{ck}] \tag{5-31}$$

需要说明的是，这里的蠕变计算式没有采用上节通过试件低频蠕变试验结果研究所得到的关系式。因为，除非进行专门研究，很难得到材料的低频蠕变试验曲线，且上节的低频蠕变关系式复杂，很难对实际复杂问题进行进一步的研究。这里采用静态蠕变公式，并利用“肯尼迪理论”将其用于变载荷下的蠕变。这样处理对受热件应力集中处，卸载后反向应力很大的低频蠕变是合理的。

对于高速往复式内燃机，高频温度波动幅度是较小的（一般小于 30 ℃），但由于其频率高、渗透厚度很小，可在受热件最危险的受热表面上产生一个较大的温度梯度，从而引起一个不容忽视的附加高频循环热应力。它对受热件寿命的影响可采用等效损伤累积原则。

首先，考察高频温度波动对蠕变损伤的影响。如图 5－41 所示为由高频温度波动引起的受热件表面高频应力波动与蠕变损伤率间的关系示意图。并有：

$$\sigma = \sigma_m + \sigma_a f(t) = \sigma_m(1 + Af(t)),\ A = \sigma_a/\sigma_m \tag{5-32}$$

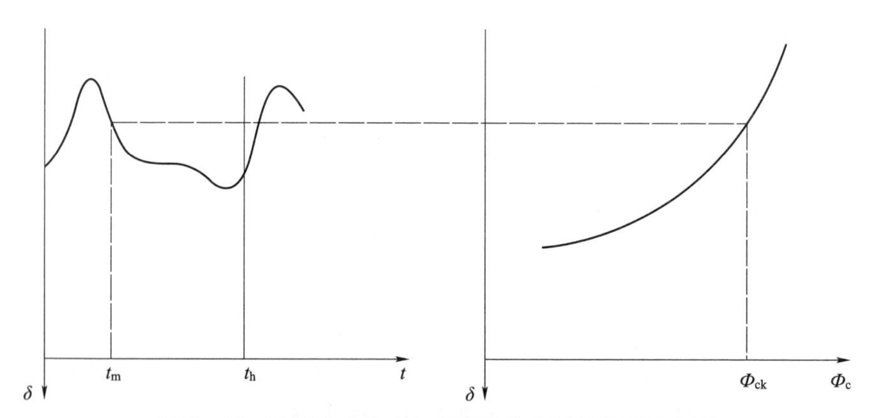

图 5－41　高频应力波动与蠕变损伤率间的关系示意图

式中，$f(t)$为高频应力波动幅度变化函数；A为应力比。

将式（5-30）代入式（5-27），并在循环周期t_h内对蠕变损伤进行积分平均，可得在高频温度波动影响下的实际蠕变损伤：

$$\Phi'_{ck}(N_{fk}) = N_{fk}/\varepsilon_{c0}\left\{\beta_0(\sigma_m/\sigma_s)^m(kt)^n\left[1/t_h\int_0^{t_h}|(1+Af(t))|^m dt\right]\right\}+$$

$$\left\{K_0(\sigma_m/\sigma_s)^{m'}kt\left[1/t_h\int_0^{t_h}|(1+Af(t))|^{m'}dt\right]\right\} = N_{fk}\Psi'_{ck} \quad (5-33)$$

其次，考察高频温度波动对低循环疲劳的影响。如果我们能将高频疲劳独立出来，对4冲程内燃机$n=2\ 200$ r/min，当工作200 h后，循环次数已达10^7以上，而一般内燃机的寿命都要大于这一时间，那么按高频疲劳的定义，高频温度波动及所引起的应力对受热件寿命的影响很小。但试验却说明，高频温度波动对热疲劳具有较大的影响。我们认为这主要是由于高频温度及应力波动对低频热疲劳产生的影响引起的。对内燃机受热件，经过几十次低频热循环后，循环应力应变曲线将保持稳定，且如上所述，卸载后，在原高温高应力高蠕变处，将出现很大的反向应力，最终会达到反向屈服。可以近似保守地认为应力循环是对称循环。那么对循环应力幅值σ_{af}有：

$$\sigma_{af} = \sigma_{afl} + \sigma_{afh} \quad (5-34)$$

σ_{afl}表示低循环应力幅值；σ_{afh}表示循环平均高循环应力幅值。对称循环有：

$$\sigma_{afl} = \sigma_m,\ \sigma_{afh} = \sigma_a f(t) \quad (5-35)$$

因此：

$$\sigma_{af} = \sigma_m + \sigma_a f(t) = \sigma_m[1 + Af(t)],\ A = \sigma_a/\sigma_m \quad (5-36)$$

低循环热疲劳损伤可表示为：

$$\Phi_f = A_f\sigma_{af}^{\alpha_f}N_{fk} \quad (5-37)$$

将式（5-37）代入式（5-36），并在循环周期t_h内对损伤进行积分平均，得高频温度波动对低循环疲劳寿命的影响系数：

$$C'_f = 1/t_h\int_0^{t_f}(|1+Af(t)|)^{\alpha_f}dt \quad (5-38)$$

由于高频温度波动只在高温边产生影响，因此实际影响系数为：

$$C_f = (1 + C'_f)/2 \quad (5-39)$$

由此可得内燃机的实际寿命N'_{fk}为：

$$C_f N'_{fk}/N_f + \Phi'_{ck}(N'_{fk}) = 1 \quad (5-40)$$

同上可得：

$$N'_{fk} = \frac{1}{C_f[1-\Phi_c(N_{tf})] + N_{tf}\Psi'_{ck}}N_{tf} = BN_{tf} \quad (5-41)$$

其中修正系数

$$B=1/\{C_f[1-\Phi_c(N_{tf})]+N_{tf}\Psi'_{ck}\} \tag{5-42}$$

2. 考虑内燃机载荷谱下寿命的确定

上述试验和计算是基于内燃机每一低频循环的工作段总是某一固定工况的情况，但实际上，多数非电站用内燃机大部分时间是在部分负荷下工作的。如果对某种内燃机在特定使用条件下，通过使用统计，可获得针对功率 W 和转速 n 的时间载荷概率密度：

$$F(W,n),\ W_{min}\leqslant W\leqslant W_{max},\ n_{min}\leqslant n\leqslant n_{max} \tag{5-43}$$

式中，W_{min}、W_{max}、n_{min}、n_{max}分别为功率和转速的使用极限。

如果内燃机在实际载荷谱下的时间寿命是 t，假设内燃机在每一低频循环中总是工作在载荷（W，n）下的时间寿命为$t_0(W,n)$，那么有：

$$\int_{W_{min}}^{W_{max}}\int_{n_{min}}^{n_{max}}\frac{t}{t_0(W,n)}F(W,n)\mathrm{d}n\mathrm{d}W=1 \tag{5-44}$$

即时间寿命：

$$t=1\Big/\int_{W_{min}}^{W_{max}}\int_{n_{min}}^{n_{max}}\frac{F(W,n)}{t_0(W,n)}\mathrm{d}n\mathrm{d}W \tag{5-45}$$

但很显然，确定所有载荷下的$t_0(W,n)$是不可能的。可以采用近似的方法将载荷区域离散成若干个（L）有代表性的局部区域：

$$\{(W_i\leqslant W<W_{i+1}),\ (n_i\leqslant n<n_{i+1})\},\ i\in(1,L) \tag{5-46}$$

当损伤与功率及转速呈单调函数时，可在每个凸域 i 内找到一点（W_m，n_m）$_i$，使这一点的损伤 $t_0(W_m,n_m)_i$ 等于此区域损伤的平均值，则式(5-46)可变换为：

$$t=\frac{1}{\sum_{i=1}^{L}\int_{W_i}^{W_{i+1}}\int_{n_i}^{n_{i+1}}\frac{F(W,n)}{t_0(W_m,n_m)_i}\mathrm{d}n\mathrm{d}W}=\frac{1}{\sum_{i=1}^{L}\frac{F'_i}{t_0(W_m,n_m)_i}} \tag{5-47}$$

式中，$F'_i=\int_{W_i}^{W_{i+1}}\int_{n_i}^{n_{i+1}}F(W,n)\mathrm{d}n\mathrm{d}W$ 为内燃机在区域 i 工况的时间百分率。

点$(W_m,n_m)_i$可由损伤积分平均的计算来确定。由于损伤与应力的高次幂成比例，这一点为靠近区域 i 上限的一点。$t_0(W_m,n_m)_i$可通过台架、实机或计算获得。如果通过台架试验及修正获得此工况下的实际寿命N'_{fki}，其平均低循环时间周期为t_i，则：

$$t_0(W_m,n_m)_i=N'_{fki}t_i \tag{5-48}$$

代入式（5-45）可得时间寿命：

$$t = \frac{1}{\sum_{i=1}^{L} \frac{F'_i}{N'_{fki} t_i}} \tag{5-49}$$

3. 实例计算说明

如图 5－42（a）所示为应用于大功率拖拉机柴油机（N_e＝213 kW，i＝4，n＝2 200 r/min）活塞上的 ω 型燃烧室，它的燃烧室边缘温度高，应力大，加上拖拉机使用情况比较恶劣，常在此处引起疲劳裂纹。为了研究它的热疲劳寿命，在内燃机受热件加速热疲劳试验台上进行了 ω 型燃烧室铸铁活塞热疲劳寿命的试验。试验过程为：怠速工况加载到额定工况（约 2 min）—保温 4 min—再卸载到额定工况（约 2 min）。采用出现 0.5～1 mm 的裂纹作为寿命极限状态。通过 1 665±15 次循环，在燃烧室边缘出现了 0.8～1 mm 的裂纹，裂纹出现在垂直活塞销的方向上，额定工况燃烧室边缘的温度为 437 ℃。当我们认为松弛与蠕变为同一机理时，可以根据在同一温度下燃烧室边缘蠕变的变化，推导出应力随时间的变化情况，如图 5－42（b）所示。在 450 ℃、压缩条件下，铸铁材料蠕变，相应条件下的疲劳及其他计算参数如表 5－4 所示。由表 5－4 可知，只有当时间相对很长时，第Ⅱ阶段蠕变才起作用。并且认为由高频温度波动引起的高频应力波动按正弦变化，那么式（5－33）和式（5－38）中的积分式分别变为：

$$1/t_h \int_0^{t_h} |(1 + Af(t))|^{m'} dt = 1/(2\pi) \int_0^{2\pi} |(1 + A\sin(\omega t))|^{m'} d\omega t \tag{5-50}$$

$$1/t_h \int_0^{t_f} (|1 + Af(t)|)^{\alpha_f} dt = 1/(2\pi) \int_0^{2\pi} (|1 + A\sin(\omega t)|)^{\alpha_f} d\omega t \tag{5-51}$$

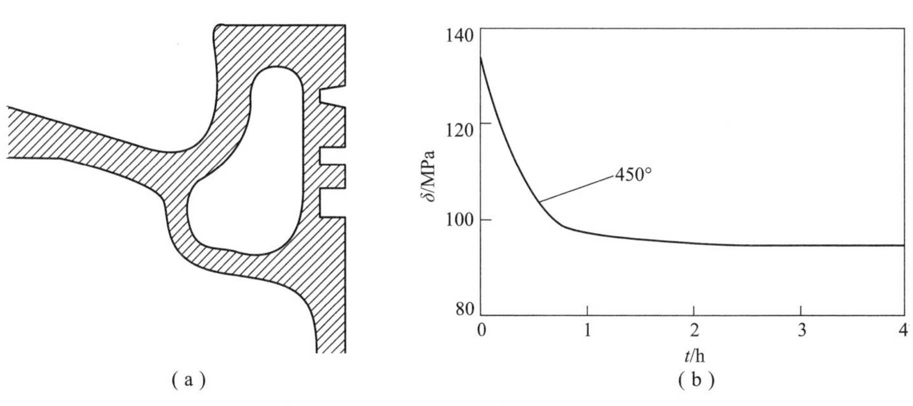

图 5－42　柴油机活塞的 ω 型燃烧室形状及边缘应力变化

（a）ω 型燃烧室形状；（b）ω 型燃烧室边缘应力变化

表 5 -4　在相应条件下，铸铁材料蠕变、疲劳及其他计算参数

参数	β_0/σ_s^m	m	n	$k_0/\sigma_s^{m'}$	m'
数值	8.1×10^{-34}	3.4	0.33	2.8×10^{-59}	6.0
参数	ε_{c0}	a_f	σ_a	A	k
数值	0.13	16	12.5	0.131	10

要精确地考虑内燃机载荷谱的影响，必须进行大量的跟踪统计、试验、计算。这里只举一个二工况的例子，用以说明载荷谱的影响程度。对上述拖拉机柴油机一年内工作载荷谱的统计，为进行寿命估算，可保守地认为柴油机75%的工作时间其载荷为75%，25%的工作时间为额定工况（100%载荷）。而在75%的载荷下，通过计算得知：在相同的低循环次数及每一循环时间（$t_i=c$）条件下，其损伤是额定工况的0.11，即其寿命为额定工况的9倍。将此代入式（5 -48）得寿命 N：

$$N=\frac{t}{t_i}=3N_0=0.75\frac{N_0}{25\%} \tag{5-52}$$

式中，N_0为全部工作在额定工况下的寿命（即如上 N'_{fk}）。

由上面结果可知：这里如果不考虑占75%的部分负荷，误差只有25%。

以上计算过程中涉及的部分参数已列于表5 -5。

表 5 -5　影响、修正系数及修正后热疲劳寿命的计算结果

参数	N_{tf}	$\Phi_c(N_{tf})$	$N_{tf}\Psi_{ck}$	B'	N_{fk}
结果	1 665	0.085	0.182	0.912	1 518
参数	$N_{tf}\Psi'_{ck}$	C_f	B	N'_{fk}	
结果	0.184	1.42	0.674	1 122	

5.3.2　燃烧室广义热疲劳循环过程仿真

1. 循环过程仿真分析

1）建立有限元网格模型

建立活塞三维实体模型，考虑到活塞的对称性，在不影响分析精度的前提下，建立1/4模型并导入有限元计算软件，如图5 -43所示。

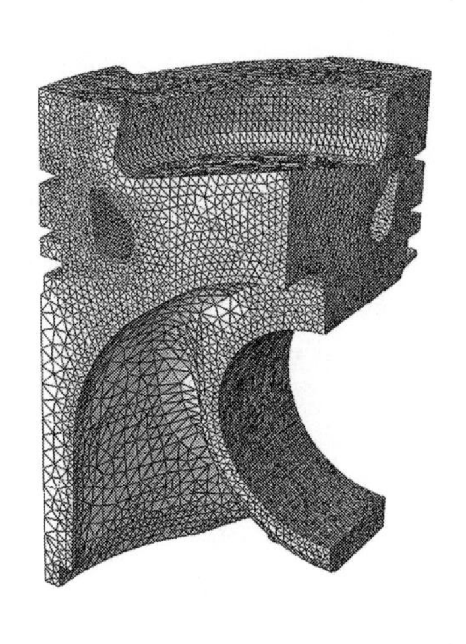
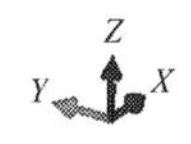

图 5－43　活塞网格模型

2）边界条件的确定

利用 WAVE 软件进行柴油机的一维性能仿真分析，得到燃烧室各瞬时的平均换热系数和燃气温度。活塞环区的热交换由热阻分析获得。活塞裙部的热交换由以下分析得到：活塞裙部的平均油膜厚度为 10～25 μm；活塞裙部热流路径为裙部—油膜—缸套—冷却液，可以通过相关公式计算得到裙部油膜阻力，进而得到活塞裙部的换热系数。此外，活塞的低循环疲劳是由于工况（负荷与转速）大幅度变化而引起的，如内燃机的启—停循环。按照梯形波形循环进行温度载荷的加载、保载和卸载，这种波形具有载荷保持时间，可以模拟室温启动—全负荷工作温度保持—停机稳定到室温的工作循环造成的损伤，进行蠕变疲劳交互作用的仿真分析，载荷变化过程如图 5－44 所示。

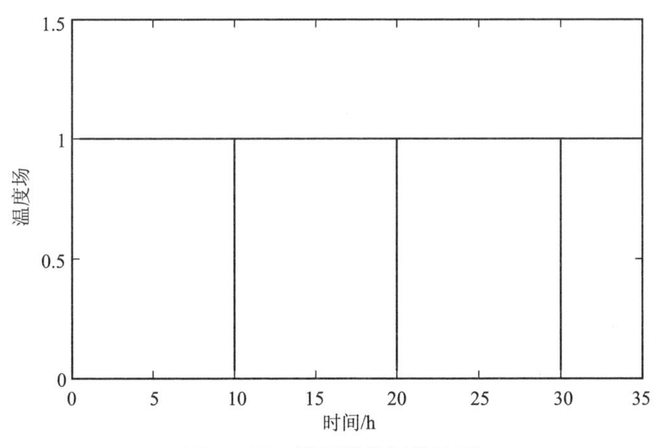

图 5－44　循环载荷幅值波形

3）循环材料本构关系

一个完整的多轴循环塑性模型需要考虑以下的变形特性：

·强化模型：描述材料的记忆特性和鲍辛格效应。

·棘轮效应或循环蠕变：存在平均应力的变形过程中，描述每个循环平均塑性的增加。

·应力松弛：描述存在平均应变的变形过程中，平均应力的松弛现象。

·非比例循环强化：描述非比例加载过程中，塑性区域内应力增大的现象。

完整的循环塑性本构方程由屈服函数、流动法则和硬化法则三部分组成。屈服函数是描述产生塑性流动的应力组合函数；流动法则是描述塑性变形过程中，应力和塑性应变间的关系；硬化法则是描述塑性变形导致屈服曲面的变化特性。

（1）屈服函数。

弹塑性分析过程中，首先要根据屈服准则，判断材料是否进入塑性状态。根据不同应力路径的试验结果，确定得到从弹性阶段进入塑性阶段的各个界限（即屈服应力点），在应力空间中这些屈服应力点形成一个区分弹、塑性的分解面，称为屈服曲面。大量试验数据表明，有两个屈服准则比较符合金属材料的特性：von Mises 屈服准则和 Tresca 屈服准则。

（2）流动法则。

流动法则用于描述应力和应变增量之间的关系，主要基于 Drucker 的正交性假设，即塑性变形过程中，塑性应变增量 $d\varepsilon_{ij}^{p}$与屈服曲面相垂直：

$$d\varepsilon_{ij}^{p} = \lambda_1 \frac{\partial F}{\partial \sigma_{ij}} \tag{5-53}$$

式中，λ_1是标量系数。

（3）硬化法则。

硬化法则是描述屈服曲面随着塑性应变变化的规律。塑性变形可以导致屈服曲面的形状（屈服曲面变形）、大小（屈服半径）以及中心位置的变化。硬化法则主要分为三类：等向强化、随动强化和二者的混合强化。一般情况下，硬化法则表示为：

$$F = f(\sigma_{ij} - \alpha_{ij}) + y(\varepsilon_p) = 0 \tag{5-54}$$

式中，α_{ij}为背应力，定义屈服曲面的运动中心；$y(\varepsilon_p)$ 是和屈服曲面相关的塑性应变函数；$f(\sigma_{ij} - \alpha_{ij})$ 表示 von Mises 屈服准则。当 $\alpha_{ij} = 0$ 时，表示等向强化；当 $y(\varepsilon_p)$ 等于 σ_s^2时，表示随动强化。

随动强化模型的屈服曲面保持形状和尺寸不变，并在应力空间中移动；

当某方向的屈服应力升高时，其相反方向的屈服应力降低。试验表明多数金属材料更趋近于随动强化规律。随动强化表示为：

$$d\alpha = g(\sigma,\ \varepsilon_p,\ \alpha,\ d\varepsilon_p,\ d\sigma,\ \cdots) \tag{5-55}$$

4）稳态蠕变模型

蠕变是指材料在高温（高于0.3～0.6 T_m，T_m为材料熔点）和恒定的外力作用下，产生的与时间相关的非弹性变形。通常可用恒应力和恒应变率试验得到的应力、应变曲线表示。

一般认为，典型的蠕变曲线可以分为三个阶段，如图5－45所示。

· 过渡蠕变阶段的蠕变速率随着塑性应变或时间不断降低，材料发生硬化。

· 稳态蠕变阶段的蠕变速率达到最小值并且保持不变，蠕变曲线近似直线。

· 加速蠕变阶段的蠕变速率迅速上升，蠕变变形快速增加直至蠕变破坏。

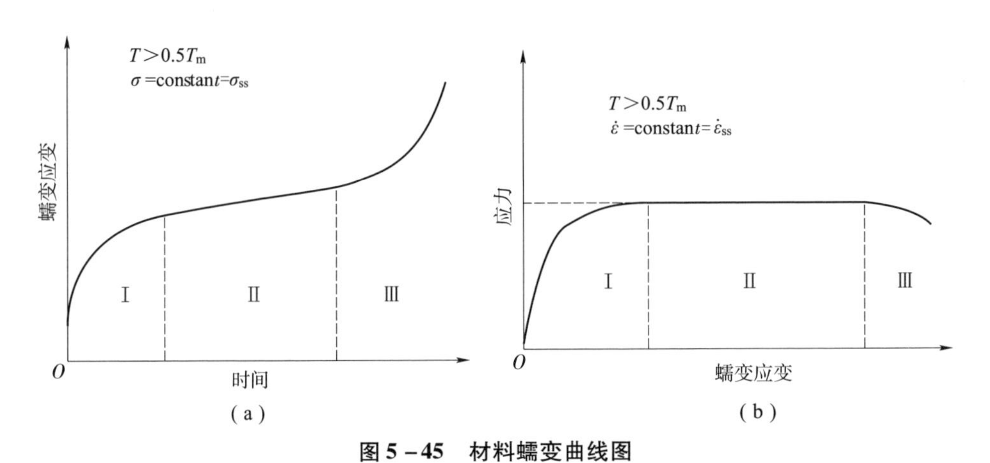

图5－45　材料蠕变曲线图

（a）应力恒定的材料蠕变曲线；（b）应变率恒定的材料蠕变曲线

蠕变的物理机理主要有位错控制的蠕变和扩散控制的蠕变。低应力状态下，位错运动进行缓慢或停止，但是，金属原子可以通过扩散运动而产生蠕变，蠕变主要是扩散控制的；高应力状态下，发生位错控制的蠕变，蠕变和应力有明显的非线性关系。

（1）稳态蠕变速率与应力的关系。

材料的蠕变性能常用稳态蠕变速率$\dot{\varepsilon}_c$表示，$\dot{\varepsilon}_c$和材料特性、应力σ、温度T相关。针对稳态蠕变速率和应力的关系，已经进行了大量的试验，绝大多数结果表明，$\lg\dot{\varepsilon}_c$和$\lg\sigma$表现为线性关系。因此，稳态蠕变速率$\dot{\varepsilon}_c$和应力σ的关系为：

$$\dot{\varepsilon}_c = A_1\sigma^n \tag{5-56}$$

式中，A_1为与材料特性和温度相关的常数；n 为稳态蠕变速率的应力指数。公式中稳态蠕变速率是应力的幂指数。

（2）稳态蠕变速率与温度的关系。

应力状态保持不变时，稳态蠕变速率的对数 lg $\dot{\varepsilon}_c$和绝对温度的倒数 $1/T$ 之间呈线性关系，$\dot{\varepsilon}_c$与 T 的关系可以写为 Arrhenius 方程：

$$\dot{\varepsilon}_c = A_2\exp\left(-\frac{Q_c}{RT}\right) \tag{5-57}$$

式中，A_2为与材料特性和应力相关的常数；T 为绝对温度，R 为气体常数，等于 8.314 $mol^{-1}\cdot K^{-1}$；Q_c为蠕变激活能。大量试验数据表明，在幂律蠕变范围内金属的蠕变激活能 Q_c和其自扩散激活能 Q_{sd}相等。

（3）幂律蠕变本构方程。

综合上面两式，得到幂律蠕变的稳态蠕变速率和应力、温度的关系，即 Bailey - Norton 蠕变本构方程：

$$\dot{\varepsilon}_c = A_3\sigma^n\exp\left(-\frac{Q_c}{RT}\right) \tag{5-58}$$

式中，A_3为与材料相关的常数。为了更好地描述试验结果，经常使用无量纲的应力 σ/σ_b表示蠕变方程：

$$\dot{\varepsilon}_c = A_4\left(\frac{\sigma}{\sigma_b}\right)^n\exp\left(-\frac{Q_c}{RT}\right) \tag{5-59}$$

式中，A_4为与材料相关的常数。进行不同晶体结构金属的蠕变试验数据拟合，其结果表明，一定温度和应力范围内，纯金属的蠕变属于幂律蠕变，稳态蠕变速率的应力指数 n 的典型值为 5（纯金属蠕变的应力指数值为 4 ~ 7，其典型值为 5）。

（4）铝合金过渡蠕变。

由于柴油机每一循环工作时间短，蠕变尚处于过渡蠕变阶段，对铝合金活塞喉口部位，由于温度高（远远高于蠕变温度），其过渡蠕变规律可由下式表示：

$$\varepsilon_c = A_5\left(\frac{\sigma}{\sigma_b}\right)^n\exp\left(-\frac{Q_c}{RT}\right)\times t^m \tag{5-60}$$

由于活塞工作时的燃烧室喉口处于压应力状态，根据试验数据可以确定在压应力状况下的模型参数。

$$\varepsilon_c = 2.189\times10^{16}\left(\frac{\sigma}{\sigma_b}\right)^{5.68}\exp\left(-\frac{23\ 157}{T}\right)\cdot t^{\frac{1}{3}} \tag{5-61}$$

按照图 5 - 46，进行曲线拟合公式，可得到各温度下的蠕变方程。

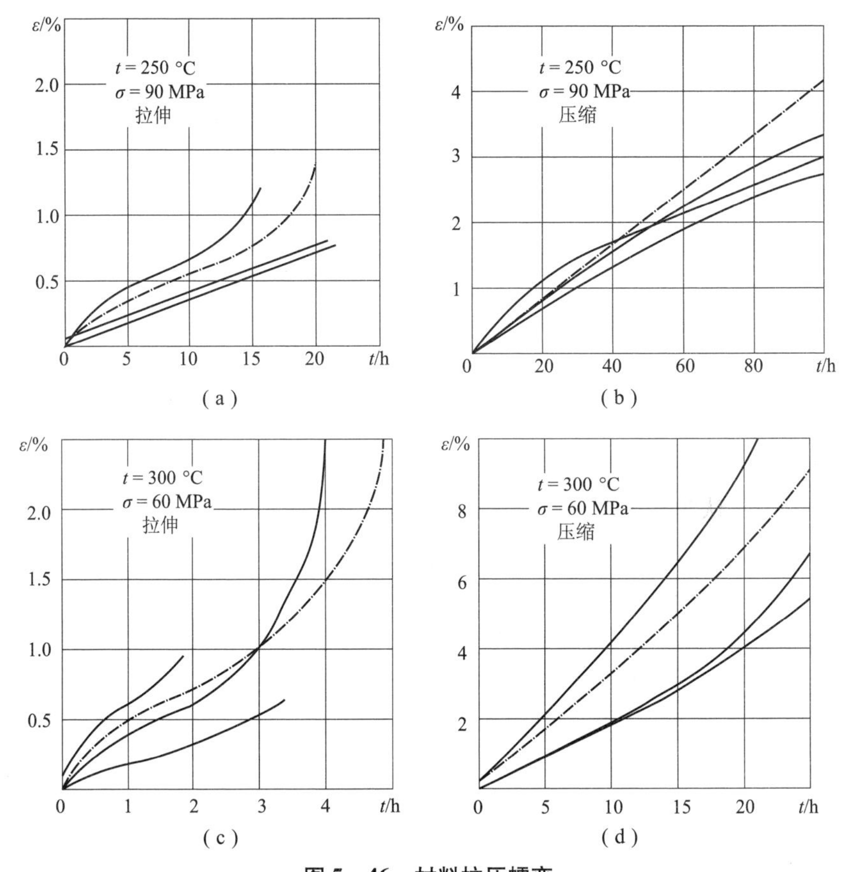

图 5－46　材料拉压蠕变

（a）250 ℃拉伸蠕变；（b）250 ℃压缩蠕变；

（c）300 ℃拉伸蠕变；（d）300 ℃压缩蠕变

5）活塞寿命评估的预测模型选用

危险点判定准则介绍如下：

由物体能量守恒可知：

$$E_K + E_U = E_{WF} \tag{5-62}$$

式中，E_K为物体动能；E_U为物体内能；E_{WF}为外力所做的功。E_U可以分解为由黏性引起的耗散功E_I和物体吸收的耗散能（仍用E_U表示），E_{WF}可以分解为面分布载荷所做的功E_W、无限单元辐射功E_{QB}和接触摩擦所做的功E_F。

活塞疲劳分析计算中

$$E_K = 0 \tag{5-63}$$

因此

$$E_U = E_{WF} \tag{5-64}$$

同时

$$E_{\mathrm{U}} = \int_0^{\tau} \left(\int_v \boldsymbol{\sigma}^c : \dot{\boldsymbol{\varepsilon}} \mathrm{d}V \right) \mathrm{d}t \tag{5-65}$$

式中，$\boldsymbol{\sigma}^c$取决于材料的本构方程；

$$\dot{\boldsymbol{\varepsilon}} = \dot{\boldsymbol{\varepsilon}}^{\mathrm{el}} + \dot{\boldsymbol{\varepsilon}}^{\mathrm{pl}} + \dot{\boldsymbol{\varepsilon}}^{\mathrm{cr}} \tag{5-66}$$

式中，$\dot{\boldsymbol{\varepsilon}}^{\mathrm{el}}$为弹性应变率，$\dot{\boldsymbol{\varepsilon}}^{\mathrm{pl}}$为塑性应变率，$\dot{\boldsymbol{\varepsilon}}^{\mathrm{cr}}$为蠕变应变率；

$$E_{\mathrm{U}} = E_{\mathrm{el}} + E_{\mathrm{pl}} + E_{\mathrm{cr}} \tag{5-67}$$

式中，E_{el}、E_{pl}和E_{cr}分别为弹性耗散能、塑性耗散能和蠕变耗散能。

Morrow 提出非弹性耗散能的累积是产生材料不可逆损伤进而导致疲劳破坏的主要原因。相同的材料，累积的非弹性耗散能越多，造成的疲劳损伤越大，发生疲劳破坏的可能性越高。因此，选择耗散能作为活塞疲劳危险区域的判定参量，认为耗散能大的区域其疲劳寿命较短，是影响活塞可靠性的危险区域。

6）疲劳失效形式分析

通过构件疲劳的仿真研究，得到危险区域的应力、应变时间响应曲线，根据曲线变化规律，确定疲劳破坏的形式。图 5－47 表示载荷产生的不同疲劳失效形式。当循环载荷小于屈服应力时，构件为纯弹性响应，经过若干个循环发生的疲劳破坏属于高循环疲劳。当载荷超过构件的承载能力时，产生较大的塑性变形，并在一次加载过程中发生破坏。

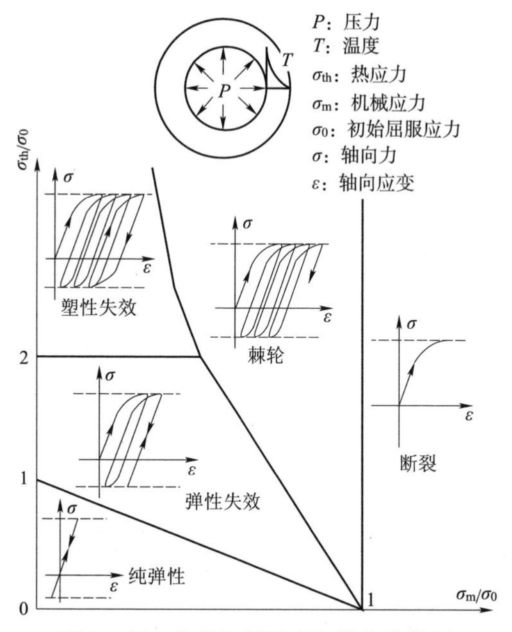

图 5－47　各种失效形式和载荷的关系

当循环载荷位于屈服应力和承载应力之间时，将发生三种弹塑性响应：弹性破坏、塑性破坏以及棘轮效应。弹性破坏过程，构件在循环初期发生塑性变形，导致残余应力增加，循环塑性变形逐渐减小为零，此后的循环直至疲劳破坏过程只产生弹性变形。塑性破坏过程是指循环过程存在反向塑性或交互作用的塑性变形，循环的塑性增量为零，形成封闭的稳定迟滞回线，这种形式的失效属于低循环疲劳。若每个循环塑性增量不为零，应变随着循环次数而逐渐累积增加直至疲劳破坏，这种响应称为棘轮效应。

2. 热疲劳循环过程应力应变计算结果

按照梯形波形进行活塞温度场循环计算，考虑材料非线性，考虑蠕变和随动强化模型，计算得到活塞温度场、等效应力场，如图 5 – 48 和图 5 – 49 所示。

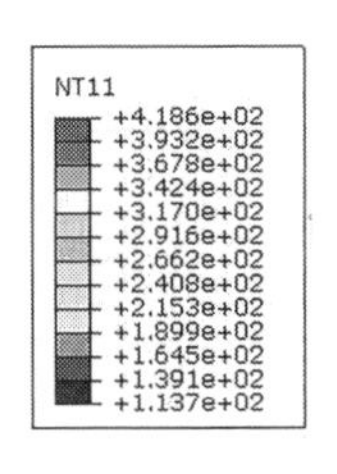

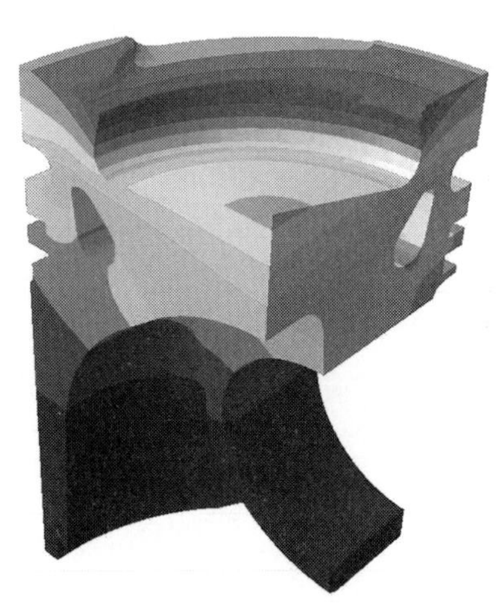

图 5 – 48　保载阶段温度分布

图 5 – 48 为活塞在保载阶段的温度场分布云图。可以看出，最高温度位于活塞燃烧室喉口位置，最高温度高达 418 ℃；燃烧室中心温度为 355 ℃。活塞用铝合金材料具有明显的材温特性，随着温度的升高，铝合金材料的热相关参数（热膨胀系数、热导率）有所增加，而强度相关参数（弹性模量、屈服应力）则迅速降低，当活塞温度高于 350 ℃时，铝合金的材料强度下降约 50%。高温环境中材料的强度下降，导致活塞的实际承载能力降低，在燃气爆发压力循环冲击作用下，活塞头部和销孔等典型的危险区域将产生较大的非弹性变形损伤，发生疲劳破坏的概率增加。

图 5 – 49 为温度载荷卸载之后的等效应力分布云图。由于收口式燃烧室喉口的过渡圆角较小，温度循环作用导致活塞头部发生循环膨胀和收缩变形，使得活塞头部局部区域产生较大的热应力。活塞顶部热负荷高的区域内添加陶瓷纤维，有限元模型中铝基添加氧化铝纤维复合材料与铝合金基体间有明显的边界，但在实际活塞中采用压力铸造将液态铝注入氧化铝纤维块，二者之间无明显的材料边界，因此不同于计算结果云图，实际活塞中二者的结合面处无明显的应力集中现象。

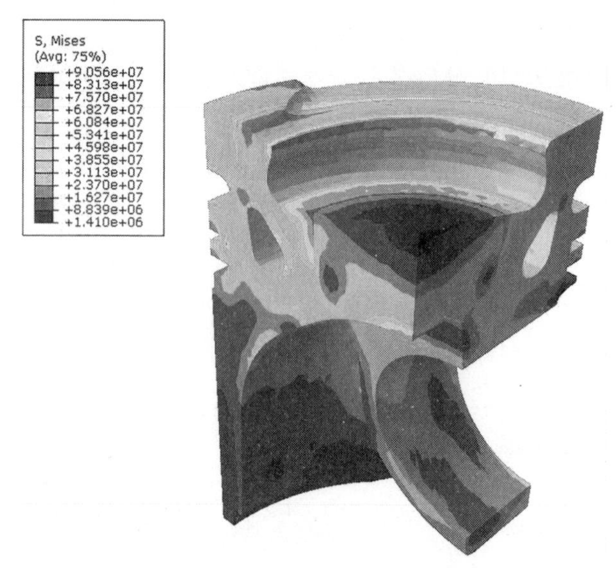

图 5－49　卸载后 Mises 等效应力云图

图 5－50 表示第 10 个循环周期内，活塞燃烧室喉口单元的应力－应变响应。温度升高导致活塞头部变形，使得此单元受压应力作用，温度降低时此单元受拉应力作用，循环结束后产生较大的残余应力。

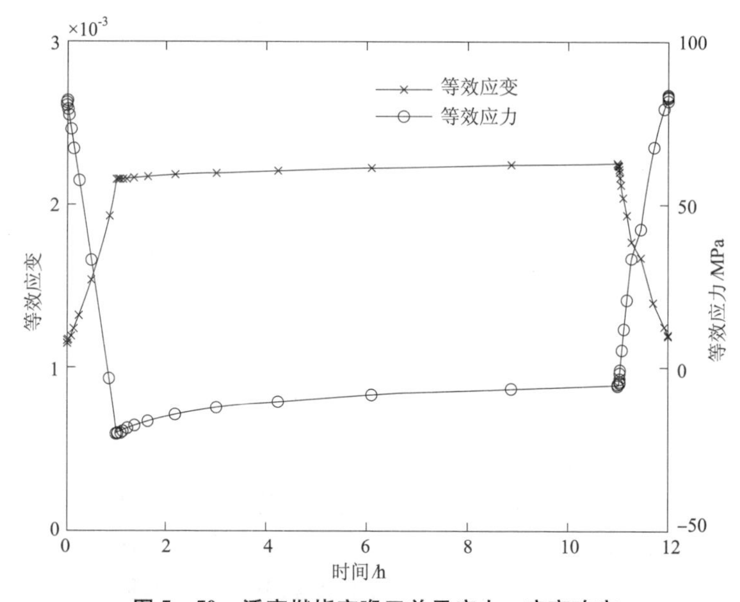

图 5－50　活塞燃烧室喉口单元应力－应变响应

图 5－51 表示 10 个循环后，活塞头部的非弹性耗散能密度的分布。循环计算考虑蠕变损伤，耗散能是蠕变耗散能和塑性耗散能之和。由于载荷保持

过程中活塞头部产生时间相关的蠕变变形量较大，使得耗散能最大区域位于图 5－51 所示的活塞燃烧室喉口以及活塞燃烧室背侧。因此，判定此区域为活塞的危险区域。

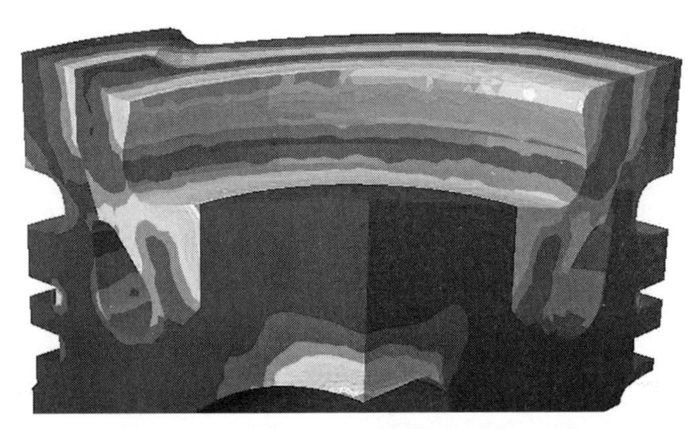

图 5－51　活塞头部非弹性耗散能密度分布

图 5－52 表示喉口最大耗散能单元的循环应力－应变曲线。仿真计算中未考虑每循环蠕变变形的累积对卸载过程屈服面位置的影响，实际循环过程中随着蠕变变形的增加，反向屈服面下降，最终当反向屈服应力降至与工作应力幅值相同时，循环应力－应变曲线形成稳定的滞后环。

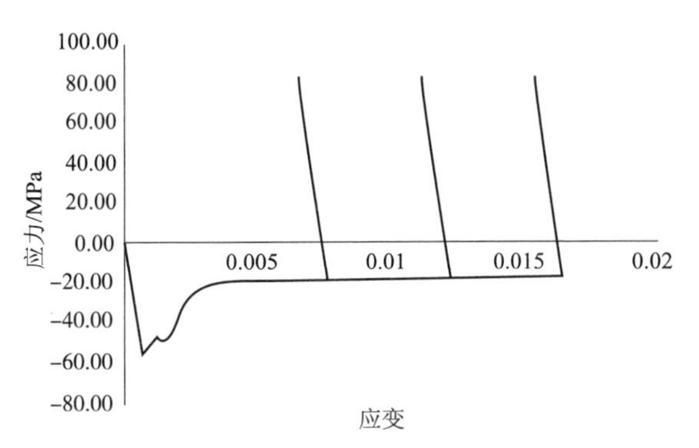

图5－52　喉口最大耗散能单元的循环应力－应变曲线

图 5－53 表示活塞燃烧室背侧单元的循环应力－应变曲线，活塞燃烧室背侧单元在加载过程承受压应力作用，载荷保持过程产生压缩蠕变，应变值随保载时间增加而增加，卸载过程中活塞燃烧室背侧单元应力逐渐减小并反向变成拉应力，产生反向屈服；经过若干个载荷循环作用后，每循环塑性增量为零，即应力－塑性曲线形成稳定封闭的迟滞回线。随着循环塑性的稳定，每循环卸载过程屈服应力不变，相应的保载过程温度相等，每循环保载过程

产生的蠕变量逐渐稳定不变。因此活塞燃烧室背侧的应力－应变曲线的变化规律是：循环塑性增量逐渐减小为零，应力－应变曲线逐渐形成稳定封闭的迟滞回线；保载阶段每循环蠕变量保持不变。

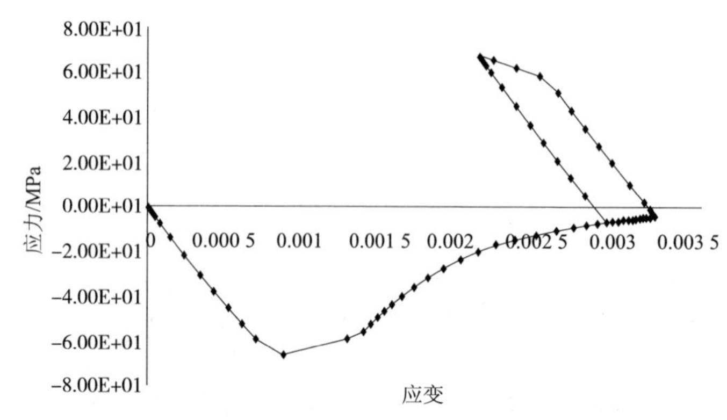

图 5－53　活塞燃烧室背侧单元的循环应力－应变曲线

5.3.3　蠕变等因素下的应力－应变滞后回线

在柴油机的启动—工作—停机的低频循环载荷作用下，活塞会发生低循环疲劳。由于活塞所用铝合金材料的蠕变温度很低，长期工作会产生蠕变损伤。这两种损伤机理不同，但是共同作用导致活塞发生低循环疲劳破坏，这是活塞高温疲劳破坏的主要失效形式。

1. 活塞热－机载荷循环应力应变计算

由于蠕变与时间相关，因此研究中的温度载荷采用梯形波加载方式，考虑载荷保持时间，来模拟低循环疲劳与蠕变耦合作用下的循环应力应变状态。当循环载荷小于屈服应力时，构件为纯弹性响应，经过若干个循环发生的疲劳破坏属于高循环疲劳。当载荷超过构件的承载能力时，产生较大的塑性变形，并在一次加载过程中发生破坏。

按图 5－54 中的梯形波加载方式加载温度载荷，进行活塞的热－机耦合循环应力应变计算，梯形波加载方式中考虑了载荷保持时间，因此计算中考虑了与时间相关的蠕变损伤的因素。

图 5－55 的活塞等效应力分布类似于循环机械载荷加载阶段所产生的活塞应力分布，最大耦合应力位于活塞销孔内侧区域；由于温度载荷的循环作用，活塞销孔沿活塞轴向具有一个向上的弯曲变形残余量，这个微小变形在一定程度上降低了活塞销座内侧和活塞销的接触应力，使得销孔棱缘耦合应力小于纯机械载荷作用下产生的机械应力。

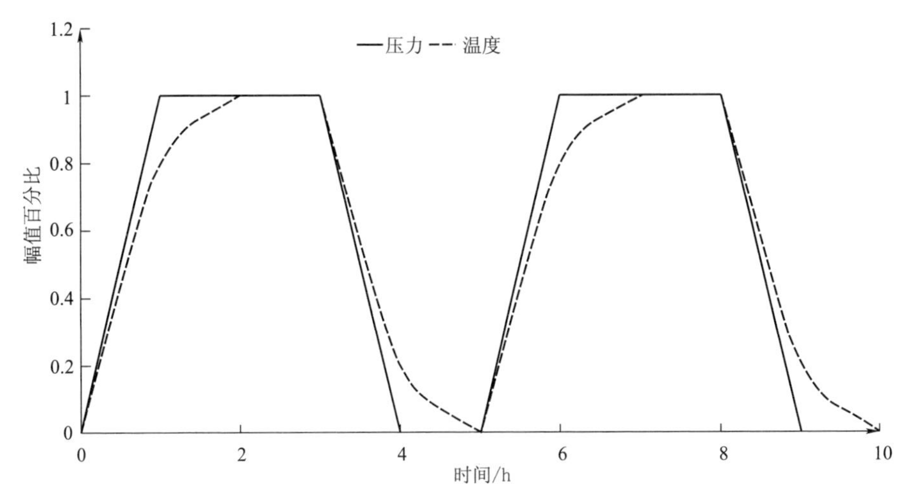

图 5 - 54　温度载荷的加载波形

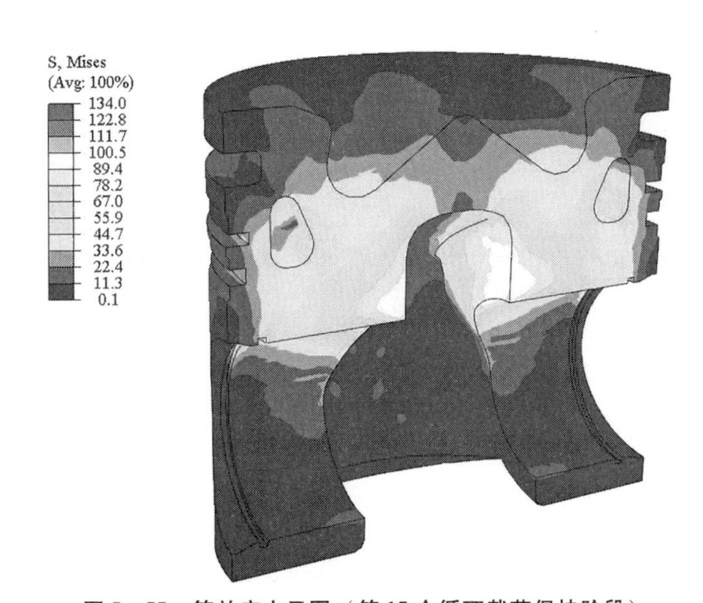

图 5 - 55　等效应力云图（第 15 个循环载荷保持阶段）

图 5 - 56 表示温度和机械载荷卸载之后的活塞等效应力分布。除了活塞销孔内侧的应力集中区域，活塞头部平行销轴的燃烧室喉口区域，耦合应力数值也较大。温度载荷的循环作用导致活塞头部发生循环地膨胀和收缩变形，由于活塞侧压力以及活塞内部温度梯度产生的变形约束，使得活塞头部局部区域产生较大的热应力；同时，收口式燃烧室喉口的过渡圆角较小，使得热应力集中区域一般位于平行于销轴方向的燃烧室喉口区域。

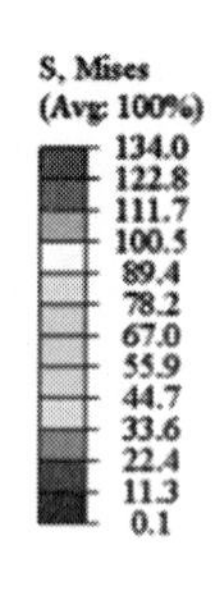

图 5－56　等效应力云图（第 15 个循环载荷卸载）

图 5－57 表示第 15 个循环周期内，活塞燃烧室喉口单元和销孔棱缘单元的应力响应。相比于机械载荷的变化，温度载荷的变化具有一定的延迟时间。经分析活塞销孔棱缘单元的循环应力响应可知，机械载荷加载过程中活塞销孔处产生压应力并随载荷线性增加，温度载荷加载过程中活塞温度升高而产生头部受热膨胀变形，带动销孔内侧发生向上的微小变形，使得棱缘应力逐渐下降，卸载过程棱缘耦合应力随机械载荷逐渐降低，而活塞温度的降低使得销孔变形回复，棱缘应力有所增加，产生较小的残余应力。经分析活塞燃烧室喉口单元的载荷循环过程可知，机械载荷的变化对于此处耦合应力影响

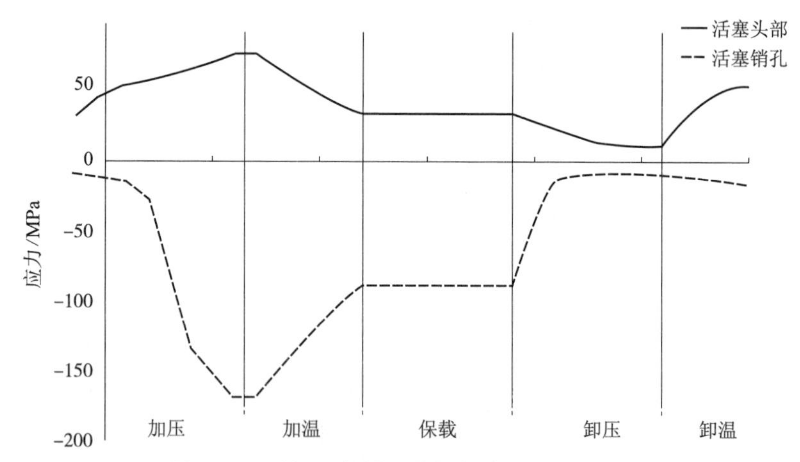

图 5－57　第 15 个循环周期内的应力变化曲线

不大，温度升高导致活塞头部变形，使得此单元受压应力作用，耦合应力逐渐降低，温度降低过程此单元受拉应力作用，循环结束后产生较大的残余应力。

图 5－58 表示热－机载荷循环作用下，最大耗散能单元的循环塑性－等效应力和蠕变－等效应力的变化曲线。对比两条曲线可知，蠕变应变远大于塑性应变，是活塞头部非弹性应变的主要成分，相对应的蠕变损伤是活塞头部疲劳损伤的主要因素。

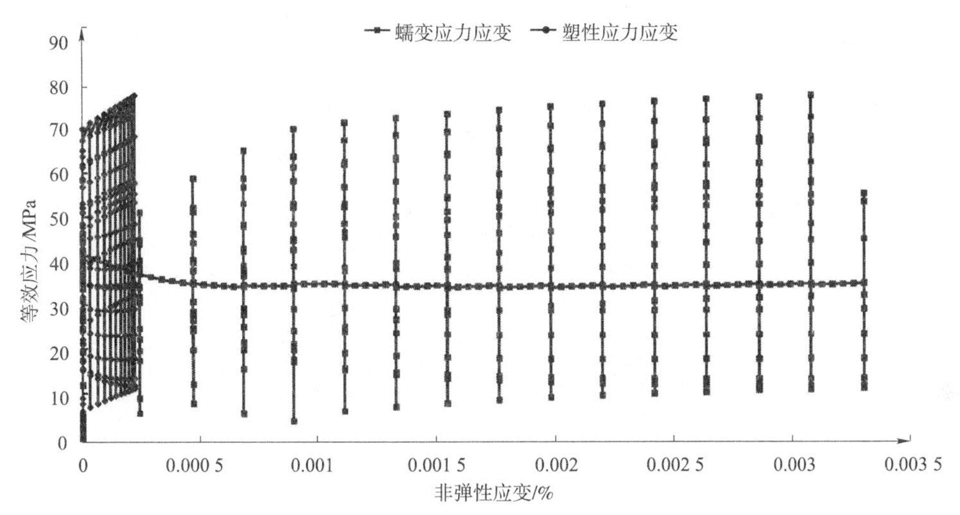

图 5－58　循环应力应变曲线

此外，每循环蠕变变形的累积导致此单元出现棘轮效应，图 5－59 表示非弹性应变的循环累积变化，其中，IE11、IE22、IE33 分别表示整体直角坐标系 X、Y、Z 方向的非弹性应变。Y 方向发生拉伸应变增量累积，15 个循环

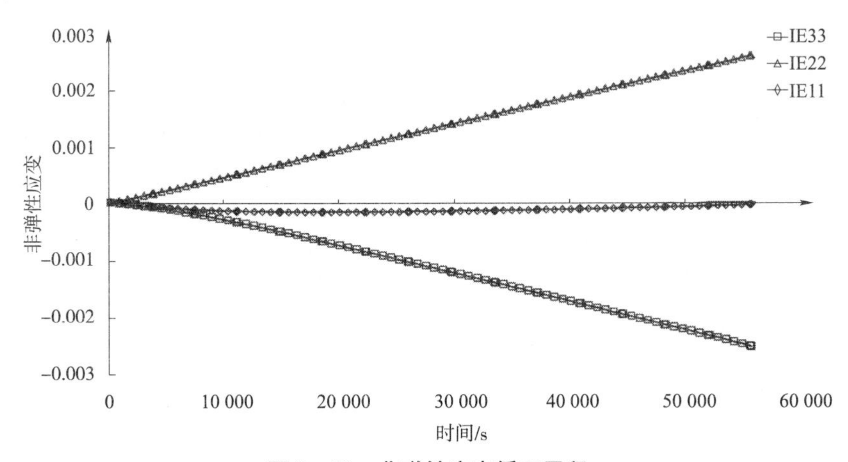

图 5－59　非弹性应变循环累积

的非弹性应变增量大约为0.26%；Z方向发生压缩应变增量累积，15个循环的非弹性应变增量大约为0.25%，X方向没有发生棘轮效应。

2. 寿命预测研究

图5-60表示15个热-机载荷循环作用后，活塞头部燃烧室表面的非弹性耗散能密度的分布。热-机载荷循环作用的仿真分析考虑蠕变损伤，因此图5-60所示的耗散能是蠕变耗散能和塑性耗散能之和。虽然，热-机载荷循环作用过程中，最大耦合应力位于活塞销孔内侧，但是，由于载荷保持过程中活塞头部产生与时间相关的蠕变变形量较大，使得耗散能最大区域位于图5-60所示的活塞燃烧室喉口下侧凹坑；因此，判定此区域为热-机载荷循环作用下活塞的危险区域。

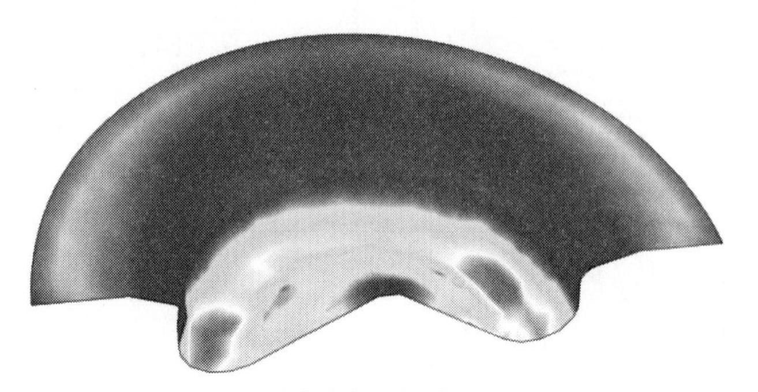

图5-60 活塞头部耗散能密度分布云图

图5-61表示该单元的非弹性耗散能密度与非弹性应变呈线性关系，随着循环非弹性应变的增加，耗散能逐渐累积，直至达到材料的破坏能量，导致活塞发生疲劳失效。根据能量参量确定的Basquin-Manson-Coffin公式，计算此单元的疲劳寿命，表5-6表示此单元的材料参数以及寿命预测数值。

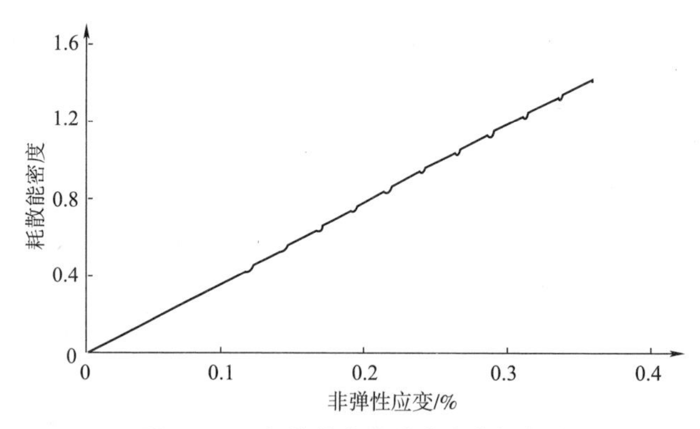

图5-61 耗散能密度随应变变化曲线

表 5－6　热－机载荷循环活塞燃烧室喉口单元疲劳寿命

温度/℃	弹性模量/MPa	抗拉强度/MPa	每循环耗散能	循环次数	寿命/h
350	15 000	50	1.3	627	646.5

某型柴油机活塞在 600 h 冷热冲击台架试验中，累积试验时间 660 h 后，发现燃烧室喉口正后端产生裂纹，并且裂纹位置和上述仿真分析所确定的危险区域重合，如图 5－62 所示。预测的疲劳寿命约为 646 h，与试验疲劳失效时间同一量级。因此，认为选择耗散能作为损伤参量，判定活塞疲劳失效的危险区域并进行寿命预测的方法适用于活塞低循环疲劳寿命的预测分析。

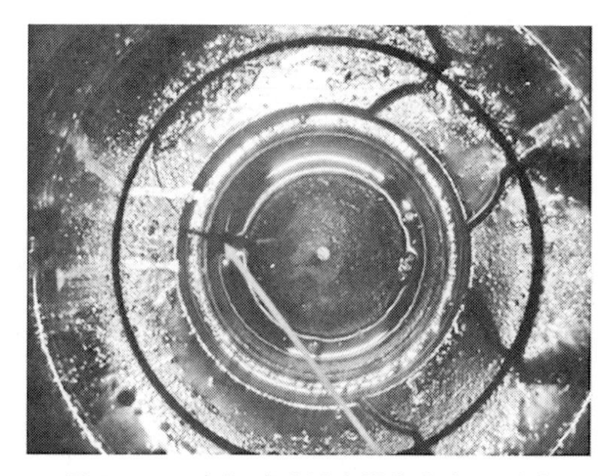

图 5－62　台架试验活塞燃烧室喉口裂纹

5.3.4　蠕变和热疲劳的耦合作用关系

蠕变疲劳寿命受到保持时间、应变幅、温度等工作条件以及材料特性的复杂影响，因此，很难提出一种统一的、适用于各种条件的寿命预测模型。目前，疲劳主要集中于单轴的疲劳研究，对于单轴状态下的蠕变疲劳的寿命，已经建立了比较成熟的寿命预测模型。

1. 累积损伤疲劳寿命预测方法

累积损伤方法是利用线性损伤求和模型，预测蠕变疲劳寿命的一种最简单的方法。其定义总损伤是疲劳损伤和与时间相关的蠕变损伤之和：

$$D_p + D_c = D_{in} \tag{5-68}$$

式中，D_p为疲劳过程的损伤；D_c为高温蠕变损伤。一次循环过程中，疲劳损伤等于纯疲劳循环次数 N_f'的倒数，即 $1/N_f'$，D_p为总循环疲劳损伤的累加数值，即 N/N_f'，其中，N 为循环总数；蠕变损伤 D_c为给定应力下保持时间与纯蠕变持久寿命的比值，即 t/t_R。复杂载荷的线性损伤累积公式为：

$$\sum_i \frac{N_i}{N_{fi}} + \sum_j \frac{t_j}{t_{Rj}} = D \tag{5-69}$$

式（5－68）中，D_{in}是材料常数，代表蠕变疲劳的极限损伤值：若 $D_{in}=1$，表示蠕变损伤和疲劳损伤相互独立。试验证明许多材料的 D_{in}不等于1。为此 Lagneborg 等提出了交互作用项，表示蠕变疲劳的交互作用：

$$\sum_i \frac{N_i}{N_{fi}} + \sum_i B\left(\frac{N_i}{N_{fi}} \times \frac{t_j}{t_{Rj}}\right) + \sum_j \frac{t_j}{t_{Rj}} \tag{5-70}$$

式中，B 为蠕变疲劳交互作用系数，反映交互作用的强弱。

2. 基于应变准则的多轴疲劳寿命预测方法

1） Basquin－Manson－Coffin 法

Coffin 提出非弹性应变范围 $\Delta\varepsilon_{in}$和疲劳循环次数之间的关系为：

$$N_f^m \Delta\varepsilon_{in} = A \tag{5-71}$$

式中，A、m 为常数。

Manson 和 Morrow 认为利用总应变幅值进行寿命预测更加合理，总应变幅 ε 和疲劳循环次数之间的关系为：

$$\varepsilon = \varepsilon_e + \varepsilon_{in} = \frac{\sigma_f'}{E}(2N_f)^b + \varepsilon_f'(2N_f)^c \tag{5-72}$$

式中，ε_e和 ε_{in}分别为弹性应变和非弹性应变；σ_f'为疲劳强度系数；b 为疲劳强度因子（Basquin 指数）；ε_f'为疲劳延性系数；c 为疲劳延性指数（Manson－Coffin 指数）；E 为弹性模量。式（5－72）称为 Basquin－Manson－Coffin 公式。

静态应力－应变曲线不适用于循环疲劳问题的研究，必须考虑循环的应力－应变曲线，其规律利用 Ramberg－Osgood 方程进行描述：

$$\varepsilon = \frac{\Delta\sigma}{2E} + \left(\frac{\Delta\sigma}{2K'}\right)^{1/n'} \tag{5-73}$$

式中，n'为循环硬化系数，一般为0.05～0.2；K'为循环强度系数。

$$\sigma_f' = K'(\varepsilon_f')^{n'} \tag{5-74}$$

$$n' = b/c \tag{5-75}$$

至今已有多种不同的参数拟合方法用于研究 b 和 c 的相互关系以及确定循环硬化系数 n'，表5－7表示典型的参数数值。其中，σ_u是抗拉强度，σ_f是破坏强度，ε_f是断裂时的真实应变；HB 是布氏硬度。

经统计大量的材料试验数据，得到利用平均参数方法和修正的 Manson 通用斜率法，预测的疲劳寿命与试验数据结果一致。针对铝合金材料，多选用平均参数方法确定的 Basquin－Manson－Coffin 方程，同时考虑平均应力和平均应变的影响，进行疲劳寿命预测分析。

表5-7　Basquin-Manson-Coffin方程参数表

Morrow	$b=\frac{-n'}{1+5n'}$，$c=\frac{-1}{1+5n'}$
Manson通用斜率算法	$\sigma'_f=1.9018\sigma_u$，$\varepsilon'_f=0.7579\left(\ln\frac{1}{1-\psi}\right)^{0.6}$ $b=-0.12$，$c=-0.6$
Manson四点法	$\sigma'_f=1.25\sigma_f\cdot 2^b$，$\sigma'_f\approx\sigma'_u(1+\varepsilon_f)$，$\varepsilon'_f=\frac{0.125}{20^c}\left(\ln\frac{1}{1-\psi}\right)^{3/4}$ $b=\frac{\lg(0.36(\sigma'_u/\sigma'_f))}{5.6}$，$c=\frac{1}{3}\lg\frac{0.0066-\sigma'_f(2\times10^4)^b/E}{0.239(\sigma'_f/\sigma'_{0.2})^{1/n'}}$
修正的通用斜率算法	$\sigma'_f=0.623E\left(\frac{\sigma_u}{E}\right)^{0.832}$，$\varepsilon'_f=0.0196\varepsilon_f^{0.155}\left(\frac{\sigma_u}{E}\right)^{-0.53}$ $b=-0.09$，$c=-0.56$
平均参数法 （用于铝合金）	$\sigma'_f=1.9\sigma_f$，$\varepsilon'_f=0.28$ $b=-0.11$，$c=-0.66$

利用Basquin-Manson-Coffin公式进行多轴疲劳寿命预测时，最普遍的方法是将多轴状态的应变进行等效处理，利用等效应变作为损伤控制参量，认为等效的多轴应变和单轴应变产生的损伤相同。其中最常用的方法是利用von Mises或Tresca屈服准则，进行多轴应力应变的等效处理。利用三个主应变表示的von Mises等效应变表示为：

$$\varepsilon_{eff}=\frac{\sqrt{2}}{3}[(\varepsilon_1-\varepsilon_2)^2+(\varepsilon_2+\varepsilon_3)^2+(\varepsilon_3-\varepsilon_1)^2]^{0.5} \quad (5-76)$$

2）临界面法

Brown认为疲劳裂纹的扩展由两个参量控制，一个是最大剪切应变，另一个是最大剪切应变平面上的法向应变。认为裂纹的第一阶段是沿着最大剪切平面产生的，第二阶段是沿着垂直于最大剪切应变的方向扩展的。从微观角度来看，疲劳裂纹的生长是裂纹尖端剪切带反复聚合的过程，裂纹面的法向应变加速了这种聚合。临界面法采用最大剪切平面作为临界损伤平面，选择该面上的最大剪切应变幅γ_{max}和法向应变幅ε_n作为多轴疲劳损伤参量，具有一定的物理意义。定义损伤参量和寿命之间的关系为：

$$\Delta\gamma_{max}/2+F(\Delta\varepsilon_n/2)=f(N_i) \quad (5-77)$$

式中，F 是非线性函数；给定裂纹萌生寿命 N_i时，$f(N_i)$ 是常数。

通过坐标旋转可以获得任意坐标系下的应力和应变张量，因此，构件自由表面（定义 $\phi=0°$）上任一点的应力应变张量为（见图 5-63）：

$$\boldsymbol{\sigma}_{ij}=\begin{bmatrix}\sigma_{11} & \sigma_{12} & \sigma_{13}\\ \sigma_{21} & \sigma_{22} & \sigma_{23}\\ \sigma_{31} & \sigma_{32} & \sigma_{33}\end{bmatrix}\quad \boldsymbol{\varepsilon}_{ij}=\begin{bmatrix}\varepsilon_{11} & \varepsilon_{12} & \varepsilon_{13}\\ \varepsilon_{21} & \varepsilon_{22} & \varepsilon_{23}\\ \varepsilon_{31} & \varepsilon_{32} & \varepsilon_{33}\end{bmatrix} \tag{5-78}$$

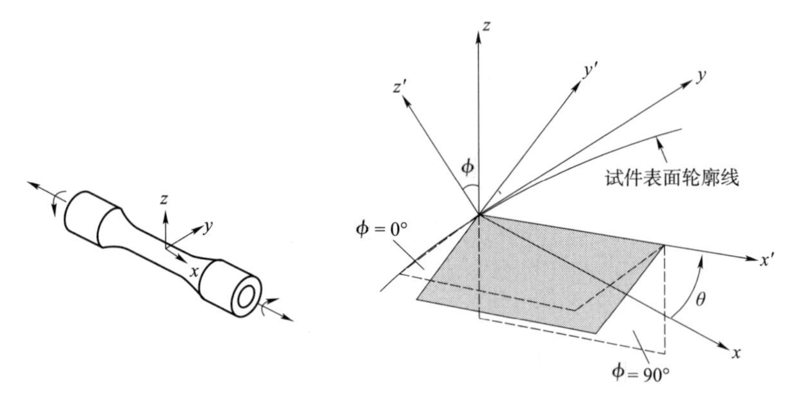

图 5-63　拉扭试样表面状态示意图

一般，自由表面与材料损伤最严重的临界面相垂直，即 $\phi=90°$，可以通过一个矩阵进行坐标的旋转变换：

$$\boldsymbol{M}=\begin{bmatrix}\cos\theta & 0 & \sin\theta\\ \sin\theta & 0 & -\cos\theta\\ 0 & 1 & 0\end{bmatrix} \tag{5-79}$$

新的应力、应变矩阵为：

$$\boldsymbol{\sigma}'=\boldsymbol{M}^{T}\boldsymbol{\sigma}\boldsymbol{M};\ \boldsymbol{\varepsilon}'=\boldsymbol{M}^{T}\boldsymbol{\varepsilon}\boldsymbol{M} \tag{5-80}$$

经过坐标转换，得到垂直于自由表面的任意位相的剪切应变幅：

$$\gamma_a(\theta)=2[(\varepsilon_{x'z'})_a^2+(\varepsilon_{y'z'})_a^2] \tag{5-81}$$

对应的法向应变幅：

$$\varepsilon_a(\theta)=(\varepsilon_{y'z'})_a(\theta) \tag{5-82}$$

通过计算得到 $\theta\in[-\pi,\ \pi]$ 范围内的 γ_{max}以及此时 θ 所对应的 ε_n。利用 von Mises 准则，将临界面上的 γ_{max}、ε_n^* 两个参数拟合为一个等效应变，作为临界面的损伤控制参量，与 Manson - Coffin 法结合进行疲劳寿命预测：

$$\frac{\Delta\varepsilon_{eq}^{cr}}{2}=\sqrt{\varepsilon_n^{*2}+\frac{1}{3}\left(\frac{\Delta\gamma_{max}}{2}\right)^2} \tag{5-83}$$

式中，ε_n^* 是 γ_{max}的两个拐点之间的法向应变幅度，$\varepsilon_n^*=\Delta\varepsilon_n$。

3）应变幅值分割法

一个应力 - 应变循环中包括塑性变形和蠕变变形。塑性主要集中在滑移面，是晶体滑移面产生的，其寿命和时间无关；蠕变主要集中在晶界，是晶界变形产生的，寿命和时间相关。这两种不同性质的应变以不同的规律和方式影响着总损伤，然而线性累积损伤法不能区分不同性质的应变，寿命预测必然产生较大的误差。1971 年 Manson 等人提出了应变幅值分割法，目的是将一个应力 - 应变循环按照不同性质的应变变形分为若干分量，分别评价各分量引起的损伤。

如图 5 - 64 所示的应力 - 应变循环的总非弹性应变 *AD*（塑性应变和蠕变应变之和）等于常数，循环过程中迟滞回线保持不变，并且可以分为以下几个应变分量：拉伸塑性应变 *AC*、拉伸蠕变应变 *CD*、压缩塑性应变 *DB* 和压缩蠕变应变 *BA*。各分量按照下述定义确定：

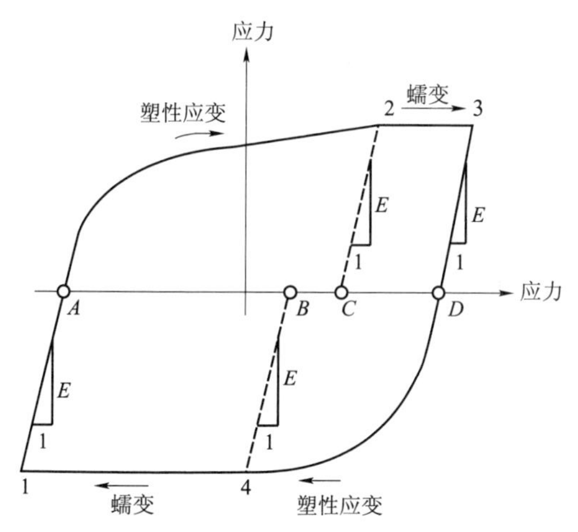

图 5 - 64　典型的蠕变疲劳循环

塑性应变幅 $\Delta\varepsilon_{pp}$：$\Delta\varepsilon_{pp}$定义为可逆塑性应变，等于压缩、拉伸塑性应变中较小的一个，对于图 5 - 64 所示循环，$\Delta\varepsilon_{pp} = DB$。

蠕变应变幅 $\Delta\varepsilon_{cc}$：$\Delta\varepsilon_{cc}$定义为可逆蠕变应变，等于压缩、拉伸蠕变应变中较小的一个，对于图 5 - 64 所示循环，$\Delta\varepsilon_{cc} = CD$。

塑性 - 蠕变应变幅 $\Delta\varepsilon_{pc}$：$\Delta\varepsilon_{pc}$定义为剩余应变，代表拉伸塑性应变和压缩蠕变应变构成的应变幅。

如果压缩蠕变应变大于拉伸塑性应变，可以定义 $\Delta\varepsilon_{cp}$，代表压缩塑性应变和拉伸蠕变应变所构成的应变幅。一个迟滞回线中，不能同时具有 $\Delta\varepsilon_{pc}$ 和 $\Delta\varepsilon_{cp}$。

总的非弹性应变幅等于各应变幅之和：

$$\Delta\varepsilon_T = \Delta\varepsilon_{pp} + \Delta\varepsilon_{cc} + \Delta\varepsilon_{pc} + \Delta\varepsilon_{cp} \tag{5-84}$$

Manson 考虑各应变幅之间的相互作用，定义了各应变幅的加权分数为：

$$F_{pp}\frac{\Delta\varepsilon_{pp}}{\Delta\varepsilon_T},\ F_{pc}\frac{\Delta\varepsilon_{pc}}{\Delta\varepsilon_T},\ F_{cp}\frac{\Delta\varepsilon_{cp}}{\Delta\varepsilon_T},\ F_{cc}\frac{\Delta\varepsilon_{cc}}{\Delta\varepsilon_T} \tag{5-85}$$

因此，总寿命与各应变分量寿命的关系为：

$$\frac{F_{pp}}{N_{pp}} + \frac{F_{pc}}{N_{pc}} + \frac{F_{cc}}{N_{cc}} + \frac{F_{cp}}{N_{cp}} = \frac{1}{N_f} \tag{5-86}$$

Manson 通过不同材料的大量试验数据得出：

$$\frac{\Delta\varepsilon_{pp}}{D_{pf}} = 0.75N_{pp}^{-0.6},\ \frac{\Delta\varepsilon_{pc}}{D_{pf}} = 1.25N_{pc}^{-0.8} \tag{5-87}$$

$$\frac{\Delta\varepsilon_{cc}}{D_{cf}} = 0.75N_{cc}^{-0.8},\ \frac{\Delta\varepsilon_{cp}}{D_{cf}} = 0.25N_{cp}^{-0.8} \tag{5-88}$$

式中，D_{pf}、D_{cf}分别为塑性延伸率和蠕变延伸率。

4）基于能量准则的多轴疲劳寿命预测方法

研究结果表明，利用循环塑性功作为多轴疲劳的损伤参量，可以克服等效应变法的不足。其与寿命的关系表示为：

$$W_{in} = \Delta W N_f \tag{5-89}$$

式中，W_{in}为材料破坏时，总的非弹性应变能，N_f为寿命。假设不考虑材料的循环软硬化，每一循环中应力引起的疲劳损伤相等，即每一循环的 ΔW 为常数。

通过计算得到稳定的循环迟滞回线（见图 5-65），其面积代表非弹性应变能：

$$\Delta W = 2\int_0^{\Delta\varepsilon_p}\sigma \mathrm{d}\varepsilon_p \tag{5-90}$$

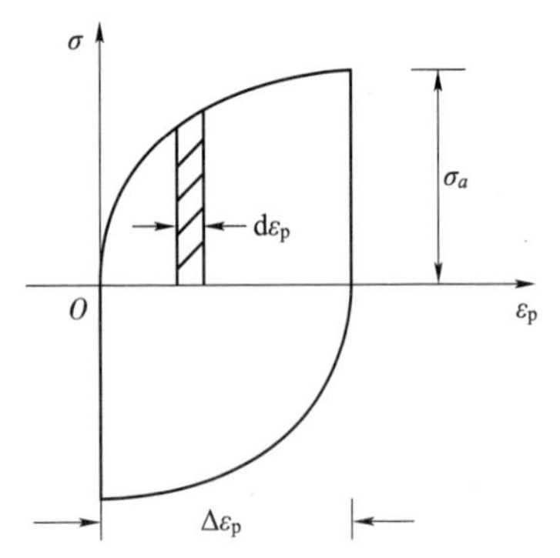

图 5-65　典型的迟滞回线

对于循环应力-应变曲线：

$$\sigma'_f = K'(\varepsilon'_f)^{n'} \tag{5-91}$$

代入积分方程式（5-90），得到：

$$\Delta W = \frac{2}{1+n'}\sigma_a\Delta\varepsilon_p \tag{5-92}$$

分析一定条件下的试验结果，得到：

$$\frac{\sigma_a}{\sigma_{fi}} = \frac{W_{in}}{W_{fi}}^{-\frac{1}{4}} \tag{5-93}$$

式中，σ_{fi}为一次断裂的真实应力；W_{fi}为一次断裂的能量或真实韧性。将上述两式代入得到：

$$N_{\mathrm{f}}\frac{2}{n'+1}\sigma_{\mathrm{a}}\cdot\Delta\varepsilon_{\mathrm{p}}=W_{\mathrm{fi}}\left(\frac{\sigma_{\mathrm{a}}}{\sigma_{\mathrm{fi}}}\right)^{-4} \tag{5-94}$$

在式（5－90）中，当 $\sigma=\sigma_{\mathrm{fi}}$，$\varepsilon_{\mathrm{p}}=\varepsilon'_{\mathrm{f}}$时，$\sigma=K'\varepsilon_{\mathrm{p}}{}^{n'}$。与式（5－93）相比可得：

$$\frac{\Delta\varepsilon_{\mathrm{p}}}{\varepsilon'_{\mathrm{f}}}=\left(\frac{\sigma_{\mathrm{a}}}{\sigma_{\mathrm{fi}}}\right)^{\frac{1}{n'}} \tag{5-95}$$

由于只有单向载荷，所以只含有一半能量，即：

$$W_{\mathrm{fi}}=\frac{1}{n'+1}\delta_{\mathrm{fi}}\varepsilon'_{\mathrm{f}} \tag{5-96}$$

联立各方程得到：

$$\sigma_{\mathrm{a}}(2N_{\mathrm{f}})^{\frac{n'}{1+5n'}}=\sigma_{\mathrm{f}} \tag{5-97}$$

$$\Delta\varepsilon_{\mathrm{p}}(2N_{\mathrm{f}})^{\frac{1}{1+5n'}}=\varepsilon_{\mathrm{f}} \tag{5-98}$$

3. 多种疲劳寿命预测方法的比较

1）临界面法

临界面理论的优点在于损伤参数的选择上，不仅考虑了应力、应变的大小，还考虑了应力、应变的方向，因此其损伤参数更具有物理意义。同时，临界面理论更加接近于实际情况，为疲劳构件寿命的准确预测提供了基础。但现有的临界面理论基本上只是简单地把两个损伤参数相加，不能合理反映临界面损伤参量与疲劳寿命的关系，使得寿命预测数值的精度下降。

2）应变幅值分割法

应变幅值分割法的最大优点是，能够得到不同类型应变所引起的损伤，尤其包含了压缩应变对于寿命的影响。但是，实际使用中应变幅值分割法存在以下不足：

要求对零件进行全面的应力分析，获得零件上每一点的循环应力、应变曲线；实际工程零件的应力－应变循环曲线多数情况下塑性变形和蠕变变形是同时发生的，因此，需要建立应变幅值分割的方法；应变幅值分割法针对应变范围进行划分，并不能合理解释材料疲劳失效的本质，可将划分内容由应变分量改进为应变能分量，利用应变能分割法进行疲劳寿命的预测，具有更加合理的物理意义；为了提高寿命预测的精确度，可与 Manson－Coffin 法结合，依据不同性质应变造成的损伤，计算得到疲劳寿命。

3）能量法

能量法的优点是克服了等效应力应变的不足，并且修正考虑了多轴疲劳行为的静水应力影响。但是能量法不能考虑剪切应变和法向应力造成损伤之间的差别，并且缺乏考虑疲劳裂纹的形成和扩展方向性的问题。尽管能量法在某些情况下能够成功地描述疲劳问题，但实际使用中仍然存在着不少问题。其主要问题可归结如下：

能量是标量，但是疲劳损伤涉及裂纹萌生和扩展的优先平面；试验表明材料性能对循环塑性应变能影响很大。金属材料存在循环软化或循环硬化的现象，各个循环中的塑性应变能各不相同，计算中应考虑这种影响。另外，疲劳破坏时不同应力（应变）时的总塑性应变能不同，随应力（应变）水平的上升呈下降的趋势；计算塑性功需要相当复杂的循环弹塑性变形模型，缺乏精确的本构方程和必要的材料参数极大地限制了能量法的应用；该方法没有考虑平均应力的影响。

5.3.5 广义热疲劳损伤累积模型

在本模型中，基于仿真结果及条件假设可简化滞后环曲线如图 5－66 所示，稳定滞后环面积的推导过程如下：

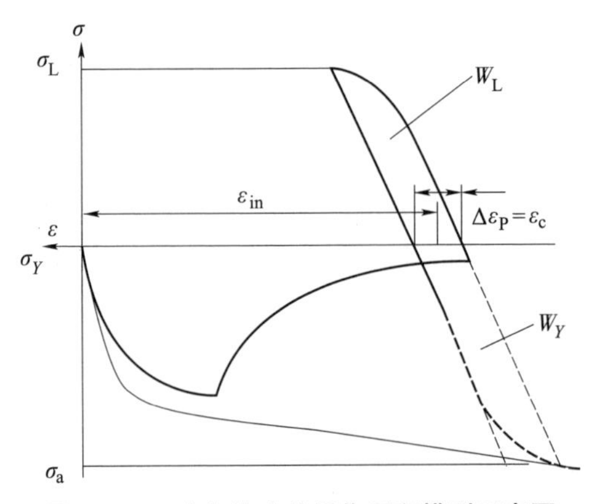

图 5－66　广义热疲劳损伤累积模型示意图

随着循环的进行，工作应力趋于稳定，因此得到

$$\sigma_Y = c \times p_{zmax} \tag{5-99}$$

工作时温度 $T_W = c$，工作时间 $t_W = c$，因此每循环蠕变量 $\Delta\varepsilon_c = c$。

$$\Delta\varepsilon_c = f(T_W,\ \sigma_t,\ t_W) \tag{5-100}$$

由随动强化假定可知

$$F(\sigma_{ij} - \eta_{ij}) - h(\lambda_{ij}) = 0; h = c \tag{5-101}$$

由线性硬化假定得到 E_0、E_p，采用常温双表面模型确定卸载后常温屈服面。

$$d\eta_{ij} = c d\varepsilon_{pij} \tag{5-102}$$

蠕变对屈服面的影响等同塑性变形，于是得到

$$\varepsilon_{in} = \varepsilon_p + \varepsilon_c \tag{5-103}$$

停机应力 $\sigma_p = f(\varepsilon_{in})$。

基于以上推导，需要求解以下变量：稳定时非线性应变量 ε_{in}；卸载后屈服最大与最小应力；滞后环面积。

最大屈服应力为：

$$\sigma_{Lmax} = f(\varepsilon_{inm} - \Delta\varepsilon_c/2) = \sigma_s - E_p \times (\varepsilon_{inm} - \Delta\varepsilon_c/2) \tag{5-104}$$

最小屈服应力为：

$$\sigma_{Lmin} = \sigma_s - E_p \times (\varepsilon_{inm} + \Delta\varepsilon_c/2) \tag{5-105}$$

由此得到滞后环面积

$$W_L = 0.5 \times (\sigma_{Lmax} + \sigma_{Lmin} + 2\sigma_Y) \times \varepsilon_c \tag{5-106}$$

在条件假定中已经指出，考虑在活塞工作条件下的循环为残缺的拉塑性、压蠕变 pc 模型，故将滞后环按常温下的应变曲线$\sigma_a = K\varepsilon_{in}^n$补全后如图中虚线所示。利用计算得到的回线能量（破坏能）确定寿命。

$$W_L = C'(\sigma_L + \sigma_Y)\Delta\varepsilon_p = C(\sigma_L + \sigma_Y)\varepsilon_f N_f^{-\alpha} \tag{5-107}$$

对于 pc 循环，$\alpha = 0.6$。

由于只考虑残缺部分，故需要对 pc 模型进行能量修正，设修正系数为 K，且有：

$$K = \left(\frac{W_L}{W_L + W_Y}\right)^{\beta} \tag{5-108}$$

综上所述，可得寿命预测模型为：

$$N_f = C\left[\frac{(\sigma_L + \sigma_Y)\varepsilon_f}{W_L}\right]^{1/\alpha}\left(\frac{W_L}{W_L + W_Y}\right)^{\beta} \tag{5-109}$$

然后利用某收口式燃烧室寿命来拟合参数，如表 5-8 所示。

表 5-8　某收口燃烧室活塞喉口寿命　　次

活塞疲劳台架试验寿命	实机试验寿命（活塞 1）	实机试验寿命（活塞 2）	实机试验寿命（活塞 3）	实机试验寿命（活塞 4）
1 680	1 700	2 000	2 100	1 500

以 95% 的置信度、对数正态分布来处理活塞实机试验寿命数据后，可得该机铝合金活塞的寿命为：$N_{fm} = (1\ 800 \pm 225.0)$ 次。基于寿命影响参数的计算及上述试验结果，可以确定模型参数：$C = 5.43$；$\beta = 0.88$；$\alpha = 0.6$。

目前高强化柴油机是按照相关可靠性标准要求，柴油机寿命的该标准采用外特性 10 h 一个循环，每循环有 4 个工况，经测量与计算得这 4 个工况下活塞喉口承载的载荷如表 5 –9 所示。

表 5 –9　活塞喉口承载的载荷

转速 n	扭矩 T_{tq}	时间 t
100% 标定转速	外特性扭矩工况	运转 60 分钟
85% 标定转速	外特性扭矩工况	运转 420 分钟
80% 标定转速	外特性扭矩工况	运转 100 分钟
最大扭矩转速	外特性扭矩工况	运转 20 分钟

按此循环利用模型描述式（5 – 109）进行计算（4 个工况的损伤进行先行累加），原活塞寿命为 182 循环（每循环 10 h），改进后的活塞寿命为 473 循环（每循环 10 h）。

第6章 高强化柴油机气缸盖热-机负荷特征

6.1 引言

柴油机工作时，气缸盖各部分温度分布很不均匀。火力面承受来自缸内高温、高压燃气的循环冲击，其热负荷的高低随着柴油机型式、结构、性能指标等而变化。排气道内的高温废气不断地冲刷气道表面，对气缸盖进行加热。而冷却水腔或散热片以及进气道内的温度相对较低。热负荷不仅决定着气缸盖高应力区域的位置，也对其疲劳寿命有很大影响。由于气缸盖的高温及温度分布不均匀，将产生很大的热应力，热应力的反复作用往往会形成热疲劳裂纹，最终导致气缸盖的疲劳破坏。裂纹通常出现在气门座与喷油器座之间的区域，进排气门之间的区域也是气缸盖的主要疲劳失效部位。热负荷对气缸盖应力分布的影响主要表现在两个方面：气缸盖内部温度分布不均匀，导致其结构变形受到限制，从而产生较大的热应力；气缸盖的高温将影响其材料的特性，进而影响其整体应力状态。气缸盖所承受的机械载荷主要有：缸盖与缸垫直接的接触摩擦、气门座圈的过盈力、缸内爆发压力及缸盖螺栓的预紧力等。本章将针对柴油机热端部件的热负荷边界条件及机械负荷特征进行仿真计算，建立柴油机热端部件热负荷及机械负荷参数计算流程。

6.2 热负荷边界条件

6.2.1 气缸盖换热边界计算

柴油机的传热涉及复杂的传热传质问题，受计算条件的软件硬件方面限制。以往进行柴油机传热计算时，对缸内流动与传热、燃烧室零件传热、冷却系统和润滑系统的流动与传热的仿真模拟是单独研究的，它不能体现各零件之间的相互影响关系，不能从全局反映内燃机的工作状态。Morel 提出将内燃机的缸内气体和全体燃烧室部件作为一个整体进行计算机模拟，它依赖于缸内工作过程和燃烧室部件传热模型的仿真程度、数值计算技术和计算机技术的发展水平。近年来，有些有限元分析软件已经可以实现流固耦合传热仿真功能，将其用于柴油机中冷却水和固体零件之间的流动与传热耦合仿真成为可能。用流固耦合传热方法可以将液体与固体之间复杂的外边界条件变成相对简单的内边界进行处理，不但减少了边界条件，又使仿真更加符合柴油机的实际工作状态。

1. 传热控制方程及求解

流动与传热微分方程：

计算中，冷却水的流动可看作是三维无压缩的湍流，其流动和传热过程遵循质量守恒、动量守恒和能量守恒定律。在有限元软件中，固体的传热也通过能量守恒方程求解，与流体部分的不同之处在于其速度为零，以张量形式表示的 3 个守恒方程如下所示。

质量守恒方程为：

$$\frac{\partial \rho}{\partial t} + \nabla(\rho U) = 0 \tag{6-1}$$

动量守恒方程为：

$$\frac{\partial \rho}{\partial t} + \nabla((\rho U)U - \tau) = F \tag{6-2}$$

其中，剪切力张量 $\tau = (-p + \mu \nabla \cdot U)I + 2\mu e$。$I$ 为惯量，μ 为流体的动力黏度，e 为速度应力张量。

能量守恒方程为：

$$\frac{\partial (\rho c_p T)}{\partial t} = \Phi + \lambda \Delta T + \rho q \tag{6-3}$$

固体导热微分方程为：

$$\nabla^2 T = 0 \tag{6-4}$$

式中，U 为速度；ρ 为流体压力；c_p 为流体的比热容；λ 为导热系数；q 为流体所吸收的热量；T 为流体或固体温度；Φ 为能量耗散函数。

湍流模型采用时均形式的微分方程，在充分发展的湍流区域，反映湍流脉动量对流场影响的湍流动能方程和湍能耗散率方程可通过标准 $k-\varepsilon$ 方程得到，其形式为：

$$\rho \frac{\partial k}{\partial t} = \frac{\partial}{\partial x_i}\left[\left(\mu + \frac{\mu_t}{\sigma_k}\right)\frac{\partial k}{\partial x_i}\right] + C_k + C_b - \rho\varepsilon \tag{6-5}$$

$$\rho\frac{\partial\varepsilon}{\partial t}=\frac{\partial}{\partial x_i}\left[\left(\mu+\frac{\mu_t}{\sigma_g}\right)\frac{\partial k}{\partial x_i}\right]+C_{1g}\frac{\varepsilon}{k}(C_k+C_{2g}C_b)+C_{2g}\rho\frac{\varepsilon^2}{k}\qquad(6-6)$$

式中，k 为湍流动能；ε 为湍流动能耗散率；μ_t为湍流黏度，$\mu_t=\frac{\rho C_\mu k^2}{\varepsilon}$；$C_k$为由于平均速度梯度引起的湍动能 k 的产生项；C_b为由于浮力引起的湍动能 k 的产生项，$C_b=0$；C_{1g}、C_{2g}、C_μ、σ_k、σ_g为经验常数，$C_{1g}=1.44$，$C_{2g}=1.92$，$C_\mu=0.09$，$\sigma_k=1.0$，$\sigma_g=1.3$。

2. 耦合边界及微分方程的数值解法

对于耦合传热来说，热边界条件是由热量交换过程动态地加以决定而不能预先规定，不能用常规的三类传热边界条件来概括。流体和固体边界上的热边界条件受到流体与壁面之间相互作用的制约。这时无论界面上的温度还是热流密度都应看成是计算结果的一部分，而不是已知条件。解决耦合问题的有效数值解法有顺序求解法和整场离散、整场求解方法。后者把不同区域中的热传递过程组合起来作为一个统一的换热过程来求解，不同的区域采用通用控制方程，区别仅在于扩散系数及广义源项的不同。采用控制容积积分法来导出离散方程时，界面上的连续性条件原则上都能满足，省去了不同区域之间的反复迭代过程，使计算时间显著缩短，成为解决耦合传热问题的主导方法。

在流固耦合界面处，使用有限元软件提供的标准壁面函数法处理流动边界层和传热边界层。壁面函数法实际是一组半经验的公式，其基本思想是：对于湍流核心区的流动使用 $k-\varepsilon$ 模型求解，而在壁面区不进行求解，直接使用半经验公式将壁面上的物理量与湍流核心区内的求解变量联系起来。这样，不需要对壁面区内的流动进行求解，就可以直接得到与壁面相邻控制体积的节点变量值。但是壁面函数法必须与高雷诺数 $k-\varepsilon$ 模型配合使用。柴油机冷却水的雷诺数 >5 000，符合壁面函数法的使用条件。使用有限元软件进行仿真时，可根据所建立的仿真对象模型，设定不同零件各自的材料特性，流体的进出口边界及固体的外边界确定后直接施加在有限元模型上，并选定流固边界的计算条件——标准壁面函数法即可。

6.2.2　气缸盖热负荷边界条件

物体的温度场有两大类，一类是在变动工作条件下的温度场，物体各点的温度随时间而变化，这种温度场称为不稳定温度场，如内燃机在交变工况下运行，或内燃机的启动和停车工况都会在受热零件中产生不稳定温度场；另一类是在稳定工作条件下的温度场，物体各点的温度分布不随时间变化，这种温度场称为稳定温度场，如内燃机在稳定工况下运行，这时气缸内的工作参数是稳定的，受热零件的温度分布也是稳定的。但我们知道，实际上四冲程内燃机的一个工作循环由四个工作过程组成，气缸内工质的温度和压力都是变化的，因此实质上是属于不稳定温度场，但由于这种温度变化的频率很高，与柴油机的转速成正比，并且仅仅在受燃气冲击的零件表面几毫米薄层内是变化的，温度变化的幅值也较小，因此往往作为稳定温度场来处理。气缸盖温度场为稳态温度场，如果热能流动不随时间而变化（系统的净热流率为0)，即流入系统的热量加上系统自身产生的热量等于流出系统的热量。在柴油机高周工作过程中，气缸盖各位置温度基本不变，没有明显的加热或冷却过程，同时过程中温度、热流率热边界条件以及系统内能随时间都没明显变化，因此气缸盖热负荷边界采用稳态温度场进行计算。

为了求出气缸盖的三维稳态温度场分布，首先要合理地确定热边界条件。温度场的计算是针对内燃机的稳定工况进行的，即稳态温度场计算。在进行温度场计算时，需要对气缸盖计算模型中所有表面施加热边界条件。此处根据第三类传热边界条件对气缸盖的温度场进行计算，即给出被加热表面和散热表面处介质的温度和对流换热系数进行计算，如式（6－7）所示。

$$-k\frac{\partial T}{\partial n}=\beta(T-T_{\mathrm{f}}) \tag{6-7}$$

1. 火力面热负荷边界

火力面受燃烧室爆压影响，燃烧室部件随着曲轴转角的不同，燃烧室内燃气的密度和温度有很大的变化，换热系数也有很大的改变。当已知一个工作循环缸内燃气的瞬时温度和燃气瞬时换热系数，可以通过以下公式求得一个循环内的燃气加权平均温度T_{m}和加权平均换热系数h_{m}。而瞬时温度和燃气瞬时换热系数则通过内燃机性能仿真获得。天津大学胡欢也表示气缸盖火力面热边界条件计算方法为：通过额定工况下缸内一个循环的瞬时换热系数以及瞬时温度计算平均换热系数和平均温度，计算公式如下：

$$h_{\mathrm{g}}=K_0^3\sqrt{c_{\mathrm{m}}}\sqrt{P_{\mathrm{g}}T_{\mathrm{g}}} \tag{6-8}$$

$$h_{\mathrm{m}}=\frac{1}{720}\int_0^{720}h_{\mathrm{g}}\mathrm{d}\psi \tag{6-9}$$

$$T_{\mathrm{res}}=\frac{1}{h_{\mathrm{m}}}\int_0^{720}h_{\mathrm{g}}T_{\mathrm{g}}\mathrm{d}\psi \tag{6-10}$$

式中，h_{g}为缸内瞬时换热系数；P_{g}为缸内瞬时压力；ψ为曲轴转角；h_{m}为缸内平均换热系数；T_{g}为缸内瞬时温度；T_{res}为缸内平均温度；c_{m}为比热容。

根据研究，需对气缸盖火力面进行分区，如图 6 - 1 所示。热边界计算中，对每个区域施加不同的对流换热系数，由式（6 - 11）初步定义不同区域对流换热系数值。

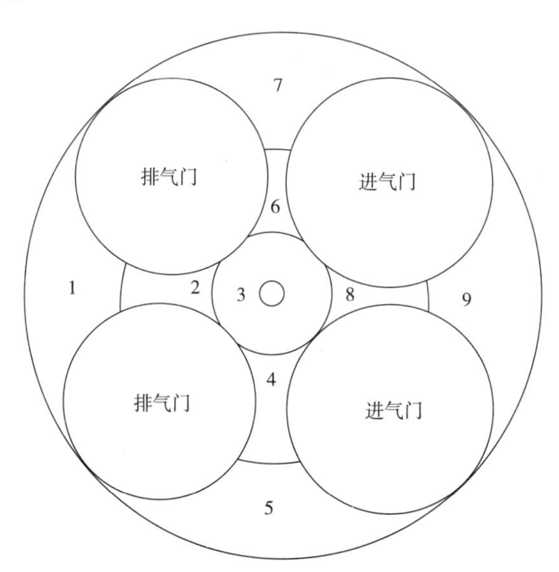

图 6 - 1　气缸盖火力面换热系数分区

火力面各分区换热系数与平均换热系数之间的关系：

$$\sum_{i=1}^{9} A_i h_i = A h_m \tag{6-11}$$

式中，A_i、h_i为各区的换热面积和换热系数；A、h_m为燃烧室火力面的总表面积和燃气的平均换热系数。

2. 进排气道热负荷边界

进排气道热负荷对流换热系数通常采用经验公式计算，天津大学胡欢的研究中，气缸盖进气道、排气道表面热边界条件平均换热系数使用以下公式表示：

$$A_{\mathrm{i}} = 0.027\left(1 - 0.765\frac{h_{\mathrm{i}}}{d_{\mathrm{i}}}\right) d_{\mathrm{mi}}^{-1.675} T_{\mathrm{i}}^{0.362} M_{\mathrm{i}}^{0.675} \tag{6-12}$$

$$A_{\mathrm{o}} = 3.27(1 - 0.797) d_{\mathrm{mo}}^{-1.5} T_{\mathrm{o}}^{0.517} M_{\mathrm{o}}^{0.5} \tag{6-13}$$

式中，h 为阀门的升程；d 为阀门的内径；d_{m}为气道的平均直径；T为气道壁温度；M 为质量流量；下标 i 代表进气道；下标 o 代表排气道。

浙江大学陈思南的研究中，排气道和进气道换热系数计算公式分别为：

$$A_{\mathrm{o}} = (C_1 + C_2 T_{\mathrm{o}} - C_3 T_{\mathrm{o}}^2) T_{\mathrm{o}}^{0.44} \dot{m}^{0.5} d_{\mathrm{vo}}^{-1.5}\left(1 - 0.797\frac{h_{\mathrm{vo}}}{d_{\mathrm{vo}}}\right) \tag{6-14}$$

$$A_{\mathrm{i}} = (C_4 + C_5 T_{\mathrm{i}} - C_6 T_{\mathrm{i}}^2) T_{\mathrm{i}}^{0.33} \dot{m}^{0.68} d_{\mathrm{vi}}^{-1.68} \left(1 - 0.765 \frac{h_{\mathrm{vi}}}{d_{\mathrm{vi}}}\right) \tag{6-15}$$

式中，T 是进排气道温度；$\dot{m}$是质量流量；h_{v}是阀门的升程；d_{v}是阀门的内径；C_i均为常数。可见，式（6－14）和式（6－15）有相同的形式，相对而言复杂一些。后续选择式（6－12）和式（6－13）进行进排气道壁的换热系数的计算。

3. 冷却水腔热负荷边界

气缸盖冷却水腔热负荷边界可采用经验公式计算方法或水腔流固耦合计算方法。

1）经验公式法

冷却水与气缸盖水套壁面的换热系数与循环水的流动情况以及气缸套表面的特性有关。应用最广泛的公式为宗涅肯公式。北方柴油机研究所侯新荣、宋海涛表示气缸盖各处冷却水腔表面的换热系数值一般而言都不相同。技术应用中经常采用从试验中综合得出的经验关系式，其中最常用的为宗涅肯公式：

$$\alpha = 300 + 1\,800\sqrt{W_{\mathrm{m}}} \tag{6-16}$$

式中，W_{m}为冷却水的流速。

2）流场计算法

流场计算法为将由气缸盖和气缸体的冷却水套组成的耦合系统的有限元模型导入 FLUENT 中进行分析，设置好冷却水套上相关的壁面边界条件和参数，通过一定迭代步数的计算后结果收敛，从而得到冷却水套的壁面换热系数。

6.3 机械负荷特征

气缸盖所承受的机械载荷主要有气缸盖与气缸垫直接的接触摩擦（主要取决于材料）、气门座圈的过盈力、缸内爆发压力及气缸盖螺栓的预紧力等。

6.3.1 气缸盖与气缸垫间的机械约束

气缸盖在缸体螺栓预紧力的作用下和气缸垫接触，与气缸垫接触存在摩擦，以约束气缸盖的位移。在实际工作中，由于螺栓预紧力的作用，气缸盖与气缸垫、气缸盖与机体、气缸垫与机体之间是不允许有滑动现象出现的。气缸盖与气缸垫直接的接触摩擦主要取决于材料特性，同时气缸盖螺栓预紧力和温度也对接触摩擦产生很大的影响。研究表明，在接触间无摩擦和高摩擦系数两个极限情况对比之下，气缸盖与气缸垫间存在较高摩擦系数时，气缸盖寿命减少10%~35%。

6.3.2 气门座圈过盈力

气缸盖上与气门锥面相贴合的部位称为气门座，气门座的温度很高，又承受频率极高的冲击载荷，容易磨损，因此，铝气缸盖和大多数铸铁气缸盖均镶嵌由合金铸铁或粉末冶金或奥氏体钢制成的气门座圈。在气缸盖上镶嵌气门座圈可以延长气缸盖的使用寿命。也有一些铸铁气缸盖不镶嵌气门座圈，直接在气缸盖上加工出气门座。如图6-2所示为气门座圈结构图。

气门座圈采用过盈配合的方式安装在气缸盖上，安装后气门座圈会对气缸盖产生过盈力。因气缸盖的气门座圈区域冷却条件差，而镶块在受热时要膨胀，它的胀力却又受到孔的阻碍，使外缘受较大的压应力。

气门座圈过盈力在工程上一般考虑为两圆柱套筒间的接触配合，其计算公式为：

$$p=\frac{\theta}{2r_2}\left[\frac{1}{E_a}\left(\frac{r_2+r_1}{r_2-r_1}+\varepsilon_\alpha\right)+\frac{1}{E_i}\left(\frac{r_3+r_1}{r_3-r_1}-\varepsilon_i\right)\right] \tag{6-17}$$

式中，p为接触压力；E_a为包容件弹性模量；E_i为被包容件弹性模量；ε_α为包容件泊松比；ε_i为被包容件泊松比；r_1为被包容件内半径；r_2为接合面半径；r_3为包容件外半径；θ为过盈量。

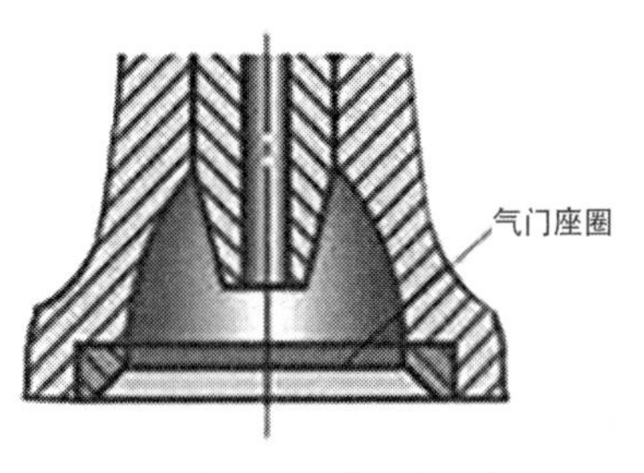

图6-2 气门座圈

6.3.3 螺栓预紧力

大量的试验表明，较高的预紧力对于连接的可靠性和被连接的寿命都有重要作用，特别是对于密封要求很高的连接。但是过高的预紧力，会使连接失效，甚至会发生过大的应力对缸盖产生破坏。在静态受力的情况下螺栓的受力是一个稳定值。螺栓在未拧紧时，在承载工作载荷之前，螺栓和被连接件之间不产生力的作用，螺栓不受力；当螺栓拧紧后，在承载工作载荷前，连接件在预紧力的作用下，在连接件之间会产生与预紧力大小相同、方向相反的力；当螺栓拧紧后，在承受工作载荷时，由于螺栓和被连接件的弹性变形，螺栓所受到的总拉力并不等于预紧力和工作拉力之和。这时螺栓的总拉力除了和预紧力、工作拉力有关外，还与螺栓的刚度、被连接的刚度等因素有关。气缸盖螺栓预紧力估算方法如下。

1. 气缸盖螺栓预紧扭矩产生的螺栓轴向力

拧紧螺母时，拧紧力矩 T 用来克服螺纹副间的摩擦阻力矩 T_1 和螺母环形端面与被连接件支承面间的摩擦阻力矩 T_2，即

$$T = T_1 + T_2 \tag{6-18}$$

螺纹副间的摩擦力矩为：

$$T_1 = F'\frac{d_2}{2}\tan(\lambda + \rho_v) \tag{6-19}$$

式中，F'为螺纹所受的轴向载荷；d_2为螺纹中径；λ 为螺纹升角；ρ_v为当量摩擦角。

螺母与支承面间的压强为：

$$p = \frac{4F'}{\pi(D_0^2 - d_0^2)} \tag{6-20}$$

式中，d_0为螺栓孔直径；D_0为螺母环形支承面外径。

螺母与支承面间的摩擦力矩为：

$$T_2 = \int_{\frac{d_0}{2}}^{\frac{D_0}{2}} 2\pi r^2 p f_c \mathrm{d}r = \frac{F' f_c}{3}\frac{D_0^3 - d_0^3}{D_0^2 - d_0^2} \tag{6-21}$$

式中，f_c为螺母与支承面间的摩擦系数。

由式（6-18）得拧紧力矩为：

$$T = \frac{1}{2}F'\left[d_2\tan(\lambda + \rho_v) + \frac{2}{3}f_c\frac{D_0^3 - d_0^3}{D_0^2 - d_0^2}\right] \tag{6-22}$$

因此，螺纹所受的轴向载荷为：

$$F' = \frac{2T}{d_2\tan(\lambda + \rho_v) + \frac{2}{3}f_c\frac{D_0^3 - d_0^3}{D_0^2 - d_0^2}} \tag{6-23}$$

2. 螺母拧转产生的螺栓轴向力

按照装配工艺要求，在达到规定的预紧扭矩后，继续拧转螺母一定角度，假设连接件的接触面刚度足够大，忽略螺栓的塑性变形，则螺栓拉伸长度

Δl 为

$$\Delta l = \frac{\theta}{360} P \tag{6-24}$$

式中，θ 为达到预紧扭矩后再拧转的角度；P 为连杆螺栓的螺距。根据材料力学公式

$$\Delta l = \frac{F'' l}{EA} \tag{6-25}$$

式中，E 为弹性模量；A 为螺栓截面面积。考虑连接件接触面变形和螺栓的塑性变形，则螺栓承受拉力为：

$$F'' = K \frac{EA\theta P}{360 l} \tag{6-26}$$

最终，气缸盖单个螺栓的总载荷为 $F = F' + F''$。

图 6 - 3 所示为预紧工况下气缸盖应力分布。

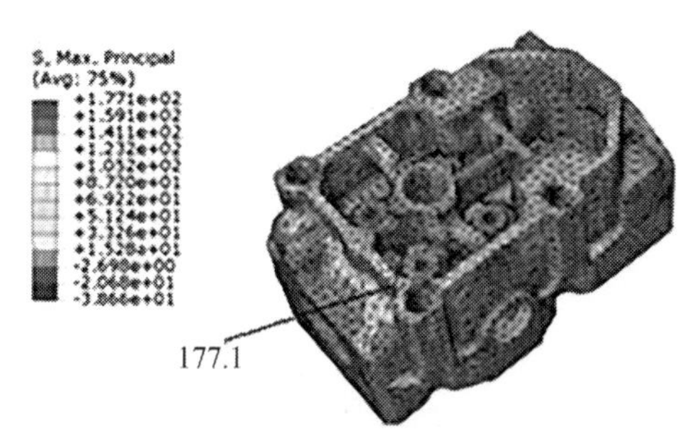

图 6 - 3　预紧工况下气缸盖应力分布

6.3.4　缸内爆发压力

柴油机工作时，气缸盖底面火力面部分，不断受到高温、高压燃气的周期性冲击及燃料的腐蚀。气缸盖受到的最高爆发压力由十几到几十兆帕，同时，在柴油机停机 - 启动等不同工况下，气缸内温度和爆发压力循环变化，对气缸盖产生循环热应力和机械载荷冲击，导致气缸盖疲劳失效。气体爆发压力主要取决于缸内燃烧产生的压力情况，同时受点火时间、喷油时间、混合气燃烧速度等因素的影响。

缸内气体爆发压力一般分两部分作用在气缸盖上：①气缸盖燃烧室与高温燃气接触区域，一般认为承受均匀的气体爆发压力；②气缸盖气门座圈孔处承受由气门经气门座圈传递而来的高温燃气作用力。气门关闭时，会将气体爆发压力传递给气门座圈，根据气门与气门座圈接触面和气门平面所成的角度（一般为45°），可计算得到气缸盖气门座圈孔处所承受的气体爆发压力。

计算公式为：

$$F = \frac{\pi \cdot d^2 \cdot p}{4} \tag{6-27}$$

式中，p 为气体爆发压力；d 为气门直径。如图 6－4 所示为气门所受压力示意图。

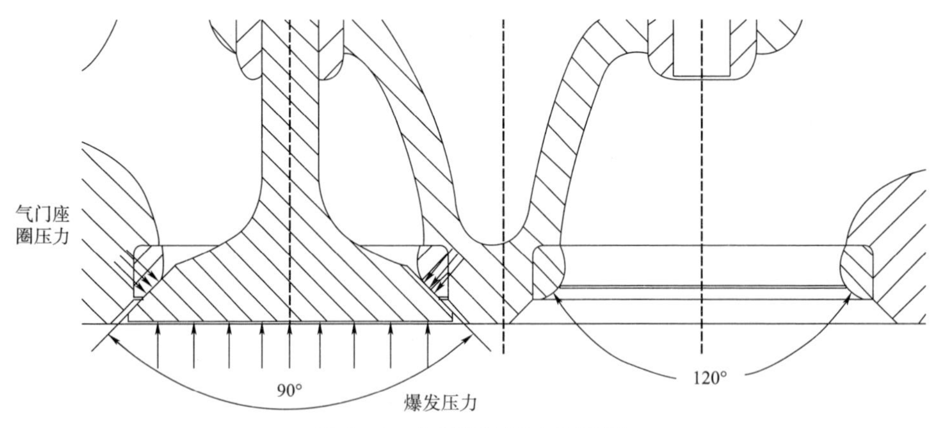

图 6－4　气门所受压力示意图

6.3.5　残余应力

大量研究表明，残余应力对气缸盖的疲劳强度有很大的影响，因此在气缸盖可靠性评估中必须加入残余应力的影响，气缸盖残余应力由第 2 章中仿真计算可得到。

图 6－5 所示为气缸盖破坏裂纹，图 6－6 所示为气缸盖火力面损伤照片。

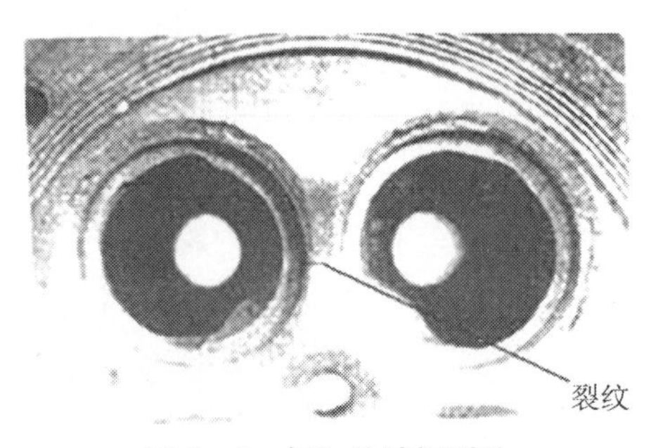

图 6－5　气缸盖破坏裂纹

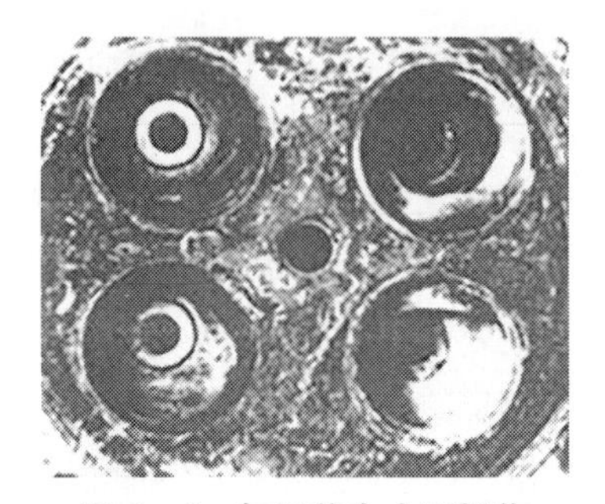

图 6－6　气缸盖火力面损伤

第7章

高强化柴油机气缸盖热－机耦合模型

7.1 引言

热－机耦合疲劳是指材料经受温度变化时，由于其自由膨胀、收缩受到了外部机械约束、内部温度梯度作用而产生循环应力或循环应变，最终龟裂破坏的现象。热－机耦合疲劳（TMF）是指在循环温度和循环载荷的共同作用下而产生的疲劳行为。在TMF中，总应变是弹性应变、塑性应变和热应变的总和，也是试验时可以控制的参数。热应变是材料本身随着温度变化而产生的，弹性应变与塑性应变的总和是机械应变。根据温度与机械应变之间的相位关系，热－机耦合疲劳的相位可以从0°变化到360°。其中，同相（IP）和反相（OP）的相位关系研究最为广泛，其次是反时针相（CCD）和顺时针相（CD）。同相位TMF的特点是：最高温度下的应变最大且应力状态一般为拉应力，而最低温度下的应变最小且应力状态一般为压应力。反相位TMF的特点是：最高温度下的机械应变最小但应力状态一般为压应力，而最低温度下的机械应变最大且应力状态一般为拉应力。在IP－TMF高温段的主要损伤形式为蠕变损伤，这是高温和拉应力的共同作用所致；在OP－TMF高温段的主要损伤形式为氧化和疲劳损伤。尽管材料在TMF低温段的变形抗力比高温段下显著增强，但是表面氧化物和第二相等在低温段容易开裂，该现象在OP－TMF条件下尤为显著。根据IP－TMF和OP－TMF疲劳寿命的相对长短，可以大致判断一般工程材料的损伤控制因素。本章将结合高强化柴油机气缸盖热－机耦合载荷特性，对基于蠕变及高温疲劳等相关模型建模进行介绍。

7.2 高强化柴油机气缸盖热 - 机耦合特征

气缸盖是柴油机结构最复杂的零部件之一，它与活塞顶、气缸垫及气缸套内壁共同组成燃烧室空间。柴油机气缸盖工作状况十分恶劣。在柴油机装配时，就被施以几吨乃至几十吨的螺栓预紧力，而且还要承受气门座圈和气门导管过盈力等。在工作时，气缸盖还要承受缸内燃气爆发压力的循环冲击。同时，由于受到高温燃气传来的热流，火力面和排气道表面温度极高，而冷却水腔表面和进气道表面温度较低，使气缸盖各部分温度分布很不均匀。例如，铸铁在工作温度高达 400 ℃的条件下还需承受 18 MPa 左右的循环爆发压力。

气缸盖的疲劳失效主要可以分为以下两个方面：一是柴油机持续的高压爆发，高频压力不断地施加在火力面上，很容易使得气缸盖发生高周疲劳，从而引起失效；二是在柴油机启、停的时候将会导致热负荷发生骤变，耦合应力相差很大直接导致其具有很大的应力幅值，主要的疲劳裂纹损伤部位在气缸盖火力面鼻梁区域，在实际柴油机启 - 停或者怠速 - 全负荷的热、机械负荷循环作用工况下，气缸盖鼻梁区危险位置的失效形式为热 - 机耦合疲劳失效。

当温度为常温工况时，疲劳损伤占主导，蠕变和氧化损伤作用小；当 TMF 为异相，高温和压缩载荷一致的时候，蠕变作用小，氧化损伤作用高。机械疲劳损伤为部件在循环变化载荷作用下损伤累计，在不连续的缺陷处萌生裂纹，继而裂纹开始扩展的失效过程，热 - 机耦合作用下机械疲劳为低周应变载荷，载荷幅高，作用时间慢。机械疲劳为位错的滑移，继而导致裂纹的萌生，裂纹的扩展通过局部变形和循环塑性区，通常热机损伤模型中极限疲劳部分由机械应变幅值/塑性应变幅值驱动计算，如果材料反应速率较快，通常只有疲劳损伤，而在高温、保载、慢的应变速率情况下，可能出现蠕变和氧化损伤。

氧化损伤针对氧化物生长过程，该过程基于氧化物的反复破裂的过程。由于气缸盖在高温环境，同时载荷应变速率低，热 - 机耦合疲劳失效低应变速率对于高温疲劳寿命的影响中氧化作用明显，低应变速率的疲劳过程给予每个循环更长的氧化反应时间，从而导致氧化损伤加剧，降低疲劳寿命。研究者发现，氧化反应只需要很短的时间，延长其在每个循环内的时间并不会带来更多的氧化损伤。氧化导致的裂纹扩展，基于裂纹尖端氧化层的重复形成和其破裂，当新材料暴露在空气中时，氧化层形成，然后破裂；第一层氧化层的破裂被视作裂纹的萌生。裂纹一般有不止一种生长方式，较为常见的方式一过程为：氧化膜破裂导致氧化物侵入体形成，基本过程为氧化层不断变厚，当厚度达到临界值时，氧化层破裂，然后里面新的金属再氧化，再形成新的氧化层，当厚度再达到临界时，再发生破裂，这样裂纹就扩展了。这个氧化层厚度的临界值与载荷（应变幅、应变速率、温度等）相关。这种类型的特征是连续氧化层，而且看不到氧化物分层。第二种方式与方式一近似，区别为当达到临界值时，整个一层氧化层和金属脱粘，后续会有更广泛的氧化物入侵行为。这种类型会看到氧化物条纹，对应多层或分层氧化物生长。

气缸盖启停低周热机循环中存在较长时间的高温保载，试验表面在最大应变进行一段时间的保载可能引起疲劳寿命进一步下降，由此得出结论，蠕变对于疲劳的损伤至少和氧化等环境因素的影响同样重要。大部分蠕变损伤以内部晶间开裂的方式进行，而在绝热疲劳试验中，所有损伤裂纹都是穿晶损伤，没有晶间损伤；蠕变主要在同（IF）相中发生，孔隙和晶间裂纹的生长主要在拉伸载荷下进行，蠕变项损伤主要受有效和静水载荷影响：气缸盖热 - 机耦合疲劳（TMF）形式有两种：一种是同向耦合（IP - TMF），热应变与机械应变同相，最低温度受压应力；另一种是异向耦合（OP - TMF），热应变与机械应变异相，在最高温度气缸盖受压应力或受拉应力作用。

气缸盖上存在多个容易发生疲劳破坏的危险区域。因为部位不同，所承受的载荷也不同，所以各危险位置的疲劳机理也不相同。大量工程实践表明：对于四气门结构的柴油机，在气缸盖疲劳危险部位中，排气门之间和进、排气门之间的鼻梁区部位最容易发生疲劳破坏。该区域承受着装配应力（螺栓预紧力和过盈装配力）、功率发生较大幅度变化时引起的低周循环热应力和高周气体爆发压力。该处失效形式属于典型的热 - 机耦合疲劳破坏，通常表现为贯穿性裂纹。对铸铁气缸盖而言，塑性原理作用下的疲劳问题是其失效的最主要原因。从微观角度，铸铁材料的基质组织主要是珠光体，当温度限制在气缸盖工作最高温度（重载强化柴油机约为 420 ℃）以下时，基质不易发生转变，晶体受力作用主要产生位错和滑移，裂纹多为穿晶，蠕变和氧化腐蚀作用不明显。

7.3　柴油机气缸盖蠕变试验及蠕变模型建立

蠕变是指材料在高温和低于材料宏观屈服极限的应力下发生的缓慢的塑性流动。蠕变现象的出现一方面将影响金属构件的正常使用，另一方面其造成的蠕变损伤往往与疲劳损伤交织在一起，相互作用，大大减低结构的疲劳寿命，使结构发生突然的断裂或其他破坏，造成巨大的经济和社会损失。因此有必要对高温金属材料的蠕变特性进行细致、深入的研究，掌握其破坏机理和损伤规律，以便对高温结构进行准确的损伤分析和寿命评估。

对于车用柴油机，随着其强化程度的不断提高，燃烧室零部件正常工作时局部最高温度超过 400 ℃，已经达到或超过燃烧室零件常用材料铝合金及铸铁的蠕变阈值温度（约为 0.4 T_m，T_m 为材料熔点温度），蠕变对材料造成的影响已不能忽略。

对于柴油机气缸盖多采用的蠕墨铸铁材料及活塞常采用的铝合金材料，不同的材料成分及组成结构决定了其蠕变特性的不同。根据相关试验数据及参考文献所述，铝合金材料由于其延性好、强度低、熔点低，其单轴蠕变曲线具有典型的三阶段特征，分为过渡蠕变阶段、稳态蠕变阶段和加速蠕变阶段，其中又由于过渡阶段的时间短，在整个蠕变过程中所占时间比例很少，故在实际分析过程中大多只关注起长期作用的稳态及加速蠕变过程。其蠕变曲线形态如图 7 - 1 所示。

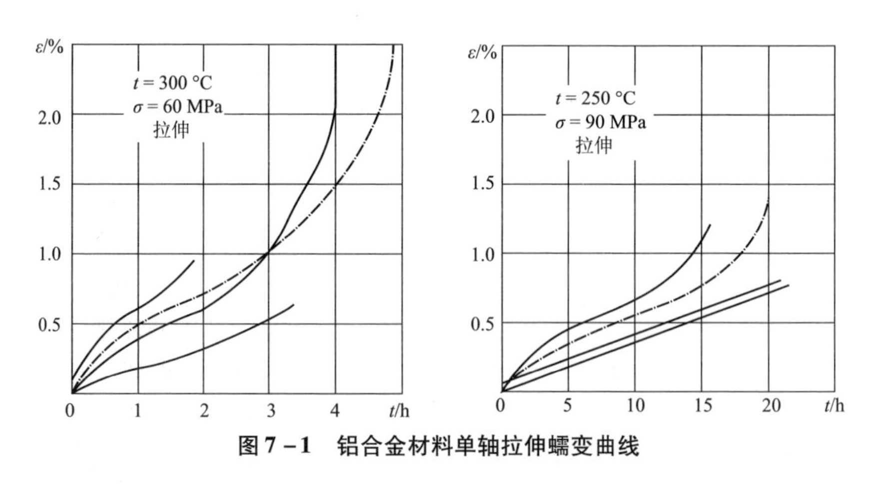

图 7 - 1　铝合金材料单轴拉伸蠕变曲线

对于柴油机气缸盖常采用的蠕墨铸铁材料，其强度比铝合金高，熔点高、韧性差，蠕变特性较铝合金有很大不同，其单轴蠕变曲线第三阶段不明显，在试件开始由稳态蠕变过程进入加速蠕变时，随着蠕变速率的加大，其损伤值急剧增大，试件在很短时间内便被拉断。因此，对蠕墨铸铁材料而言，在实际分析时，主要关注其单轴蠕变曲线的前两阶段，寻找合适的蠕变本构模型对材料的蠕变过程进行数学上的描述。其蠕变曲线形态如图 7 - 2 所示。

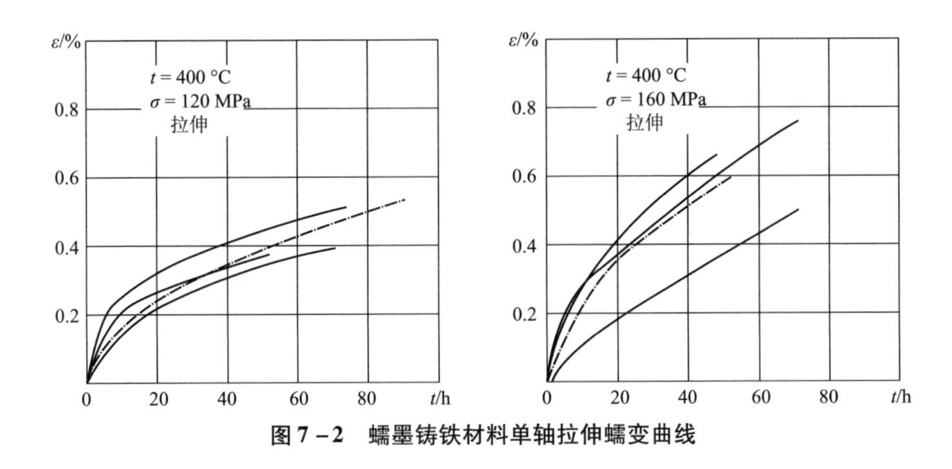

图 7 - 2　蠕墨铸铁材料单轴拉伸蠕变曲线

从图中可以看出，铝合金材料在高温下拉伸蠕变断裂变形为 0.9% ~ 1.5%，数据分散性大。蠕墨铸铁材料单周拉伸蠕变断裂变形为 0.5% ~ 0.79%，变形量很小，数据分散性较小。

7.3.1　铝合金材料蠕变本构模型的建立

1. 通用型本构模型

蠕变本构方程从量化的角度给出了蠕变应变与时间、应力及温度间的关系，有助于人们对蠕变现象的认识。

在工程上一般采用以下形式的方程来对蠕变曲线进行描述，称之为蠕变本构方程：

$$\varepsilon_c = f(\sigma, t, T, s) \tag{7-1}$$

式中，ε_c为蠕变应变；σ 为应力；t 为时间；T 为温度；s 为材料结构因子。

目前，从宏观唯象角度研究蠕变问题的重点之一是建立能够描述蠕变过程的数学模型，即式（7 - 1）中蠕变应变与时间、温度、应力等的直接的数学表达式，并期望该数学模型在一定的温度及应力范围内，对于同种材料具有一定的适用性和数据外推能力。

Graham 蠕变模型是蠕变时间、应力、温度三个参量同时作用的蠕变数值模型，是一种宏观唯象的蠕变模型，在实际工程中被广泛应用。其特点是适宜用来描述材料的前两阶段蠕变变形，同时考虑到应力和温度这两大因素对材料蠕变变形的影响。该模型源于 Graham - Walles 蠕变曲线模型，该模型的原型为：

$$f(t) = \sum \alpha_j t^{m_j} \tag{7-2}$$

随后该模型经过修正，转变为以下形式：

$$\dot{\varepsilon}_{cr}=c_1\sigma^{c_2}(t^{c_3}+c_4t^{c_5}+c_6t^{c_7})e^{-c_8/T} \tag{7-3}$$

式中，$\dot{\varepsilon}_{cr}$为蠕变速率；$c_1\sim c_8$为材料参数；t 为蠕变时间；T 为温度。

式（7-3）表明材料的蠕变速率与加载应力和时间成比例关系，同时受加载温度的影响。该式与传统的幂律蠕变方程相比，增多了时间参量的系数，对蠕变本构关系的描述更加贴切，参数数量也增多。同时，该模型还借鉴了Arrhenius 关系式中蠕变应变速率与加载温度的关系，将气体常数及热激活能统一为参数c_8。这样，该模型既借鉴了经典模型当中的应变量与时间温度的关系，又对时间参量进行扩展，大大提高了模型的适用性与准确性。

对时间进行积分，得到

$$\varepsilon_{cr}=c_1\sigma^{c_2}\left(\frac{t^{c_3+1}}{c_3+1}+\frac{c_4t^{c_5+1}}{c_5+1}+\frac{c_6t^{c_7+1}}{c_7+1}\right)e^{-c_8/T} \tag{7-4}$$

这样，可以将$c_3+1\sim c_7+1$ 等效变为 $c_3\sim c_7$，不影响整个式子的意义，得到下式：

$$\varepsilon_{cr}=A\,\sigma^{n}\ (t^{c_1}+c_2t^{c_3}+c_4t^{c_5})\ e^{-Q/T} \tag{7-5}$$

这样就得到了材料的蠕变应变与时间、应力及温度之间的直接关系，运用该模型就可以实现对蠕变第一和第二阶段明显的蠕墨铸铁材料的试验数据拟合，建立材料的蠕变本构模型。

2. 铝合金考虑损伤的蠕变本构模型

对于铝合金材料的蠕变变形，由于其过渡蠕变阶段时间短、变形小的特点，工程上常采用能考虑材料蠕变损伤的修正的 Kachanov - Robotnov（简写为K-R）蠕变损伤模型来建立材料的蠕变本构模型。

修正的 Kachanov - Robotnov 蠕变损伤模型是从损伤力学的角度对材料的蠕变行为进行研究的。损伤力学的基本方法是损伤演化方程与损伤本构方程的耦合。为了描述损伤，要选择合适的损伤变量，它应是在三维空间连续变化的场变量，代表材料性能劣化的程度。受损伤材料的蠕变速率不仅与温度、应力有关，还与材料的损伤度有关，因此，受损体的蠕变方程具有如下形式：

$$\dot{\varepsilon}=f(T,\ \sigma,\ D) \tag{7-6}$$

损伤的演化过程用损伤变量的变化率原模型距离火力面 15 mm 的速度场切面表示，一般来说$\dot{D}$是温度、应力和当前损伤值的函数，即

$$\dot{D}=g(T,\ \sigma,\ D) \tag{7-7}$$

如果已知上述两式的具体函数形式，就可以将上述两式耦合，得到损伤体的蠕变方程组，进而求出蠕变断裂应变和断裂寿命。

$$\frac{d\varepsilon}{dt} = A\sigma^n/(1-D)^q \tag{7-8}$$

$$\dot{D} = B\sigma^m/(1-D)^r \tag{7-9}$$

式中，A、B、n、m、q、r 为材料常数。

当应力较低时蠕变变形对断裂的影响较小，而内部损伤的影响较大，断裂呈脆性。由于横截面积的变化很小，$\sigma=\sigma_0$，材料的初始状态损伤为零，即 $t=0$ 时 $D=0$；材料断裂时 $D=1$，$t=t_{BR}$。对式（7-9）进行积分，并由初始与断裂条件，得

$$t_{BR} = \frac{1}{B(1+r)\sigma_0{}^m} \tag{7-10}$$

$$D = 1 - \left(1 - \frac{t}{t_{BR}}\right)^{\frac{1}{r+1}} \tag{7-11}$$

由此得到材料的蠕变断裂时间与损伤函数关系。对上述K-R蠕变模型进行修正，令 $n=q$，$m=r$，并进行积分运算，得到修正的K-R蠕变本构模型：

$$\varepsilon = A\frac{\sigma^{n-m}}{D(m+1-n)}\left[1 - \left(1 - \frac{t}{t_{BR}}\right)^{\frac{m+1-n}{m+1}}\right] \tag{7-12}$$

采用上述考虑材料损伤的修正的K-R蠕变本构模型，通过对材料单轴拉伸蠕变试验数据的拟合，得到本构方程中各参数的具体数值，便可以对材料的单轴拉伸蠕变过程进行数学描述与相关分析，对材料在高温下的蠕变变形过程进行分析研究。

7.3.2 蠕墨铸铁材料蠕变模型的建立

对于气缸盖而言，在柴油机正常工作状态下其火力面区域温度高，热应力数值很大，在柴油机启停循环及载荷范围大幅变化时极易产生热-机耦合疲劳破坏。为了建立柴油机气缸盖的热-机耦合疲劳寿命预测模型，前期必须对气缸盖材料的蠕变损伤特性进行详细研究，只有充分、全面地掌握了气缸盖材料的蠕变损伤及变性规律，才有可能建立材料及零件的热机疲劳寿命预测模型。

根据损伤累积理论，材料在热-机状态下的损伤公式为：

$$D_{fatigue} + D_{creep} = D_{total} \tag{7-13}$$

即材料的损伤分为两部分：一部分为机械载荷下的疲劳损伤，一部分为高温条件下产生的蠕变损伤。考虑到疲劳损伤与蠕变损伤之间的交互作用及非线性影响，上式可变为：

$$D_{fatigue} + B(D_{fatigue}D_{creep})^a + D_{creep} = D_{total} \tag{7-14}$$

式中，B 和 a 为材料参数，可通过材料的热机疲劳试验得出。最后，将疲劳循环次数及载荷变化时间代入，得到热机状态下材料的热机损伤状态方程：

$$\sum \frac{N_i}{N_{pi}} + B\left[\sum\left(\frac{N_i}{N_{pi}}\frac{\tau_i}{T_{Ci}}\right)\right]^a + \sum \frac{\tau_i}{T_{Ci}} = D_{\text{total}} \tag{7-15}$$

上式即为材料热机状态下的非线性累积损伤，上式中的各材料常数及损伤容限的确定都需要依赖于材料的高温蠕变、高温疲劳及热－机耦合疲劳试验来最终进行修正和确定。

图 7－3 为某蠕墨铸铁材料在 500 ℃下的单轴拉伸蠕变试验结果。

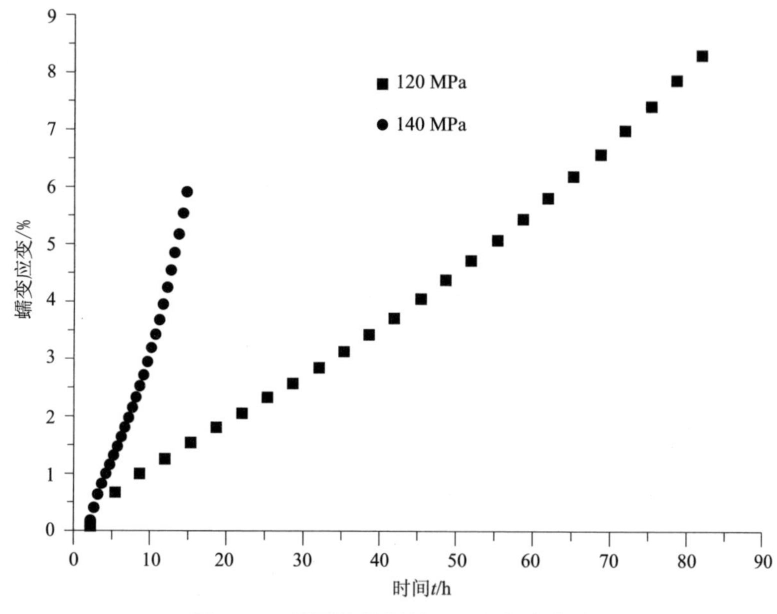

图 7－3　蠕墨铸铁材料 500 ℃蠕变曲线

根据前面所述，采用修正的 K－R 蠕变损伤方程来描述材料的蠕变变形特性：

$$\dot{\varepsilon} = B\frac{\sigma^n}{(1-\omega)^n} \tag{7-16}$$

$$\dot{\omega} = D\frac{\sigma^\chi}{(1-\omega)^\chi} \tag{7-17}$$

对上述两式进行积分并代入相应的上下边界，得到其损伤特性方程为：

$$\omega = 1 - [1 - t(\chi+1)D\sigma^\chi]^{1/(\chi+1)} \tag{7-18}$$

这里 ω 即为材料在高温下的蠕变损伤，材料的蠕变本构关系为：

$$\varepsilon = B\frac{\sigma^{n-\chi}}{D(\chi+1-n)}\left[1-\left(1-\frac{t}{t_{\mathrm{BR}}}\right)^{\frac{\chi+1-n}{\chi+1}}\right] \tag{7-19}$$

式(7-19)即为考虑损伤的蠕墨铸铁蠕变模型。

7.4 气缸盖材料的高温疲劳模型

本节对柴油机气缸盖材料在高温下的疲劳性能进行了研究，通过材料试件的高温疲劳及热-机耦合疲劳试验来获得材料的高温疲劳特性，然后进行材料疲劳寿命模型的研究，为后面气缸盖疲劳寿命预测奠定基础。此外，通过分析材料的疲劳试验数据，还可为柴油机燃烧室零件材料的结构设计提供相关的设计依据。

7.4.1 材料的高温疲劳试验方案

1. 气缸盖铝合金材料的高温疲劳试验方案

通过对气缸盖在正常工作状态下的温度场测试，其火力面温度在 250 ℃左右，为了更好地分析、掌握材料在该温度下的疲劳特性，本试验中对非标铸铝材料制定了低于到高于火力面温度的三组试验温度（200 ℃、350 ℃、400 ℃），这三个温度值覆盖了气缸盖最容易发生疲劳破坏的部位的温度范围，能够满足后续研究工作的要求。图 7-4 为标准试件尺寸图。

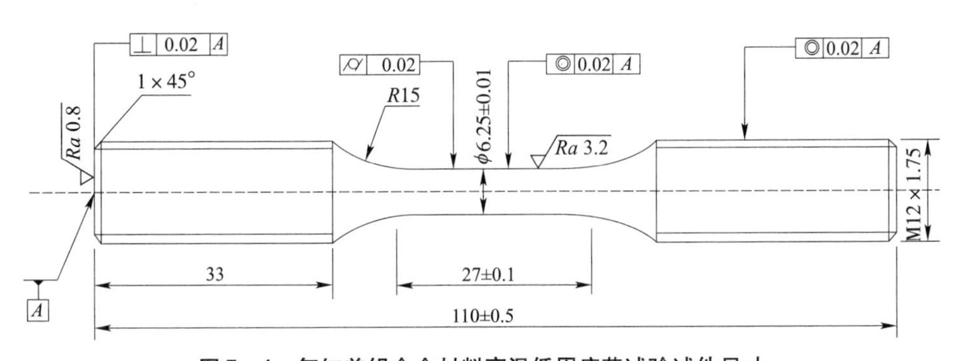

图 7-4 气缸盖铝合金材料高温低周疲劳试验试件尺寸

试验试件均按照 GB/T 3075—2008 标准进行加工，图 7-5 为试验试件。试验加载机械载荷前，进行保温 30 min，以保证试件整体温度一致，机械载荷波形为三角波，应变控制，试验过程中应力及应变数据被实时记录，以便后续分析。

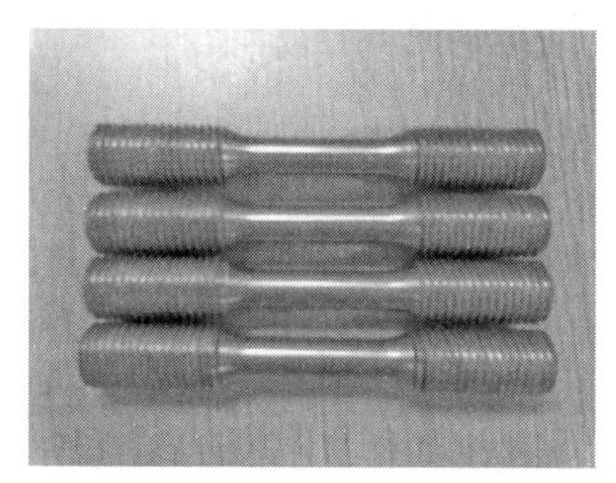

图 7－5　气缸盖铝合金材料高温低周疲劳试验试件

2. 气缸盖蠕墨铸铁高温疲劳试验方案

蠕墨铸铁材料强度高，韧性差，作为气缸盖材料能够充分发挥其耐压、抗热疲劳性能好的特点。根据气缸盖在正常工作时的火力面壁面温度，本试验制定的试验温度为 400 ℃，以获得高温下材料的疲劳特性。图 7－6 为蠕墨铸铁材料疲劳试验标准试件的尺寸。

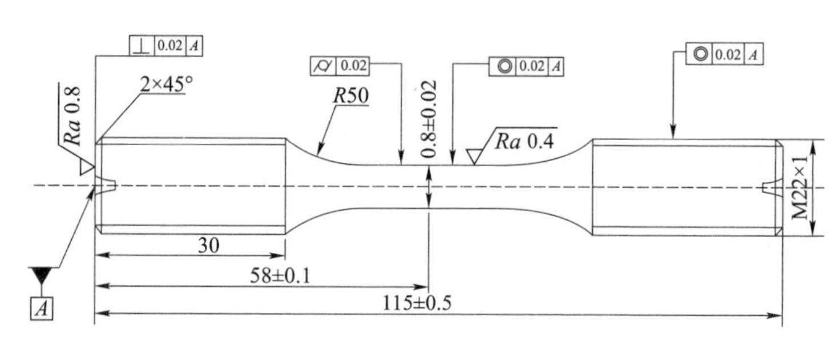

图 7－6　气缸盖蠕墨铸铁材料高温高周疲劳试验试件尺寸

该试验采用应力控制，波形为正弦波，频率为 125 Hz，试验过程中温度控制在 400 ℃。图 7－7 为蠕墨铸铁材料高温高周疲劳试验试件。

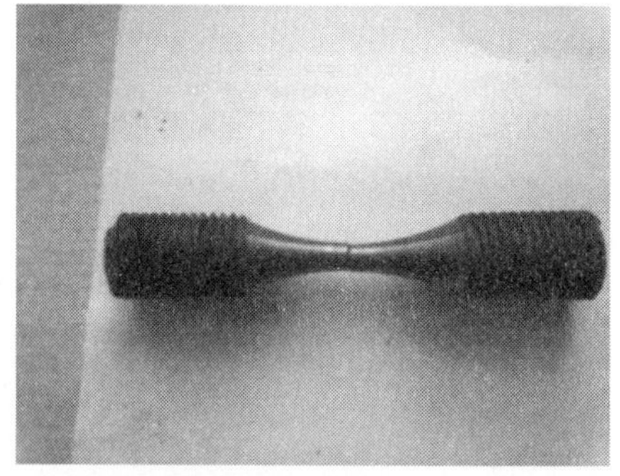

图 7－7　气缸盖蠕墨铸铁材料高温高周疲劳试验试件

7.4.2　材料的循环变形特征

本节中气缸盖铝合金材料的低周疲劳试验采用应变控制，材料的循环软化特征如图 7 - 8 所示。

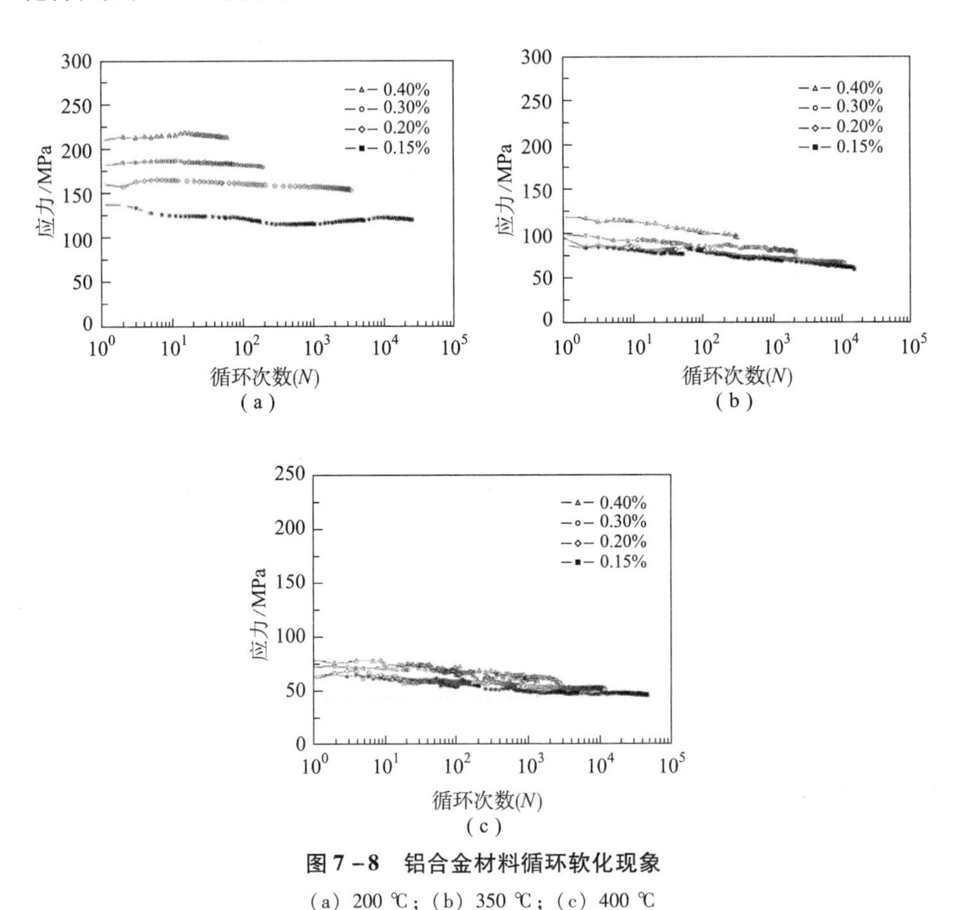

图 7 - 8　铝合金材料循环软化现象

(a) 200 ℃; (b) 350 ℃; (c) 400 ℃

从图 7 - 8 中可以看出随着应变率的增加，材料的疲劳寿命随之降低，应力幅值增大；随着温度的上升，材料所能承受的应力幅值降低，且不同应变率下的应力幅值变化不大。

图 7 - 9 为铝合金材料在各温度下的循环滞后环形状曲线。

图 7 - 10 为蠕墨铸铁材料的循环滞后环曲线。上述曲线为后续建立材料的循环硬化本构模型提供了数据基础。

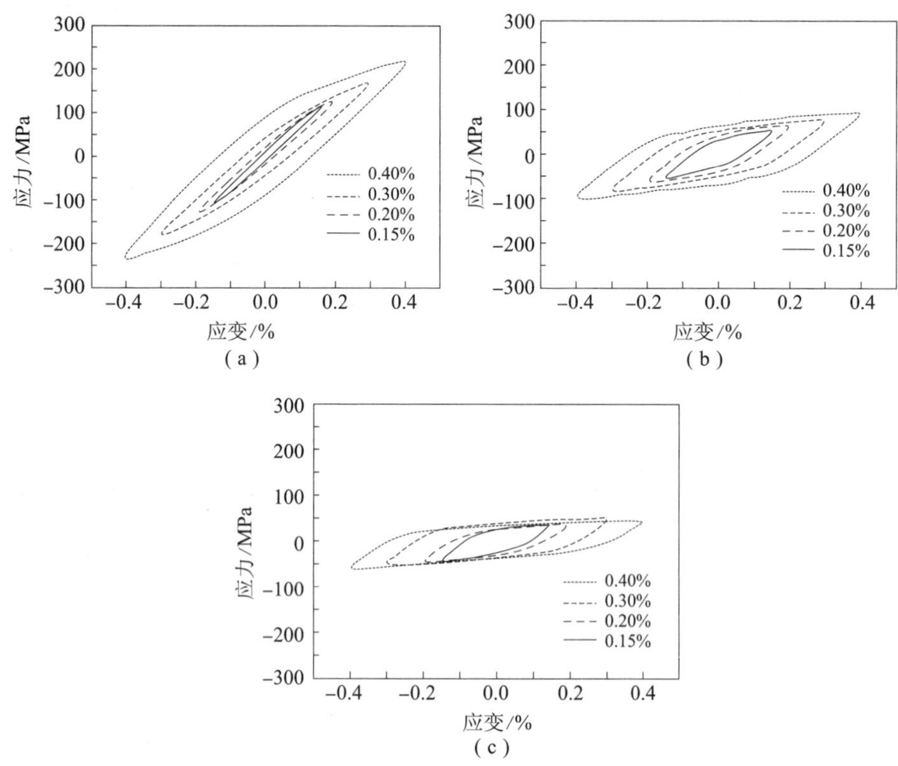

图 7-9　铝合金材料稳定的循环滞后环曲线

(a) 200 ℃；(b) 350 ℃；(c) 400 ℃

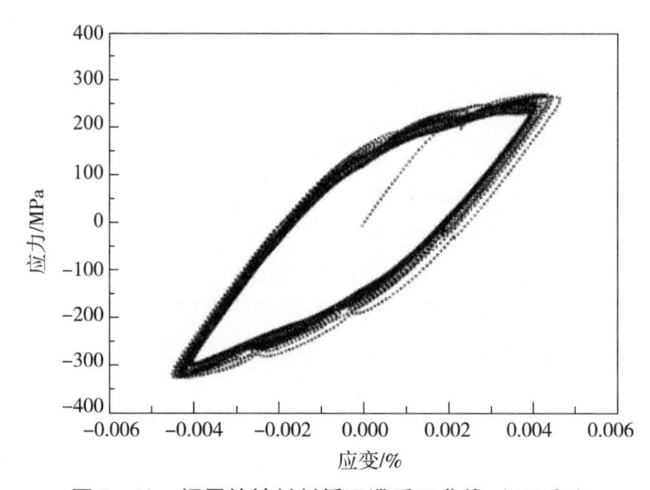

图 7-10　蠕墨铸铁材料循环滞后环曲线（400 ℃）

7.4.3　铝合金材料高温三参数 $G-N$ 疲劳模型

基于以上分析，针对铝合金材料高温低周疲劳曲线的特点，提出下式三参数 $G-N$ 模型来对试验数据进行处理。三参数 $G-N$ 模型的具体表达式为：

$$G = m\left[\mathrm{e}^{-\left(\frac{\lg N}{b}\right)}-1\right]^{a}-1 \tag{7-20}$$

$$G=\frac{\varepsilon_{\max}}{\varepsilon_{\text{ult}}} \tag{7-21}$$

式中，$\varepsilon_{\max}$为加载的最大疲劳应变；ε_{ult}为材料加载方向上静强度所对应的应变。

应用该模型对材料的疲劳数据进行处理时首先将材料疲劳试验的应变数据进行正则化处理，即求得 G 的每个具体数值，然后对三参数 $G-N$ 寿命表达式进行非线性函数求解。

材料的正则应变与疲劳寿命之间的关系如图 7 - 11 所示。

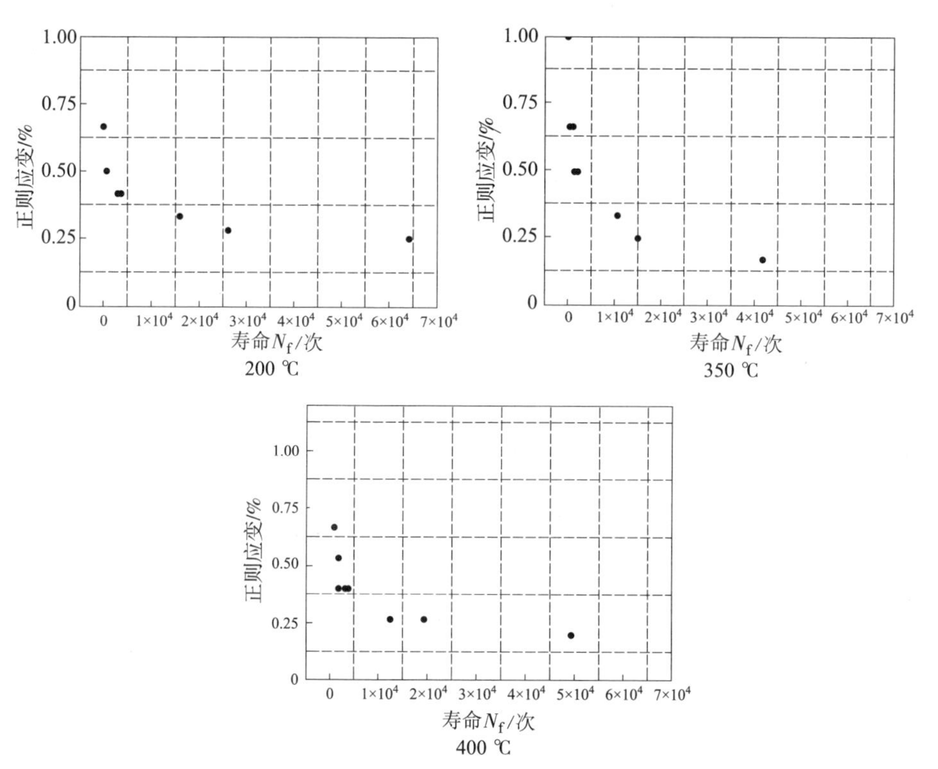

图 7 - 11　正则应变与寿命关系图（200 ℃，350 ℃，400 ℃）

再通过拟合得到各温度下材料三参数疲劳寿命模型具体的参数数值，根据得到的各参数值，绘制三参数疲劳模型曲线，图 7 - 12 为模型与试验数据的对比图。

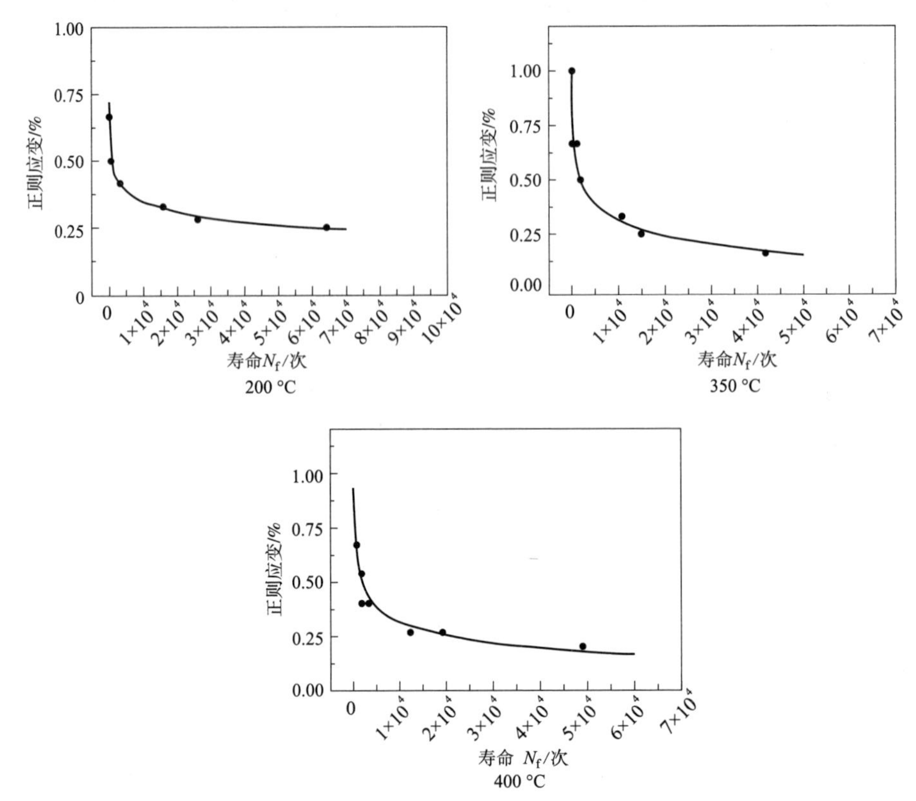

图 7－12　三参数疲劳寿命模型与试验数据的对比

将试验数据处理中未用的试验数据点用来检验模型的寿命预测能力，图 7－13为三参数疲劳寿命模型寿命预测误差带图。

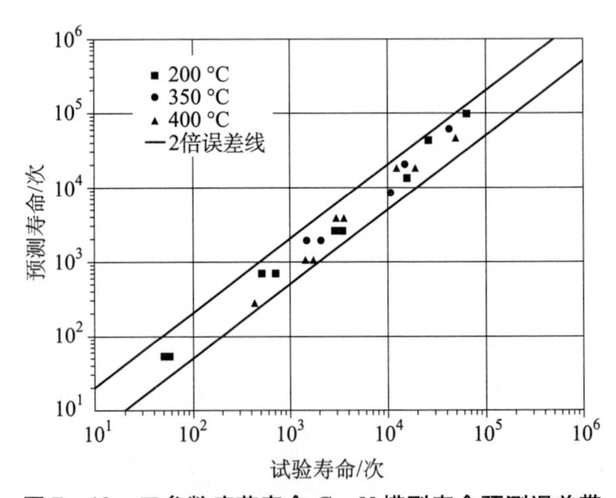

图 7－13　三参数疲劳寿命 $G-N$ 模型寿命预测误差带

对比图7-10可以发现，采用三参数 $G-N$ 疲劳寿命模型进行材料的高温低周疲劳寿命预测时其预测数值均在试验寿命2倍误差线以内，表明了该 $G-N$ 寿命模型对试验数据的贴合度以及良好的寿命预测能力。该模型的特点是将直接的应变寿命关系通过转化，变成正则应变与寿命关系，通过求解模型参数进而得到其寿命模型的具体形式。

7.4.4　蠕铁材料高温疲劳模型

蠕铁材料400 ℃下疲劳极限为190 MPa，图7-14为试验过程中的升降图。

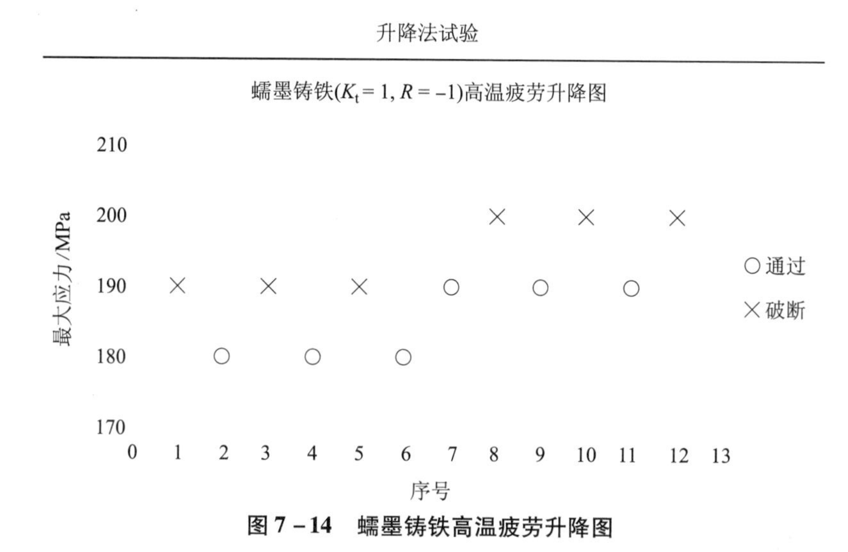

图7-14　蠕墨铸铁高温疲劳升降图

用成组法测定 $S-N$ 曲线，选用应力水平210 MPa、220 MPa、240 MPa应力幅进行疲劳试验，测取每级应力水平下多个试件的疲劳寿命，并求取各级应力水平下成活率50%的中值疲劳寿命。拟合中值疲劳寿命得到非标铸铝材料室温50%成活率的 $S-N$ 曲线，如图7-15所示。

采用Basquin疲劳模型对上述试验数据进行处理：

$$\sigma_a = \sigma_f'(2N_f)^b \tag{7-22}$$

式中，σ_f' 为材料疲劳强度系数；b 为疲劳强度指数。

由 $S-N$ 曲线计算求出 σ_f' 和 b。

对于蠕墨铸铁材料，采用损伤力学的方法建立起疲劳模型，常采用的损伤演化方程为：

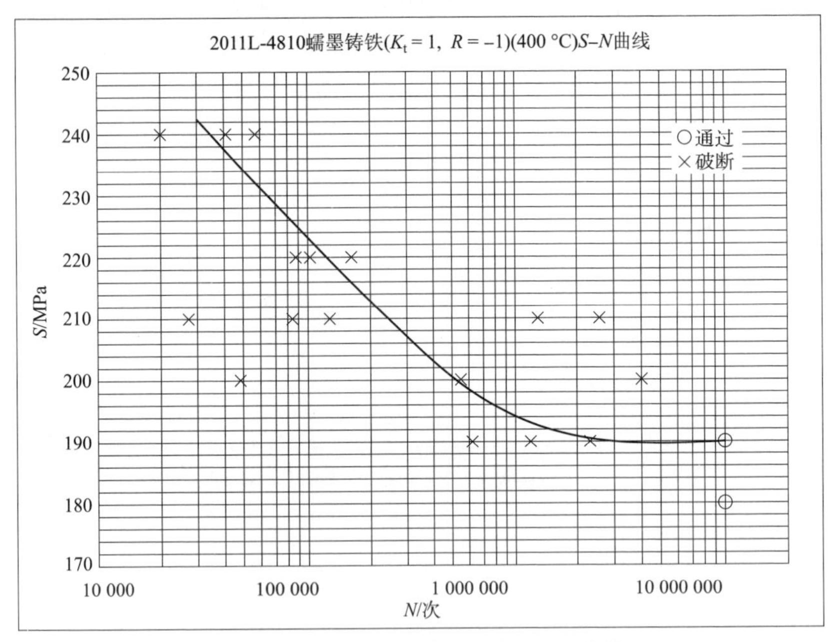

图 7-15　蠕墨铸铁高温疲劳 S-N 曲线

$$\frac{\mathrm{d}D}{\mathrm{d}N}=(1-D)^{-r}\left(\frac{\sigma}{2B(1-D)}\right)^{\beta} \tag{7-23}$$

对上式稍做整理，得到：

$$(1-D)^{\beta+r}\mathrm{d}D=\left(\frac{\sigma}{2B}\right)^{\beta}\mathrm{d}N \tag{7-24}$$

两边同时积分，并由 $D=0$，$N=0$，且 $D=1$，$N=N_{\mathrm{f}}$，最终得到疲劳寿命 N_{f} 及疲劳损伤 D 的表达式：

$$N_{\mathrm{f}}=\frac{1}{\beta+r+1}\left(\frac{\sigma}{2B}\right)^{-\beta} \tag{7-25}$$

$$D=1-\left(1-\frac{N}{N_{\mathrm{f}}}\right)^{\frac{1}{\beta+r+1}} \tag{7-26}$$

式中，β、r 及 B 为材料常数。

由上可得出，$\ln(1-D)$ 和 $\ln(1-N/N_{\mathrm{f}})$ 呈线性关系，而$\ln N_{\mathrm{f}}$与 $\ln\sigma$ 也呈线性关系，由试验数据得到 $\beta+r$ 及 B 的值。对于本小节中的蠕墨铸铁材料，令 $\beta=r$，可得到β和 B，图 7-16 为根据此模型绘制的材料疲劳寿命曲线。

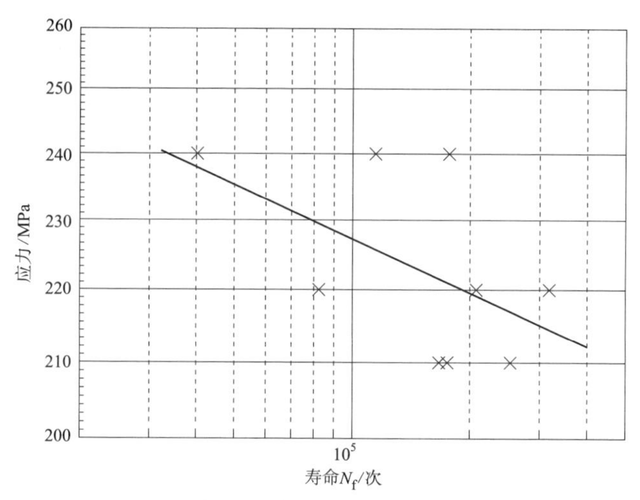

图 7 - 16　蠕墨铸铁材料非线性疲劳寿命曲线

7.5　气缸盖蠕变与机械疲劳耦合损伤累积模型

在外载及环境作用下，由于微观结构的缺陷（如微裂纹、微孔洞等）引起的材料或结构的劣化过程，称为损伤。对于活塞及气缸盖，由于铸造工艺及热处理等因素的影响，材料内部必然存在着各种缺陷。此时，如果仍然采用传统的古典力学的方法来对结构进行描述，显然不能得到理想的结果。同时传统的断裂力学理论虽然在材料强度理论上有重大创新，但其模型仅考虑裂纹界面上的缺陷，对于基体材料仍然认为是连续均匀的。随着外载荷的增加或环境的作用，其基体材料的损伤存在一个量变直至破坏的过程。在这个过程中，损伤基元的存在和发展演化，使实际的材料与结构既非均质，也不连续。损伤力学作为专门研究材料在各种载荷作用下其内部组织及力学性能变化的学科，已经越来越多地用来分析材料的疲劳损伤行为。

对于柴油机气缸盖，在正常工作时承受较高的热负荷及机械载荷作用，需要采用损伤力学理论对其在高温下承受的机械疲劳及蠕变耦合损伤进行研究，以此为基础进而建立热 - 机耦合损伤累积模型。

7.5.1　材料的蠕变损伤模型

1. 蠕墨铸铁材料的蠕变损伤模型

根据前几节对蠕墨铸铁材料的蠕变试验及蠕变本构模型的研究可知，材料在高温、恒载下的蠕变损伤导致材料有效承载面积减小。根据 Kachanov 蠕变损伤理论，假设试件在加载之前的初始横截面积为A_0，加载后外观横截面积较小，设为A，有效承载面积为$\tilde{A}=A(1-D)$，则名义应力σ_0、Cauchy 应力σ、有效应力$\tilde{\sigma}$分别定义为：

$$\sigma_0=\frac{F}{A} \tag{7-27}$$

$$\sigma=\frac{F}{A} \tag{7-28}$$

$$\tilde{\sigma}=\frac{F}{A}=\frac{F}{A(1-D)}=\frac{\sigma}{1-D} \tag{7-29}$$

对于材料的蠕变损伤，设损伤演化率 $\mathrm{d}D/\mathrm{d}t$ 与载荷间具有指数关系，即

$$\frac{\mathrm{d}D}{\mathrm{d}t}=C\tilde{\sigma}^{\alpha}=C\left(\frac{\sigma}{1-D}\right)^{\alpha} \tag{7-30}$$

上式即为蠕墨铸铁材料的蠕变损伤模型，同时考虑到蠕变变形的演化规律，C、α 为材料常数。下式为材料蠕变变形的演化方程：

$$\frac{\mathrm{d}\varepsilon}{\mathrm{d}t}=A\sigma^{n}/(1-D)^{n} \tag{7-31}$$

式中，A、n 为材料常数。

对式（7-30）及式（7-31）进行积分，且由于横截面积的变化很小，$\sigma=\sigma_0$，材料的初始状态损伤为零，即 $t=0$ 时 $D=0$；材料断裂时 $D=1$，$t=t_{\mathrm{BR}}$，得到

$$t_{\mathrm{BR}}=\frac{1}{C(1+\alpha)\sigma_0{}^{\alpha}} \tag{7-32}$$

$$D=1-\left(1-\frac{t}{t_{\mathrm{BR}}}\right)^{\frac{1}{\alpha+1}} \tag{7-33}$$

由此得到纯蠕变条件下材料的损伤模型。图 7-17 即为某例中蠕变模型与试验对比情况。

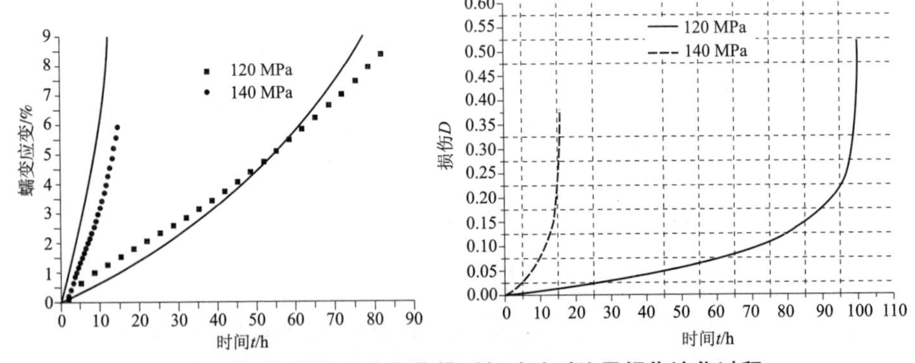

图 7-17　材料的蠕变损伤模型与试验对比及损伤演化过程

2. 铝合金材料的蠕变损伤模型

在前几节的研究中，以铝合金材料的蠕变试验及 Graham 蠕变模型为基础，建立了铝合金材料修正的蠕变模型，如下式所示：

$$\varepsilon_{cr} = c_1 \sigma_{c_2} (t_3^c + c_4 t_5^c + c_6 t_7^c) e^{-c_8/T} \tag{7-34}$$

这样就得到了材料的蠕变应变与时间、应力及温度之间的直接关系，运用该模型就可以实现对蠕变第一和第二阶段明显的蠕墨铸铁材料试验数据的拟合，建立材料的蠕变本构模型。图 7 - 18 所示为铝合金材料高温蠕变本构模型。

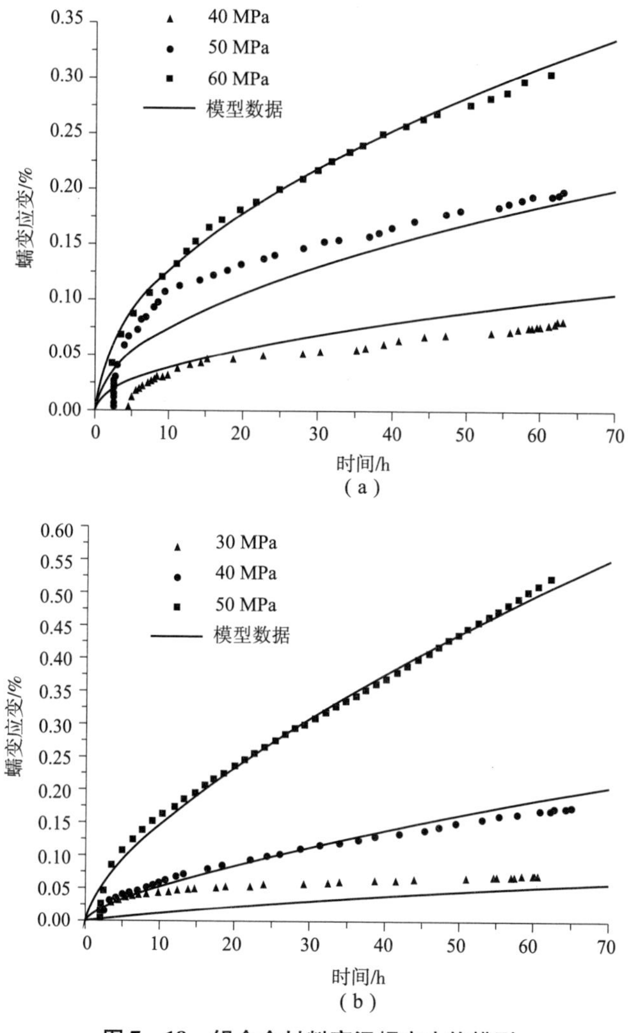

图 7 - 18　铝合金材料高温蠕变本构模型

(a) 300 ℃；(b) 320 ℃

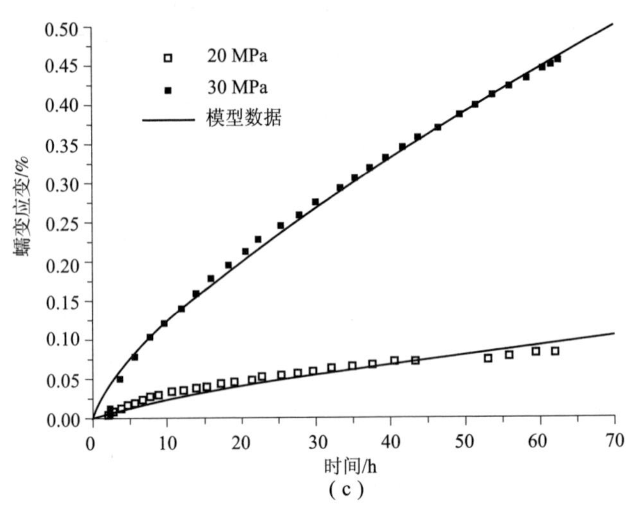

图 7-18　铝合金材料高温蠕变本构模型（续）

(c) 350 ℃

从模型拟合结果可以看出，本小节建立的铝合金 Graham 蠕变本构模型能与试验数据紧密贴合，能够完整准确地描述材料的蠕变特性，可以用来对材料的蠕变变形特性进行试验预测。

7.5.2　材料的机械疲劳损伤模型

在前面的蠕变损伤理论中，将时间作为参考度量，损伤是时间的函数，而在疲劳损伤理论中，损伤常常表示为载荷循环次数的函数。一般情况下，疲劳损伤的演化方程可以表示为如下形式：

$$\mathrm{d}D = f(D,\ \Delta\sigma,\ \bar{\sigma},\ \cdots)\,\mathrm{d}N \tag{7-35}$$

式中，$\bar{\sigma}$ 为平均应力。该公式说明材料的损伤与载荷水平有关。

在多轴加载条件下，初期的裂纹沿着或基本上沿着最大剪应力的方向形成，随后近似沿着该平面的法向应力方向扩展。多轴疲劳试验断裂过程中对裂纹的形成及扩展过程进行观测表明，在多轴加载下最大剪应力和垂直于最大剪应力方向的正应力是多轴疲劳损伤的两个重要参数，用这两个参数来计算材料的疲劳损伤具有一定的物理意义。由于疲劳裂纹的扩展是沿着裂纹尖端剪切带的聚合过程，其裂纹面上的法向应力使这种聚合加剧，所以在构造临界面上的疲劳损伤参量时，应适当考虑法向正应力对疲劳损伤累积的影响。

利用等效应力准则将临界面上的最大剪应力幅和适当考虑垂直于临界面上的正应力合成为一个等效应力幅疲劳损伤参量与寿命模型：

$$\sqrt{3(\Delta\tau/2)^2+S(\Delta\sigma/2)^2}=f(N_f) \tag{7-36}$$

方程右式结合 Basquin 公式，得到一个拉伸形式的多轴疲劳损伤累积模型：

$$\sqrt{3(\Delta\tau/2)^2+S(\Delta\sigma/2)^2}=(\sigma_f'-2\sigma_{n,mean})(2N_f)^b \tag{7-37}$$

式中，临界面为经历最大剪应力幅的平面；$\Delta\tau/2$ 为在一个加载周期内临界面剪应力幅；$\Delta\sigma/2$ 为临界面法向正应力幅；S 为材料特性参数，表征临界面法向正应力幅对疲劳损伤的影响因子；σ'_f 为疲劳强度系数；$\sigma_{n,mean}$ 为临界面平均法向应力；b 为疲劳强度指数（σ_f'、b 为材料单轴疲劳特性参数）。上述各参数除 S 外均可以直接由材料的机械疲劳试验得到。

为了提高预测精度，通过优化修正法向应力影响因子 S，使得多轴疲劳损伤模型更准确地预测比例载荷下疲劳寿命。以 S 为变量，以多轴疲劳模型 $\sqrt{3(\Delta\tau/2)^2+S(\Delta\sigma/2)^2}=(\sigma_f'-2\sigma_{n,mean})(2N_f)^b$ 为状态方程，以各载荷下的预测寿命与试验寿命误差和最小为目标函数，通过优化迭代得到最小误差值时 S 的取值。

由式（7-37）得到机械疲劳寿命的直接表达式为：

$$N_{mech}=\left[\frac{\sqrt{3(\Delta\tau/2)^2+S(\Delta\sigma/2)^2}}{\sigma_f'-2\sigma_{n,mean}}\right]^{1/b}\Big/2 \tag{7-38}$$

根据材料损伤的定义，在每一循环作用后材料的损伤为：

$$\mathrm{d}D_{mech}=\frac{1}{N_{mech}}=\frac{2}{\left[\dfrac{\sqrt{3(\Delta\tau/2)^2+S(\Delta\sigma/2)^2}}{\sigma_f'-2\sigma_{n,mean}}\right]^{1/b}} \tag{7-39}$$

这样，在一定的循环累积后，材料在机械疲劳作用下产生的损伤值为：

$$D_{mech}=\sum_i\frac{N_i}{N_{mech}}=\sum_i\frac{2N_i}{\left[\dfrac{\sqrt{3(\Delta\tau/2)^2+S(\Delta\sigma/2)^2}}{\sigma_f'-2\sigma_{n,mean}}\right]^{1/b}} \tag{7-40}$$

7.5.3　材料的蠕变与机械疲劳耦合损伤累积模型

1. 蠕墨铸铁及机械疲劳耦合损伤累积模型

前面 7.4.1 小节给出了单轴拉伸条件下，材料的蠕变损伤方程为：

$$\frac{\mathrm{d}D}{\mathrm{d}t}=C\tilde{\sigma}^{\alpha}=C\left(\frac{\sigma}{1-D}\right)^{\alpha} \tag{7-41}$$

$$\frac{\mathrm{d}\varepsilon}{\mathrm{d}t}=A\sigma^n/(1-D)^n \tag{7-42}$$

式中，A、n、C、α 为材料常数。

并且由此得到了试件断裂时间表达式为：

$$t_{BR}=\frac{1}{C(1+\alpha)\sigma_0{}^{\alpha}} \tag{7-43}$$

在本小节中，考虑到机械疲劳下载荷高频变化的拉压效应及多轴性，对式（7－41）进行修改，建立下式损伤方程：

$$\frac{\mathrm{d}D}{\mathrm{d}t}=C_L\frac{|\sigma|^{\alpha}}{(1-D)^{\alpha+\beta}} \tag{7-44}$$

式中，C_L 为材料参数，在拉伸载荷下为 C_L^+，在压缩载荷下为 C_L^-。这样在机械疲劳循环中，对式（7－44）进行循环内积分，即

$$\int_0^{\Delta t}C_L\frac{|\sigma|^{\alpha}}{(1-D)^{\alpha+\beta}}\mathrm{d}D=\int_0^{\Delta t}\mathrm{d}t \tag{7-45}$$

$$\int_0^{\Delta t/2}C_L^+\frac{|\sigma|^{\alpha}}{(1-D)^{\alpha+\beta}}\mathrm{d}D+\int_0^{\Delta t/2}C_L^-\frac{|\sigma|^{\alpha}}{(1-D)^{\alpha+\beta}}\mathrm{d}D=\int_0^{\Delta t}\mathrm{d}t \tag{7-46}$$

最后得到损伤表达式为：

$$\frac{\delta D}{\delta N}=1-D-[(1-D)^{1+\alpha+\beta}-(1+\alpha+\beta)R(2f)^{-1}|\sigma|^{\alpha}]^{\frac{1}{1+\alpha+\beta}} \tag{7-47}$$

式中，$R=C_L^++C_L^-$；f 为载荷频率。

对式（7－47），设定$(1+\alpha+\beta)R(2f)^{-1}|\sigma|^{\alpha}\ll(1-D)^{1+\alpha+\beta}$，得到

$$\frac{\delta D_c}{\delta N}=R(2f)^{-1}|\sigma|(1-D)^{-\alpha} \tag{7-48}$$

对上式进行积分，得到机械载荷高频变化下的蠕变损伤为：

$$D_c=1-\left(1-\frac{N}{N_c}\right)^{\frac{1}{1+\alpha+\beta}} \tag{7-49}$$

式中，

$$N_c=2fR^{-1}|\sigma|^{-\alpha}(1+\alpha+\beta)^{-1} \tag{7-50}$$

由式（7－49）和式（7－50）便得到了机械疲劳影响下的材料的蠕变损伤值。在多轴应力状态下，设定应力 σ 为等效应力。

7.4.2 小节给出了机械疲劳损伤的表达式为：

$$\mathrm{d}D_{mech}=\frac{1}{N_{mech}}=\frac{2}{\left[\frac{\sqrt{3(\Delta\tau/2)^2+S(\Delta\sigma/2)^2}}{\sigma_f'-2\sigma_{n,mean}}\right]^{1/b}} \tag{7-51}$$

这样，在整个寿命周期内，材料在机械疲劳作用下产生的损伤值为：

$$D_{mech}=\sum_i\frac{2N_i}{\left[\frac{\sqrt{3(\Delta\tau/2)^2+S(\Delta\sigma/2)^2}}{\sigma_f'-2\sigma_{n,mean}}\right]^{1/b}} \tag{7-52}$$

在机械疲劳与蠕变损伤共同作用下，材料的损伤可以表达为：

$$\mathrm{d}D = \mathrm{d}D_{\mathrm{mech}} + \mathrm{d}D_{\mathrm{c}} \tag{7-53}$$

在整个寿命周期内，将机械疲劳损伤及蠕变损伤进行累积，得到蠕变与机械疲劳耦合损伤累积模型为：

$$\begin{cases} D_{\mathrm{total}} = \sum_i \dfrac{2N_i}{\left[\dfrac{\sqrt{3(\Delta\tau/2)^2 + S(\Delta\sigma/2)^2}}{\sigma_{\mathrm{f}}' - 2\sigma_{\mathrm{n,mean}}}\right]^{1/b}} + \sum_i \left[1 - \left(1 - \dfrac{N_i}{N_{\mathrm{c}}}\right)^{\frac{1}{1+\alpha+\beta}}\right] \\ N_{\mathrm{c}} = 2fR^{-1}\sigma_{\mathrm{e}}^{-\alpha}(1+\alpha+\beta)^{-1} \end{cases} \tag{7-54}$$

式（7－54）为蠕墨铸铁材料的机械疲劳与蠕变耦合损伤累积模型，该模型综合考虑了机械多轴疲劳损伤及材料高温蠕变损伤的研究成果，从理论上为后面材料的热－机耦合疲劳损伤累积模型建立了良好的基础。

2. 铝合金材料蠕变及机械疲劳耦合损伤累积模型

根据前面研究，铝合金材料的蠕变模型为：

$$\varepsilon_{\mathrm{cr}} = c_1\sigma^{c_2}(t^{c_3} + c_4t^{c_5} + c_6t^{c_7})\mathrm{e}^{-c_8/T} \tag{7-55}$$

在机械载荷高频变化时，材料的蠕变变形会受到蠕变加速的影响。为此，对式（7－55）进行高频载荷下的修改，加入蠕变加速影响系数，得到：

$$\varepsilon_{\mathrm{cr}} = B\,c_1\sigma^{c_2}(t^{c_3} + c_4t^{c_5} + c_6t^{c_7})\mathrm{e}^{-c_8/T} \tag{7-56}$$

式中，

$$B = B_0 - \alpha_{\mathrm{B}}t_{\mathrm{c}} \tag{7-57}$$

式中，B_0、α_{B}为蠕变加速常数；t_{c}为机械循环时间。根据机械循环频率，得到

$$B = B_0 - \alpha_{\mathrm{B}}f^{-1} \tag{7-58}$$

此外，根据材料损伤的特性，将蠕变应变量作为蠕变损伤参量，得到蠕变损伤表达式为：

$$D_{\mathrm{c}} = \frac{\varepsilon_{\mathrm{c}}}{\varepsilon_{\mathrm{t}}} = \frac{(B_0 - \alpha_{\mathrm{B}}f^{-1})[c_1\sigma_{c_2}(t^{c_3} + c_4t^{c_5} + c_6t^{c_7})\mathrm{e}^{-c_8/T}]}{\varepsilon_{\mathrm{t}}} \tag{7-59}$$

式中，$c_1 \sim c_8$通过材料的蠕变试验得到；ε_{t}为总应变量；ε_{c}为蠕变应变；f为机械载荷变化频率。该蠕变损伤模型考虑了机械载荷高频变化对蠕变变形带来的加速影响，体现了机械疲劳对蠕变的影响。

根据式（7－59）蠕变损伤模型，结合 7.4.2 小节给出的机械疲劳损伤的表达式

$$\mathrm{d}D_{\mathrm{mech}} = \frac{1}{N_{\mathrm{mech}}} = \frac{2}{\left[\dfrac{\sqrt{3(\Delta\tau/2)^2 + S(\Delta\sigma/2)^2}}{\sigma_{\mathrm{f}}' - 2\,\sigma_{\mathrm{n,mean}}}\right]^{1/b}} \tag{7-60}$$

这样，在整个寿命周期内，材料在机械疲劳作用下产生的损伤值为：

$$D_{\mathrm{mech}} = \sum_i \frac{2N_i}{\left[\dfrac{\sqrt{3(\Delta\tau/2)^2 + S(\Delta\sigma/2)^2}}{\sigma_f' - 2\sigma_{\mathrm{n,mean}}}\right]^{1/b}} \tag{7-61}$$

整个寿命周期内蠕变损伤的表达式为：

$$D_{\mathrm{c}} = \sum_i \frac{(B_0 - \alpha_{\mathrm{B}} f^{-1})\left[c_1 \sigma^{c_2}(t_i^{c_3} + c_4 t_i^{c_5} + c_6 t_i^{c_7})\,\mathrm{e}^{-c_8/T_i}\right]}{\varepsilon_{t_i}} \tag{7-62}$$

式中，T_i 为蠕变温度。

在机械疲劳与蠕变损伤共同作用下，材料的损伤可以表达为：

$$\mathrm{d}D = \mathrm{d}D_{\mathrm{mech}} + \mathrm{d}D_{\mathrm{c}} \tag{7-63}$$

综合上式，在整个寿命周期内，将机械疲劳损伤及蠕变损伤进行累积，得到铝合金材料的蠕变与机械疲劳耦合损伤累积模型表达式为：

$$D_{\mathrm{total}} = \sum_i \frac{2N_i}{\left[\dfrac{\sqrt{3(\Delta\tau/2)^2 + S(\Delta\sigma/2)^2}}{\sigma_f' - 2\sigma_{\mathrm{n,mean}}}\right]^{1/b}} + \sum_i \frac{(B_0 - \alpha_{\mathrm{B}} f^{-1})\left[c_1 \sigma_{c_2}(t_i^{c_3} + c_4 t_i^{c_5} + c_6 t_i^{c_7})\,\mathrm{e}^{-c_8/T_i}\right]}{\varepsilon_{t_i}} \tag{7-64}$$

式（7－64）将机械疲劳损伤与蠕变损伤非线性耦合起来，建立起铝合金材料的非线性耦合损伤累积模型。对于高频的机械载荷，通过引入蠕变加速参数有效地分析了其对蠕变损伤的影响，结合前期研究的铝合金材料的 Graham 蠕变模型，最终建立起本章所需要的机械蠕变耦合损伤累积模型，为下一步材料的热－机耦合损伤累积模型的建立奠定良好的基础。

7.6 气缸盖热－机耦合作用下损伤累积模型

本节通过理论与试验研究相结合的方式建立了柴油机零部件材料的非线性热－机耦合疲劳损伤累积模型。在蠕变与疲劳损伤累积模型的基础上，结合材料的热－机耦合疲劳试验数据，建立了材料的非线性热－机耦合疲劳损伤累积模型。建立的材料非线性热－机耦合疲劳损伤累积模型通过修正，充分考虑实际结构的应力多轴及应力梯度特性，能够应用到气缸盖及活塞的热－机载荷耦合作用下的疲劳寿命预测。

7.6.1 蠕墨铸铁非线性热－机耦合疲劳损伤累积模型

对于蠕墨铸铁材料，前面几小节研究了其蠕变损伤模型，最后得到高频机械载荷下造成的蠕变损伤为：

$$D = 1 - \left(1 - \frac{N}{N_c}\right)^{\frac{1}{1+\alpha+\beta}} \tag{7-65}$$

式中，

$$N_c = 2fR^{-1}\left|\sigma\right|^{-\alpha}(1+\alpha+\beta)^{-1} \tag{7-66}$$

多轴机械疲劳损伤表达式为：

$$dD_{mech} = \frac{1}{N_{mech}} = \frac{2}{\left[\frac{\sqrt{3(\Delta\tau/2)^2 + S(\Delta\sigma/2)^2}}{\sigma_f' - 2\sigma_{n,mean}}\right]^{1/b}} \tag{7-67}$$

由前面研究，得到了机械疲劳与蠕变损伤累积模型：

$$\begin{cases} D_{total} = \sum_i \frac{2N_i}{\left[\frac{\sqrt{3(\Delta\tau/2)^2 + S(\Delta\sigma/2)^2}}{\sigma_f' - 2\sigma_{n,mean}}\right]^{1/b}} + \sum_i \left[1 - \left(1 - \frac{N_i}{N_c}\right)^{\frac{1}{1+\alpha+\beta}}\right] \\ N_c = 2fR^{-1}\sigma_e^{-\alpha}(1+\alpha+\beta)^{-1} \end{cases} \tag{7-68}$$

式中，$\Delta\tau/2$ 为在一个加载周期内临界面剪应力幅；$\Delta\sigma/2$ 为临界面法向正应力幅；S 为材料特性参数，表征临界面法向正应力幅对疲劳损伤的影响因子；σ_f'为疲劳强度系数；$\sigma_{n,mean}$为临界面平均法向应力，b 为疲劳强度指数（σ_f'、b、α 为材料单轴疲劳特性参数）；$R = C_L^+ + C_L^-$；f 为载荷频率。

此外，根据对蠕墨铸铁材料的热冲击试验研究成果，蠕墨铸铁材料在热负荷下的疲劳寿命与热微裂纹的分形维数之间的关系式为：

$$M = 1.42 - \left(-0.0467\frac{\left(\frac{\Delta T}{100}\right)^{\gamma}}{\left(\frac{t}{10}\right)^{\nu}} + 2.214\right)N_{ther}^{-0.42} \tag{7-69}$$

式中，M 为热微裂纹的分形维数，根据材料的试验结论，对于蠕墨铸铁材料，在热微裂纹的形成终点时 $M=1.27$；ΔT 为温度变化幅值；t 为热冲击时间。

对式（7－69）进行处理，得到疲劳寿命的表达式为：

$$N_{ther} = \left\{(1.42 - M)\left[-0.0467\frac{\left(\frac{\Delta T}{100}\right)^{\gamma}}{\left(\frac{t}{10}\right)^{\nu}} + 2.214\right]^{-1}\right)^{-\frac{1}{0.42}} \tag{7-70}$$

这样，在热负荷作用下材料内部损伤表达式为：

$$\mathrm{d}D_{\text{ther}} = \frac{1}{N_{\text{ther}}} = \left\{ (1.42 - M) \left[-0.0467 \frac{\left(\frac{\Delta T}{100}\right)^{\gamma}}{\left(\frac{t}{10}\right)^{\nu}} + 2.214 \right]^{-1} \right\}^{\frac{1}{0.42}} \tag{7-71}$$

这里，将时间 t 作为高温加载时间，对原模型进行了修改，以便于后面对材料及结构件模型参数的获取。

根据材料损伤理论，在热－机耦合状态下材料的非线性损伤累积模型可表示为：

$$D_{\text{total}} = D_{\text{ther}} + D_{\text{mech+cre}} \tag{7-72}$$

由式（7－70）、式（7－71）及式（7－72），便得到：

$$\begin{aligned} D_{\text{total}} = & \sum_i \left\{ (1.42 - M) \left[-0.0467 \frac{\left(\frac{\Delta T}{100}\right)^{\gamma}}{\left(\frac{t}{10}\right)^{\nu}} + 2.214 \right]^{-1} \right\}^{\frac{1}{0.42}} + \\ & \sum_i \frac{2N_i}{\left[\frac{\sqrt{3(\Delta\tau/2)^2 + S(\Delta\sigma/2)^2}}{\sigma_{\text{f}}' - 2\sigma_{\text{n,mean}}} \right]^{1/b}} + \sum_i \left[1 - \left(1 - \frac{N_i}{N_{\text{c}}} \right)^{\frac{1}{1+\alpha+\beta}} N_{\text{c}} \right] \\ = & 2fR^{-1}\sigma_{\text{e}}^{-\alpha}(1+\alpha+\beta)^{-1} \end{aligned} \tag{7-73}$$

式（7－73）即为蠕墨铸铁材料的非线性热－机耦合疲劳损伤累积模型。该模型考虑了热疲劳损伤、机械多轴疲劳损伤及高温蠕变损伤及其各损伤之间的非线性相互作用关系，将复杂的、相互影响的损伤进行了模型化的、公式化的处理，使得对材料热－机耦合疲劳损伤的研究实现了量化分析。

对于蠕墨铸铁材料的热－机耦合疲劳试验，制备了 150 根试验棒料，且已全部加工成为标准试件。但在试验过程发现，蠕墨铸铁材料的试验数据分散性很大，且试验控制很难，大量的试件被作废，最后也难以得到有效的试验数据。图 7－19 为获得的少量蠕墨铸铁材料在 400～550 ℃下的热－机耦合疲劳试验数据。由于蠕墨铸铁材料本身制造及加工的难度，再加之热－机耦合疲劳试验的成功率较低，文中得到的蠕墨铸铁材料的有效试验数据较少，且分散性十分大，这给模型的验证及修正带来了难度。

蠕墨铸铁 400～550 ℃热－机耦合疲劳试验采用应力控制，波形为三角波，频率为 0.5 Hz，温度每 30 min 变化一次。根据式（7－73），此时热－机耦合疲劳损伤累积模型可简化为：

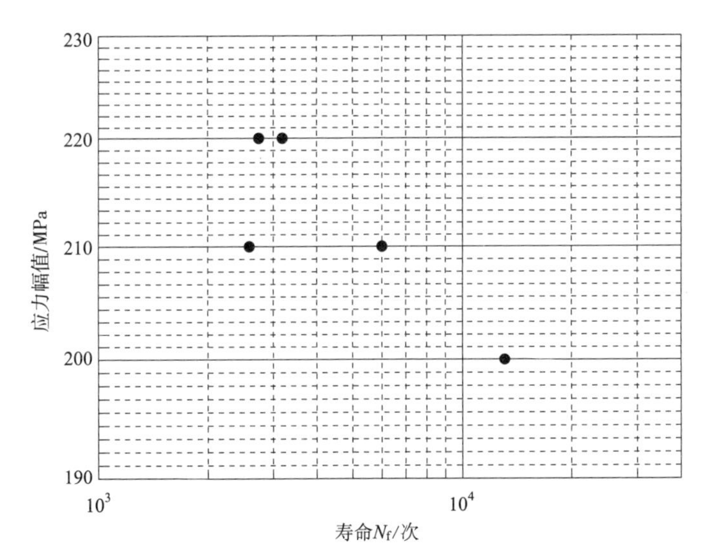

图7-19　蠕墨铸铁材料的热-机耦合疲劳试验数据

$$D_{\text{total}} = \left\{ (1.42 - M) \left[-0.0467 \frac{\left(\frac{\Delta T}{100}\right)^{\gamma}}{\left(\frac{t}{10}\right)^{\nu}} + 2.214 \right]^{-1} \right\}^{-\frac{1}{0.42}}$$

$$+ \frac{2N}{\left[\frac{\sqrt{3(\Delta\tau/2)^2 + S(\Delta\sigma/2)^2}}{\sigma_{\mathrm{f}}' - 2\sigma_{\mathrm{n,mean}}} \right]^{1/b}} + 1 - \left(1 - \frac{N}{N_{\mathrm{c}}}\right)^{\frac{1}{1+\alpha+\beta}} N_{\mathrm{c}}$$

$$= 2fR^{-1}\sigma_{\mathrm{e}}^{-\alpha}(1+\alpha+\beta)^{-1} \tag{7-74}$$

其中，对于热损伤部分，$\Delta T = 150$ ℃，$t = 1\ 800$ s，根据热冲击试验结论，得到γ、ν，循环达到寿命极限时分形维数取$M = 1.27$。

对于机械多轴疲劳损伤部分，根据前期研究，取$S = 0.91$。

随后，对于蠕墨铸铁材料的热-机耦合疲劳试验，为了通过与试验数据对比拟合得到各未知参量的具体数值，首先将上述各参数代入式（7-74）热损伤部分，得到热损伤为：

$$\left[(1.42 - M)\left(-0.0467\left(\frac{\Delta T}{100}\right)^{\gamma} / \left(\frac{t}{10}\right)^{\nu} + 2.214 \right)^{-1} \right]^{\frac{1}{0.42}} =$$

$$\left[(1.42 - 1.27)(-0.0467 \times 1.5^{1.2} / 180^{0.478} + 2.214)^{-1} \right]^{\frac{1}{0.42}} = 0.001657 \tag{7-75}$$

对于单轴疲劳试验，取$D_{\text{total}} = 1$，此时则有$\Delta\tau/2 = \Delta\sigma/2 = \sigma/2$（控制载荷

幅值）。机械多轴疲劳损伤部分未知数为σ'_f和 b。

根据前面对于蠕变损伤模型的研究，可将 R 简化为一个单一未知量，代入式（7－74），最后得到：

$$0.001657+\frac{2N_f}{\left[\frac{\sqrt{3(\Delta\tau/2)^2+0.91(\Delta\sigma/2)^2}}{\sigma'_f}\right]^{1/b}}-\left[1-\frac{N_f}{2f}R\sigma_e^{\alpha}(1+\alpha+\beta)\right]^{\frac{1}{1+\alpha+\beta}}=0 \tag{7-76}$$

上式未知参数为 σ'_f、b、α、β 和 R，根据上式，采用 Matlab 编程，采用优化算法对蠕墨铸铁材料的热－机耦合疲劳试验数据进行分析，最后得到各参数的具体数值。图 7－20 即为蠕墨铸铁材料热－机耦合疲劳试验数据与模型对比。

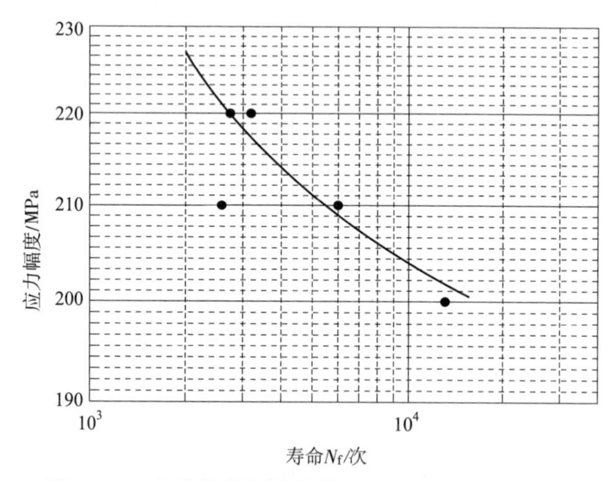

图 7－20　蠕墨铸铁材料的热－机耦合疲劳模型曲线

从获得的试验数据看，建立的蠕墨铸铁材料的非线性热－机耦合疲劳损伤累积模型能对其疲劳寿命进行准确预测，对于材料在热－机载荷下的复杂损伤累积能够进行较为准确地描述，其精度得到了保证，采用建立的热－机耦合疲劳损伤累积模型寿命计算结果与试验对比的误差图如图 7－21 所示。

采用本小节建立的蠕墨铸铁材料的热－机耦合疲劳损伤累积模型，结合前期研究得到的气缸盖在考核工况下的载荷谱及应力谱，就能对其进行热－机耦合状态下的疲劳寿命预测，相比于传统的简化模型，本小节建立的损伤累积模型预测的寿命将会更加准确，与实际疲劳试验的误差将会大幅减小。

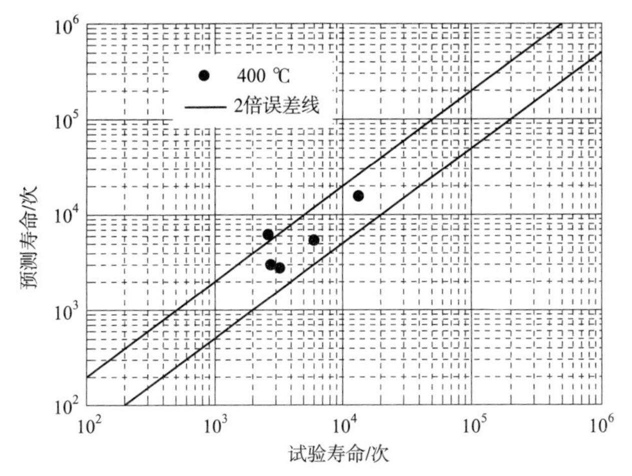

图7－21 蠕墨铸铁材料的寿命预测误差带

7.6.2 铝合金非线性热－机耦合疲劳损伤累积模型

通过前面的研究，得到了铝合金材料的机械疲劳与蠕变耦合损伤累积模型，如下式所示：

$$D_{\text{total}} = \sum_i \frac{2N_i}{\left[\dfrac{\sqrt{3(\Delta\tau/2)^2 + S(\Delta\sigma/2)^2}}{\sigma_f' - 2\sigma_{n,\text{mean}}}\right]^{1/b}} + \sum_i \frac{(B_0 - \alpha_B f^{-1})(c_1\sigma^{c_2}(t_i^{c_3} + c_4 t_i^{c_5} + c_6 t_i^{c_7})\,e^{-c_8/T_i})}{\varepsilon_{t_i}} \tag{7-77}$$

该式将机械疲劳损伤及蠕变损伤非线性地累积起来，考虑了高频的机械载荷变化对蠕变损伤带来的影响，同时考虑了机械载荷的多轴特性，将前期研究成果实现了恰当融合。

对铝合金材料，其每循环破坏能可表示为：

$$W' = k'\sigma\varepsilon = k\Delta T^2 \tag{7-78}$$

根据铝合金材料的热疲劳试验结果，可得：

$$\Delta\varepsilon \cdot N_f^{0.3264} = 11.074 \tag{7-79}$$

$$\alpha' = 1/0.3264 = 3.06 \tag{7-80}$$

对于热损伤，只有当温度大于某一值 T_0（热激活温度）才明显出现材料再结晶、晶粒粗大、缺陷向晶界凝聚与扩展等疲劳性能劣化问题。这一温度 $T_0 = 0.3 \sim 0.6T_m$（T_m 为材料熔点温度），对于铝合金，$T_0 = 180$ ℃。对于含

17% 高熔点 Al_2O_3 均匀编织纤维的铝合金复合材料，会阻碍微缺陷的聚集。对于复合材料，热激活温度 $T_0 = 220 \sim 250$ ℃。下限是由熔点（Al_2O_3含量）因素确定，上限由材料高温强度的变化确定（同样强度，复合材料工作温度可提高 70 ~ 80 ℃）。这里对铝合金材料取 $T_0 = 180$ ℃。

$$W = k[(T - T_0)/\varepsilon_f \sigma_b]^{\alpha'} \tag{7-81}$$

式中，T 为材料工作时的温度。

此外，同样的破坏能对材料造成的损伤还取决于材料的热激活活性。热损伤的演化属于热激活过程，热激活过程满足阿伦尼斯（Arrhenius）规律：

$$N_f = A e^{E/(KT)} \tag{7-82}$$

式中，E 为激活能，与材料有关，单位是电子伏特；K 为波尔兹曼常数；$E/(KT)$ 的单位是温度单位，故又称为激活温度。

对于热疲劳问题，可以借用该激活规律，反映温度对损伤的影响，以 $T - T_0$来表示。

最后得到铝合金材料的热疲劳损伤寿命预测模型：

$$N_f = k[(T - T_0)/\varepsilon_f \sigma_b]^{\alpha'} e^{\beta/(T - T_0)} \tag{7-83}$$

其中，对于铝合金材料，其 ε_f 减小，σ_b 增加，设其乘积保持不变，得到

$$N_f = k(T - T_0)^{\alpha'} e^{\beta/(T - T_0)} \tag{7-84}$$

其中，$T_0 = 180$ ℃。

这样，根据材料的热疲劳寿命预测，可以得到其热损伤表达式为：

$$D_{ther} = 1/N_f = [k(T - T_0)^{\alpha'}]^{-1} e^{\beta/(T_0 - T)} \tag{7-85}$$

根据材料耦合损伤的关系，得到热 - 机耦合条件下铝合金材料的损伤累积模型为：

$$dD_{total} = dD_{ther} + dD_{mech+cre} \tag{7-86}$$

将上述铝合金材料的蠕变与机械疲劳耦合损伤及热疲劳损伤累积模型代入，最后得到非线性热 - 机耦合损伤累积模型：

$$\begin{aligned} D_{total} = & \sum_i [k(T_i - T_0)^{\alpha'}]^{-1} e^{\beta/(T_0 - T_i)} + \\ & \sum_i \frac{2N_i}{\left[\dfrac{\sqrt{3(\Delta\tau/2)^2 + S(\Delta\sigma/2)^2}}{\sigma'_f - 2\sigma_{n,mean}}\right]^{1/b}} + \\ & \sum_i \frac{(B_0 - \alpha_B f^{-1})(c_1 \sigma^{c_2}(t_i^{c3} + c_4 t_i^{c5} + c_6 t_i^{c7}) e^{-c_8/T_i})}{\varepsilon_{t_i}} \end{aligned} \tag{7-87}$$

公式里三项累积和分别为热疲劳损伤、机械疲劳损伤及高频影响下的蠕变损伤表达式，该损伤耦合模型将三种损伤之间非线性相互作用关系采用数

学公式进行了量化表达。

对于铝合金材料的热 – 机耦合疲劳试验，制备了 150 根试验试件，由于试件在试验过程中容易发生突然脆断，使得试验废掉大量的试件，最后获得了图 7 – 22 所示的在 200 ~ 350 ℃及 350 ~ 400 ℃下的热 – 机耦合疲劳试验数据，试验中的载荷频率 $f = 0.5$ Hz，每 30 min 改变一次加载温度，机械载荷波形为三角波。在试验过程中，首先对试件进行半小时左右的保温，使其温度分布均匀，随后再施加机械载荷，该过程中温度保持不变，以此来近似模拟活塞材料在正常工作过程中所承受的机械及热负荷的作用。

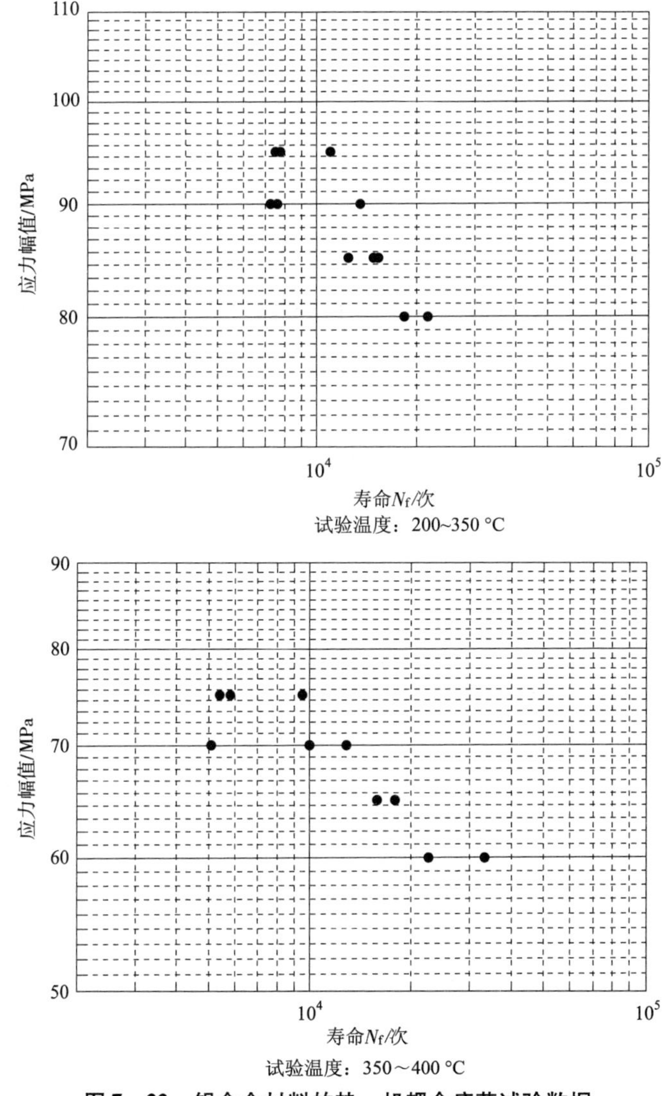

图 7 – 22 铝合金材料的热 – 机耦合疲劳试验数据

根据热－机耦合疲劳试验数据，采用上述建立的铝合金材料的非线性热－机耦合疲劳损伤累积模型，对这两组试验数据进行分析、处理。

在式（7－87）所示的疲劳模型中，未知的材料参数为 b、σ_f'、B_0、α_B。公式中的其他参数由材料的高温蠕变试验或高温疲劳试验中获得。

对模型中的热疲劳损伤部分，由公式得到：

200～350 ℃：

$$\begin{aligned}D_{ther} &= [k(T-T_0)^{\alpha'}]^{-1}e^{\beta/(T_0-T)}\\ &= [1.81\times10^{11}\times(200-180)^{-3.06}]^{-1}e^{60.86/(180-200)}+\\ &\quad [1.81\times10^{11}\times(350-180)^{-3.06}]^{-1}e^{60.86/(180-350)}=2.583\times10^{-5}\end{aligned} \tag{7-88}$$

350～400 ℃：

$$\begin{aligned}D_{ther} &= [k(T-T_0)^{\alpha'}]^{-1}e^{\beta/(T_0-T)}\\ &= [1.81\times10^{11}\times(350-180)^{-3.06}]^{-1}e^{60.86/(180-350)}+\\ &\quad [1.81\times10^{11}\times(400-180)^{-3.06}]^{-1}e^{60.86/(180-400)}=8.748\times10^{-5}\end{aligned} \tag{7-89}$$

对于单轴疲劳试验，同样取$D_{total}=1$，此时则有 $\Delta\tau/2=\Delta\sigma/2=\sigma/2$（控制载荷幅值）。机械多轴疲劳损伤部分未知参量为$\sigma_f'$和 b。

对于机械多轴疲劳损伤部分，根据前期研究结果，取 $S=0.64$。

对于蠕变损伤部分，由铝合金材料的循环拉压本构模型：

$$\frac{\Delta\sigma}{2}=K'\left(\frac{\Delta\varepsilon_p}{2}\right)^{n'} \tag{7-90}$$

通过上述模型与单轴拉伸试验数据的对比，可以得出热－机模型中的ε_t的取值。

根据研究，在上述 4 个温度下，材料的变形以应变量 0.002 为分界，弹性部分可视为直线。最后可据此求出热－机模型中蠕变损伤中的应变量。

蠕变损伤中的时间 t 为每一温度作用下的时间 30 min，参数 c_1～c_8根据前面建立的参数随温度的变化关系得到，为了计算方便，在 200～350 ℃下取其为 300 ℃下的数值，350～400 ℃下取 350 ℃下的数值。

最后得到需要求得的参数方程为：

200～350 ℃：

$$1=2.583\times10^{-5}+\frac{2N_f}{\left[\frac{\sqrt{3(\Delta\tau/2)^2+0.64(\Delta\sigma/2)^2}}{\sigma'_f}\right]^{1/b}}+ \tag{7-91}$$

$$6.28\times10^{-7}\sigma^{2.85}(B_0-\alpha_B f^{-1})$$

350 ~ 400 ℃：

$$1 = 8.748 \times 10^{-5} + \frac{2N_f}{\left[\frac{\sqrt{3(\Delta\tau/2)^2 + 0.64(\Delta\sigma/2)^2}}{\sigma'_f}\right]^{1/b}} + \tag{7-92}$$

$$8.21 \times 10^{-8} \sigma^{3.846} (B_0 - \alpha_B f^{-1})$$

根据上两式，采用 Matlab 编程，并采用优化算法对铝合金材料的热 - 机耦合疲劳试验数据进行分析，最后求得各参数值。

图 7 - 23 为两组温度下的模型寿命曲线与试验数据的对比。

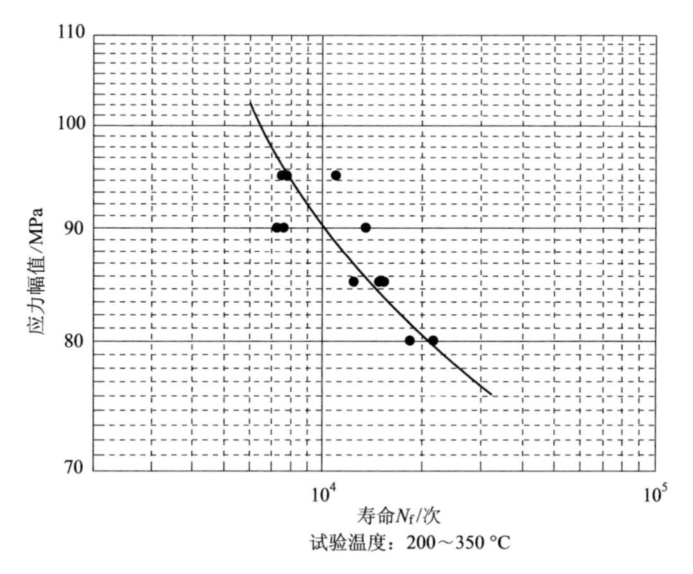

试验温度：200～350 °C

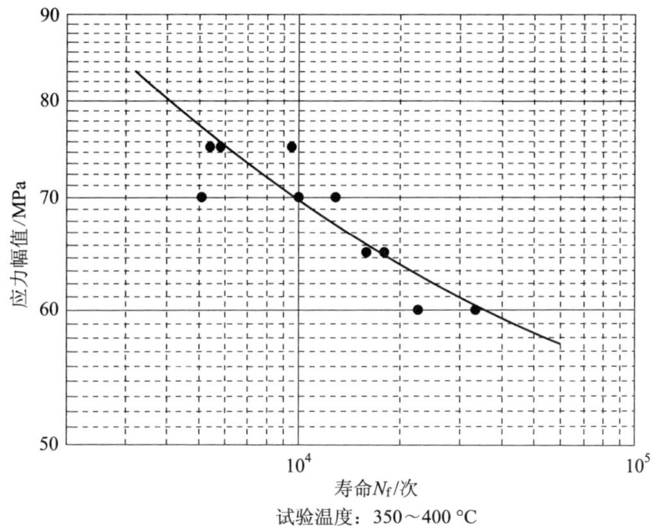

试验温度：350～400 °C

图 7 - 23　铝合金材料的热 - 机耦合疲劳模型曲线

从图 7－23 可以看出，模型曲线与试验数据贴合度很好，显示出该模型对试验数据良好的预测性。图 7－24 给出了采用该模型对材料的疲劳寿命进行预测的误差带图，可见预测结果都在 2 倍误差因子范围内。

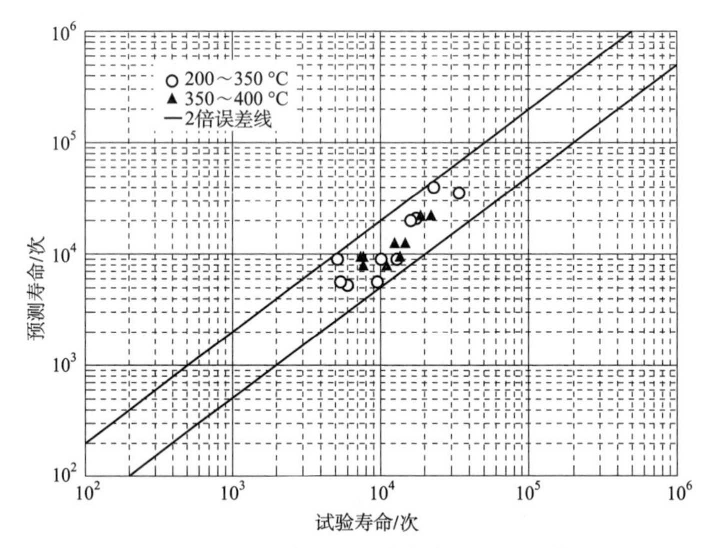

图 7－24　铝合金材料的寿命预测误差带

本小节建立的铝合金材料的非线性热－机耦合疲劳损伤累积模型与试验数据拟合很好，采用此模型对材料的热－机耦合疲劳寿命预测的误差均处于 2 倍因子误差带内，表明所建立的热－机耦合疲劳损伤累积模型能够准确、有效地预测材料在循环机械及热负荷下的损伤累积。

7.6.3　气缸盖热－机耦合疲劳寿命预测方法

对结构件进行疲劳寿命预测，其步骤主要是：

（1）确定结构中的疲劳危险部位。

（2）求出危险部位的应力或应变谱。

（3）由材料的疲劳寿命曲线或疲劳寿命模型确定各载荷水平对应的疲劳寿命。

（4）采用损伤累积理论，求出危险部位的疲劳寿命。

第一步针对气缸盖结构，大量的工程破坏案例表明气缸盖火力面排气鼻梁区是其最容易发生疲劳失效的部位。结合对多种气缸盖的应力场及温度场数值仿真计算结果，其排气鼻梁区温度最高，产生的塑性应变值最高。除了排气鼻梁，对于四气门气缸盖，其他三个鼻梁区域也是疲劳危险部位，气缸盖火力面应力最大点出现在进气鼻梁区。根据后续疲劳寿命分析工作量的大小及危险部位的影响因素，将排气鼻梁及进气鼻梁作为疲劳寿命的危险部位，在排气鼻梁上选择温度及应力水平最高点作为预测点，进气鼻梁将应力最大点作为预测点。

第二步根据考核工况，利用一维性能仿真得到缸内压力曲线和换热系数，通过此数据利用有限元计算，得到气缸盖的温度场以及气缸盖热－机耦合应力应变场。再利用气缸盖危险部位的应力分布情况，利用弹性力学方法求出考核工况的载荷谱。

第三步通过数值拟合技术，计算得到蠕墨铸铁材料的非线性热－机耦合疲劳损伤累积模型中的常数，再根据第二步得到的载荷谱和上述损伤累计模型，预测气缸盖危险部位的疲劳寿命。

7.7　气缸盖多元力学性能耦合模型

对于柴油机燃烧室零件活塞及气缸盖，在正常工作时承受较高的热负荷及机械载荷作用，需要采用损伤力学理论对其在高温下承受的机械疲劳及低周热机损伤进行研究，以此为基础叠加上述两种损伤建立高周机械与低周热－机耦合损伤累积模型。

1. 高周机械损伤模型

高周机械损伤模型参见7.4.2节。

2. 低周热－机耦合损伤模型

低周热－机耦合损伤模型需要考虑低周疲劳损伤、蠕变损伤和高温氧化损伤，目前考虑上述三种损伤的经典模型为Neu－Sehitoglu模型，其以损伤叠加形式综合考虑了上述三种热－机耦合损伤项。总的损伤D^{tot}表示为三项损伤之和，总热－机耦合疲劳寿命N_f表示为：

$$D^{tot}=D^{fat}+D^{ox}+D^{creep} \tag{7-93}$$

$$\frac{1}{N_f}=\frac{1}{N_f^{fat}}+\frac{1}{N_f^{ox}}+\frac{1}{N_f^{creep}} \tag{7-94}$$

式中，D^{fat}、D^{ox}和D^{creep}分别表示低周疲劳损伤、高温氧化损伤和蠕变损伤。

1）低周疲劳损伤

低周疲劳损伤主要由位错滑移导致，位错滑移继而导致裂纹的萌生，裂纹的扩展通过局部变形和循环塑性区，疲劳损伤参考基于应变的宏观力学模型，损伤主要由机械应变幅值/塑性应变幅值计算确定。疲劳损伤寿命计算通过Masson－Coffin方程形式计算，疲劳损伤项对应寿命N_f^{fat}表示为：

$$\frac{\Delta\varepsilon_{\mathrm{mech}}}{2}=\frac{\sigma'_{\mathrm{f}}}{E}(2N_{\mathrm{f}}^{\mathrm{fat}})^{b}+\varepsilon'_{\mathrm{f}}(2N_{\mathrm{f}}^{\mathrm{fat}})^{c} \tag{7-95}$$

$$D^{\mathrm{fat}}=\frac{1}{N_{\mathrm{f}}^{\mathrm{fat}}} \tag{7-96}$$

式中，$\Delta\varepsilon_{\mathrm{mech}}$为机械应变幅；$E$ 为弹性模量；σ'_{f} 和 $\varepsilon'_{\mathrm{f}}$ 为线性系数；b 和 c 为指数系数。输入项为机械应变幅，由此得到寿命，继而得到疲劳损伤项D^{fat}。

2）蠕变损伤

蠕变损伤项计算驱动参数为有效载荷和静水载荷，计算公式为：

$$D^{\mathrm{creep}}=\Phi^{\mathrm{creep}}\int_{0}^{t_{\mathrm{c}}}A\,\mathrm{e}^{[-\Delta H/(RT)]}\left(\frac{\alpha_{1}\bar{\sigma}+\alpha_{2}\sigma_{\mathrm{H}}}{K}\right)^{m}\mathrm{d}t \tag{7-97}$$

蠕变损伤与疲劳损伤不同，自变量为时间而不是循环次数。计算公式中，$\bar{\sigma}$ 和 σ_{H} 分别为有效载荷和静水载荷；t_{c} 为每循环对应时间；RT 为温度，其他参数 A、ΔH、α_{1}、α_{2}、m、K 为材料参数。同时蠕变损伤需考虑相位影响：

$$\Phi^{\mathrm{creep}}=\frac{1}{t_{\mathrm{c}}}\int_{0}^{t_{\mathrm{c}}}\phi^{\mathrm{creep}}\mathrm{d}t \tag{7-98}$$

$$\phi^{\mathrm{creep}}=\mathrm{e}^{-\frac{1}{2}\left[\frac{(\dot{\varepsilon}_{\mathrm{th}}/\dot{\varepsilon}_{\mathrm{mech}})-1}{\xi^{\mathrm{creep}}}\right]^{2}} \tag{7-99}$$

式中，ξ^{creep}为与蠕变相关的参数。

由此可以计算得到蠕变损伤随时间的变化量，通过每循环对应时间和循环次数的频率转化关系，可以得到蠕变损伤对应寿命 $N_{\mathrm{f}}^{\mathrm{creep}}$。

$$N_{\mathrm{f}}^{\mathrm{creep}}=\frac{1}{D^{\mathrm{creep}}} \tag{7-100}$$

3）高温氧化损伤

高温氧化项通过氧化裂纹萌生和扩展表征，基于表面测量和裂尖氧化，当应变幅值超过氧化裂纹幅值，则氧化损伤发生。氧化损伤项变量为氧化层厚度，即氧化层厚度随时间变化，计算公式为：

$$\frac{\mathrm{d}h_{\mathrm{o}}}{\mathrm{d}N}=\frac{\mathrm{d}h_{\mathrm{o}}}{\mathrm{d}t}\cdot t_{\mathrm{c}} \tag{7-101}$$

式中，h_{o}为氧化层厚度；t_{c}为每循环对应时间。当氧化层没破裂的时候，氧化层生长遵循规律与模型可能为抛物线形式：

$$h_{\mathrm{o}}=\sqrt{K_{\mathrm{p}}t} \tag{7-102}$$

$$K_{\mathrm{p}}^{\mathrm{eff}}=\frac{1}{t_{\mathrm{c}}}\int_{0}^{t_{\mathrm{c}}}D_{\mathrm{o}}\,\mathrm{e}^{\left(\frac{-Q}{RT(t)}\right)}\mathrm{d}t \tag{7-103}$$

当氧化层破裂的时候，局部会有更快的氧化速率：

$$\frac{\mathrm{d}h_{\mathrm{o}}}{\mathrm{d}N}=B\frac{K_{\mathrm{p}}^{\mathrm{eff}}}{\bar{h}_{\mathrm{f}}}\beta N^{\beta-1}t_{\mathrm{c}}^{\beta} \tag{7-104}$$

同时，有效长度的生长可能是非线性的。需要注意，氧化诱导裂纹生长在同相 TMF 情况下不发生。考虑相位造成损失的影响因素，需定义相位因素，相位因素项在 0～1 之间，异相的时候为 1，相位因素项表示为：

$$\Phi^{ox} = \frac{1}{t_c}\int_0^{t_c} \phi^{ox} dt \tag{7-105}$$

$$\phi^{ox} = e^{-\frac{1}{2}\left[\frac{(\dot{\varepsilon}_{th}/\dot{\varepsilon}_{mech})-1}{\xi^{ox}}\right]^2} \tag{7-106}$$

式中，ξ^{ox} 为与氧化相关的参数。

此外，需要确定平均临界氧化层厚度：

$$\bar{h}_f = \frac{\delta_o}{(\Delta\varepsilon_{mech})^2 \Phi^{ox} \dot{\varepsilon}^{a}} \tag{7-107}$$

$$\frac{1}{N_f^{ox}} = \left(\frac{h_{cr}\delta_o}{B\Phi^{ox}K_p^{eff}}\right)^{-t/\beta} \frac{2(\Delta\varepsilon_{mech})^{(\frac{2}{\beta})+1}}{\dot{\varepsilon}^{1-(\alpha/\beta)}} \tag{7-108}$$

4）高周机械与低周热－机耦合损伤累积模型

将第一部分高周机械损伤项与第二部分低周热－机耦合损伤项进行耦合，可以得到综合损伤，由此计算气缸盖在实际载荷情况下的综合损伤及对应寿命。综合损伤表达式为：

$$dD_{all} = dD_{mech} + dD_{fat+ox+creep} \tag{7-109}$$

$$dD_{fat+ox+creep} = dD^{fat} + dD^{ox} + dD^{creep} \tag{7-110}$$

在第一部分和第二部分分别描述了上述损伤计算方法，需注意的是，高周机械损伤循环为内燃机高周爆压循环，低周热－机循环为内燃机启－停工况循环，二者数量级不同，因此，需要将二者进行统计计算，确定每一次启－停－工况的工作时间和对应高周循环次数，由此计算综合损伤，得到多元疲劳损伤耦合计算寿命。

第8章

高强化柴油机气缸盖评价方法

8.1 引言

本章从高周循环载荷、低周循环载荷及可靠性评价的角度，对某型柴油机气缸盖进行了具体评价及描述，建立了较为完整的评价流程，为气缸盖评价方法体系的建立提供了有效参考。

8.2 基于高周循环载荷的铝合金气缸盖评价

8.2.1 边界条件

铝合金气缸盖工作过程中，承受多方面因素的影响，其中最主要的影响因素包括热负荷和机械负荷，在充分考虑上述影响因素的情况下才可以准确地评价气缸盖的可靠性。热负荷边界以及机械负荷边界详情参见第6章。

8.2.2 仿真分析

1. 铸造仿真分析

高强化气缸盖铸造仿真已在第3章中介绍过了，这里的仿真分析完全按照第3章的流程进行。

2. 气缸盖温度场仿真分析

（1）将6.2.2节中计算得到的火力面各分区的对流换热系数、进排气道对流换热系数、冷却水套对流换热系数代入有限元软件中。

（2）有限元温度场计算网格设置与应力计算不同，需改变网格类型，将网格类型修改为传热类型。

（3）在上述两步的基础上进行气缸盖稳态温度场计算。

3. 气缸盖应力应变场仿真分析

1）部件几何模型搭建

部件建立 CAD 软件较多，大部分均可满足要求，通常工程上常用 UG、CATIA、Pro/E 实现三维建模。

研究分析对象气缸盖为六缸一体，模型较大，且气缸盖具有冷却水腔、进排气道和喷油道等复杂结构，导致模型更为复杂，为了获得合理的计算成本，并保证计算精度，此次计算选择中间一个气缸盖进行计算，同时在计算气缸盖左右各增加一个气缸盖和半个气缸盖，以此消除附近载荷和约束对计算对象的计算结果精度的影响。而且，此种计算对象选择方法已得到许多研究者的验证，计算可靠。气缸盖计算模型如图 8－1 所示。

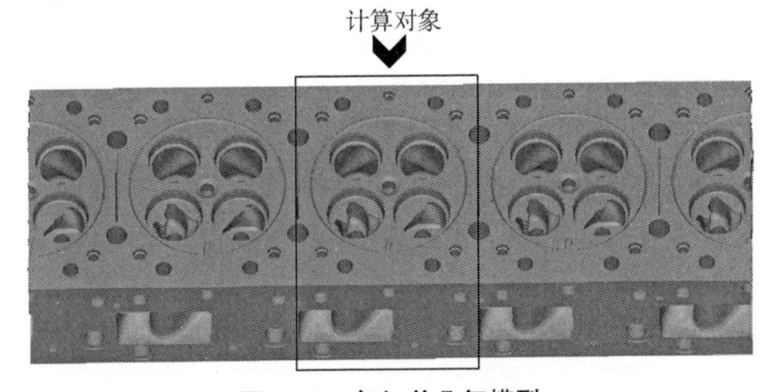

图 8－1　气缸盖几何模型

其他部件包括机体、气缸套、气缸垫、气门座圈和螺栓，上述几何模型如图 8－2 所示。

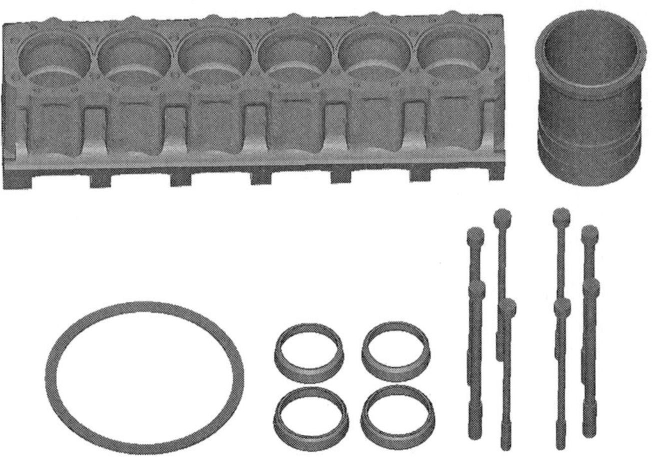

图 8－2　机体、气缸套、气缸垫、气门座圈和螺栓几何模型

2）部件有限元模型搭建

采用 Hypermesh 软件划分气缸盖、机体、螺栓等几何模型网格。因气缸盖是本次考察对象，故对其网格划分要求较高。考虑气缸盖具有冷却水腔和进排气道等复杂结构，选用适应性较高的四面体非结构网格类型比较合适，同时考虑到网格对计算结果精度影响和计算时间成本，为了保证上步计算的温度场能够正确地作为边界条件输入，这里需要用上一步的气缸盖网格进行计算。

对模型进行网格检测，如果网格质量不高，主要可以通过下面的方法进行相应的网格修正（Hypermesh）：

（1）根据上述单元修改方式进行修改。

（2）合并多余节点（2D→replace）。

（3）删除有问题的单元并分别重新生成单元（Mesh→Delete→elements）。

（4）如果前三步仍不能使单元质量达到要求，则选择不同尺寸单元重划网格，一般选择更小尺寸单元。

（5）前四步完成后，若部分区域由于几何特征导致网格划分问题，可将该处分为多个实体区，再划分网格。

最终获得气缸盖模型如图 8 –3 所示。

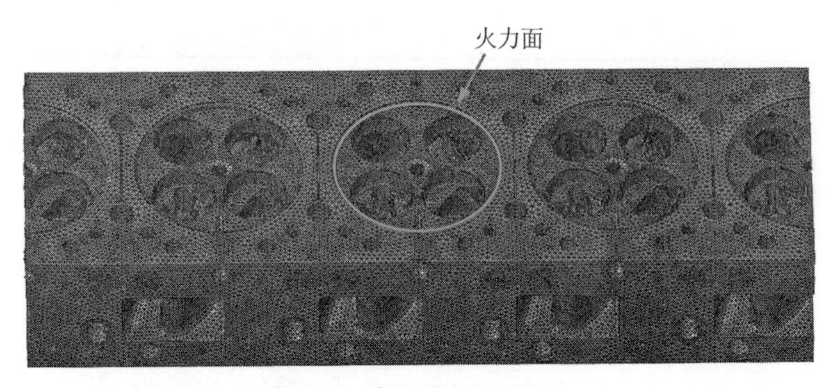

图 8 –3　气缸盖有限元模型

本次计算使用的机体、气门座圈、气缸套、气缸垫模型和螺栓并不是考察对象，网格划分可以采用较为粗糙的网格，考虑到减少计算时间成本，网格尺寸设置较大，如机体网格尺寸设置为 10 ~ 15 mm。最终计算采用的计算模型如图 8 –4 所示。

3）部件材料属性确定

根据气缸盖具体材料，查找气缸盖材料属性，大概包括各温度下的密度、

图8－4　完整装配体有限元模型

各温度下的导热率、各温度下的弹性模量和泊松比、各温度下的膨胀系数、各温度下的屈服强度以及延伸率、比热等。以高强化柴油机铸铝合金为例，屈服强度等材料属性均为随温度变化的参数，气缸盖材料参数表如表8－1所示。机体和气缸垫的材料同样是ZL702铝合金。螺栓和气缸套的材料参数如下：密度为7 800 kg/m^3，弹性模量为210 000 MPa，泊松比为0.27。气门座圈的材料参数如下：密度为7 300 kg/m^3，弹性模量为110 000 MPa，泊松比为0.28。

表8－1　气缸盖材料参数

温度/℃	26	146	206	266	326	386	446	510
弹性模量/MPa	73 008	64 775.3	57 604.1	49 438.8	36 867.7	27 235.5	20 715.3	13 654.1
泊松比	0.366	0.366	0.366	0.366	0.366	0.366	0.366	0.366
密度/(kg·m^{-3})	2 635.38	2 635.38	2 635.38	2 623.17	2 610.47	2 597.28	2 583.61	2 569.47
导热系数/(W·m^{-3}·K^{-1})	170	170	170.782	171.923	172.838	173.588	174.214	174.745
比热/(J·kg^{-1}·K^{-1})	904	904	904	904	904	904	904	904
热膨胀系数/K^{-1}	2.301E－05	2.329E－05	2.356E－05	2.395E－05	2.534E－05	2.534E－05	2.534E－05	2.534E－05

4）接触属性设置

在气缸盖装配体组合模型中的接触为面－面接触，其分为刚－柔、柔－柔的面－面接触单元，刚体性的表面被当作“目标”表面。柔性体的表面被当作“接触”面。有限元计算中常常用到的三种接触为 bond（绑定）、rough（粗糙）、frictional（有摩擦）等，其中对于 bond 和 rough 接触，接触单元的刚度矩阵是对称的。而 frictional 是非对称的，求解时需要更长时间，两接触面可以通过接触区传递一定数量的剪应力。

根据气缸盖装配的实际情况，选择目标面和接触面来定义接触对。接触对一般有螺栓与气缸盖、气缸盖与气缸垫、气缸垫与气缸套、气门座圈与气门座等。

接触关系的存在会大大增加计算成本，简化接触关系会提高计算效率，但过度简化接触关系又不能真实地反映气缸盖的接触状况，使计算产生误差。做气缸盖强度分析时，气缸盖是关注的重点，所以在做气缸盖热－机耦合计算中将所有的接触完整定义。

接触对的设置需要指定目标面和接触面。ABAQUS 中目标面和接触面的选择原则为：

（1）如果一凸面和一平面或凹面接触，应选取平面或凹面为目标面。

（2）如果一表面比另一表面硬（刚度大），应选择硬表面为目标面。

（3）选择网格较粗的面为主面。

所以，尽量保证主面的面积大、网格粗、刚度大。如果三个要素之间有矛盾，要优先考虑网格的影响，最后考虑面的影响。气缸盖接触对中，气缸垫与气缸套、气缸垫与气缸盖的接触一般选择气缸垫为目标面，其他面为接触面。螺栓与气缸盖的接触中，选择螺栓面为目标面，气缸盖为接触面。气门座与气缸盖的接触中，气门座为目标面，气缸盖为接触面。

根据上述原理，在耦合模型中，共定义 12 对摩擦接触对，2 对绑定接触对。摩擦接触对包括：8 对气门座圈与气门座的接触、两对气缸垫与气缸盖的接触、一对气缸垫与气缸套的接触和一对气缸盖和螺栓的接触；绑定接触对包括一对气缸套与机体的绑定和一对机体与螺栓的绑定。

5）约束条件设置

为了保证气缸盖热－机耦合有限元仿真能够成功完成，需对有限元模型进行相应的约束，一般对机体底部进行固定约束，对气缸盖进行对称约束。

6）载荷施加

载荷共包括第 6 章中介绍的三种机械载荷，分别是螺栓预紧力、爆发压力、残余应力。

残余应力施加方式：气缸盖的应力应变计算需要考虑到气缸盖经过铸造和热处理后产生的残余应力和应变。铸造过程的仿真计算是在 ProCAST 软件中进行的，得到气缸盖的残余应力应变场后，在 ABAQUS 软件中进行热处理，热处理后得到气缸盖的残余应力应变场，将其导出应力应变计算中，其流程如下：

（1）将不考虑残余应力的热 – 机耦合设置完毕后导出 . inp 文件。

（2）打开 . inp 文件，将残余应力应变场写入文件，写入形式为“ * include，input = name1. txt”，如图 8 – 5 所示。

```
**
** PREDEFINED FIELDS
**
** Name: Field-1   Type: Temperature
*Initial Conditions, type=TEMPERATURE
SET-10, 27.
**
*include, input=strain-1.txt
*include, input=stress-1.txt
** INTERACTIONS
**
** Interaction: INTPROP-1-1
*Contact Pair, interaction=INTPROP-1, small sliding, type=SURFACE TO SURFACE, adjust=0.2
S-SURF-1, M-SURF-1
** Interaction: INTPROP-1-2
*Contact Pair, interaction=INTPROP-1, small sliding, type=SURFACE TO SURFACE, adjust=0.0
S-SURF-2, M-SURF-2
**
```

图 8 – 5　残余应力应变场导入

注意：残余应力应变场必须在计算模型设置完毕后生成的 . inp 文件中导入，而且一旦导入残余应力应变场就不能在 CAE 中打开此 . inp 文件，需要用 Abaqus Command 命令行进行计算，输入语句为：

abaqus Job = name （cpus = 4）　　#cpus = 4 表示多线程计算

7）气缸盖工作过程的温度场导入

将前面计算得到的气缸盖稳态温度场导入有限元软件中参与气缸盖应力应变计算。

基于上述 7 步的设置，进行气缸盖应力应变场仿真分析。

4. 气缸盖疲劳寿命仿真分析

1）气缸盖应力应变场导入

将 8. 2. 2 节第 3 部分计算得到的气缸盖应力应变场导入气缸盖疲劳寿命仿真软件中，例如 FEMFAT、FEsafe 等。

2）气缸盖材料参数设定

一般像上述疲劳分析软件中有比较全面的材料库，如果其中没有相应的材料，可根据自己的要求进行创建或修改。

3）载荷谱设定

此步可根据实际情况或计算要求选择设定或不设定，设定方法为手动创建载荷谱或导入载荷谱文件。

4）其他影响参数设定

其他影响参数包括表面粗糙度、温度、幸存率、统计学因素等。

5）分析结果设定

几种疲劳分析软件得出的结果形式会有所不同，可根据自己的需求进行选择。

8.3 基于低周循环载荷的铝合金气缸盖评价

8.3.1 边界条件

气缸盖低周循环载荷强度评估方法与高周循环载荷强度评估方法类似，其边界条件一致，包括热负荷以及机械负荷，详情参见第6章。

8.3.2 模型建立

采用三维建模软件 Pro/E 建立某型柴油机气缸盖实体模型，特别需要注意气缸盖水腔及进排气道的结构特征，建立的三维实体模型如图 8－6 所示。

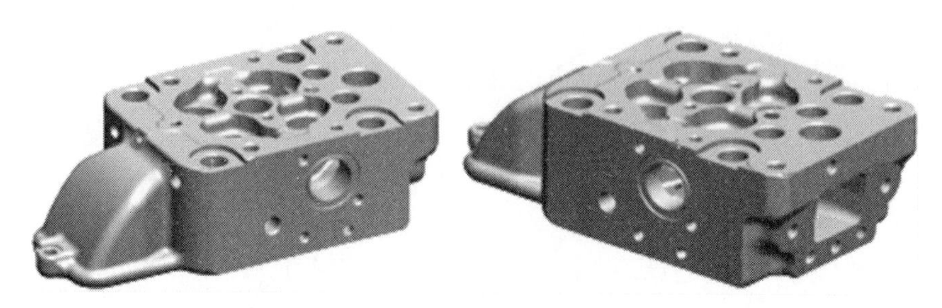

图 8－6 气缸盖三维实体模型

另外，为了后续进行气缸盖水腔流场及耦合传热分析，在三维造型软件 CATIA 中利用布尔操作建立气缸盖内部水腔的整体三维实体模型，如图 8－7 所示。

利用上述操作可得单缸机体－缸盖水套模型及单排的机体－缸盖水套模型，如图 8－8 所示。

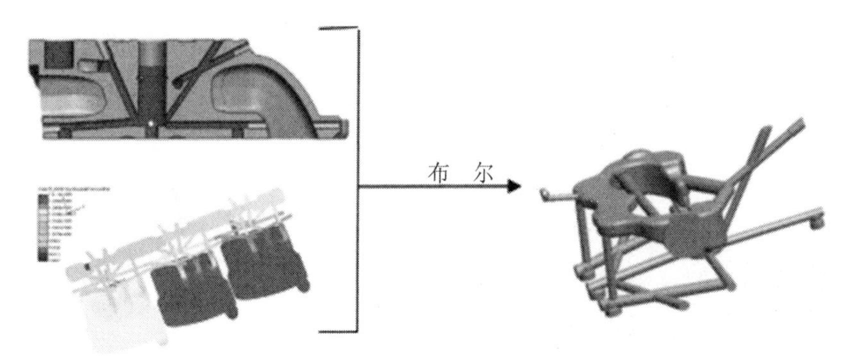

图 8 –7　气缸盖水腔实体模型

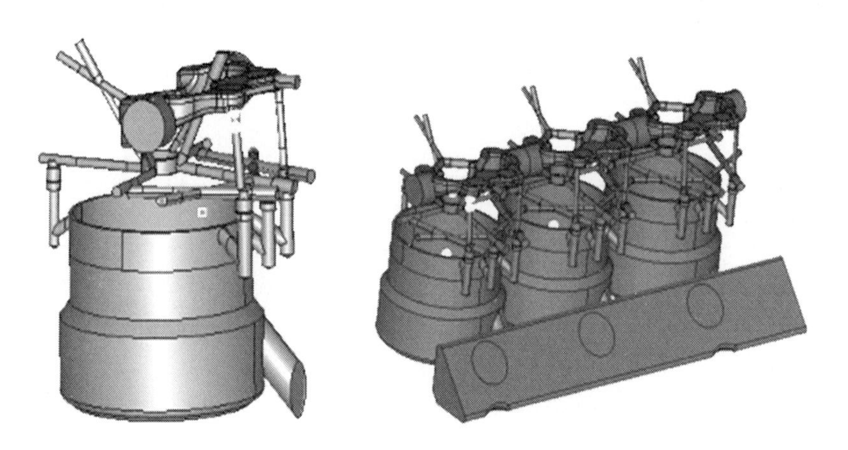

图 8 –8　单缸及单排机体 – 缸盖水套模型

8.3.3　仿真计算

1.　气缸盖换热边界的热流固耦合计算过程

1）单排机体 – 缸盖水套的流场计算

如图 8 –8 所示，取 1 缸为研究对象，为了得到 1 缸的入口流量及出口压力等边界条件，必须先对单排机体 – 缸盖水套进行整体的流体分析。先通过 FIRE 软件进行网格划分，给定单排机体 – 缸盖入口总流量为 1.3 kg/s，环境温度为 393 K，假设出口直接与大气相连，出口压强为大气压。通过计算可得到缸盖 1 水腔的入口流量和出口压强，如图 8 –9 所示。

2）单缸机体 – 缸盖水套的流场计算

取 1 缸为研究对象，入口流量为 0.426 1 kg/s，环境温度为 393 K，出口压强为 178 240 Pa。其他边界条件不变，计算得到单缸机体 - 缸盖水套的流场、温度场及换热系数等，并产生一个 htcc 文件，记录水套的温度和换热系数值，为后面的 mapping 做准备，如图 8 - 10 所示。

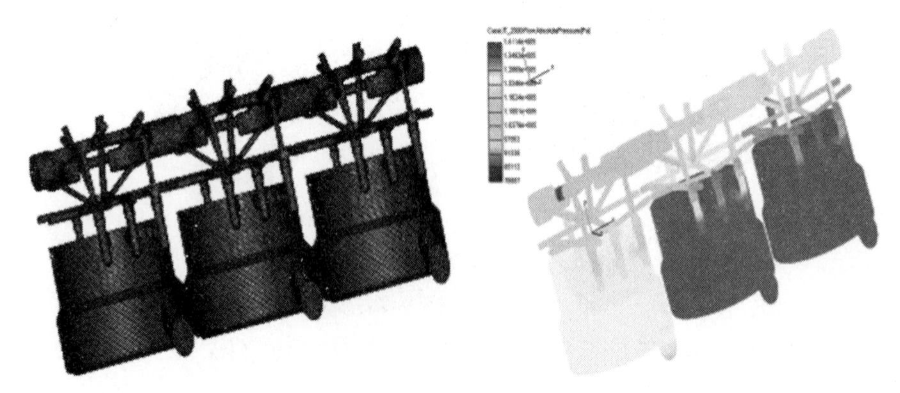

图 8 - 9　单排机体 - 缸盖水套网格及绝对压强云图

名称	大小	类型	修改日期
.block_NoFem.htcc.lock	0 KB	LOCK 文件	2012-3-29 10:17
.Case.bc_01000.lock	0 KB	LOCK 文件	2012-3-29 19:17
.Case.bc_02000.lock	0 KB	LOCK 文件	2012-3-29 20:02
.Case.dat.lock	0 KB	LOCK 文件	2012-2-22 19:43
.Case.fl2.lock	0 KB	LOCK 文件	2012-3-29 18:36
.Case.fl3.lock	0 KB	LOCK 文件	2012-2-22 19:50
.Case.flb.lock	0 KB	LOCK 文件	2012-3-29 18:21
.Case.rs0.lock	0 KB	LOCK 文件	2012-3-29 18:36
.Case.rs1.lock	0 KB	LOCK 文件	2012-3-29 18:51
.head_NoFem.htcc.lock	0 KB	LOCK 文件	2012-3-29 18:21
Case	1 KB	DAT 文件	2012-2-22 19:43
Case	KB	FLA 文件	2012-3-29 20:02
Case.bc_01000	KB	BC_01000 文件	2012-3-29 19:17
Case.bc_01000.mp	KB	MPI 文件	2012-3-29 19:17
Case.bc_02000	14,247 KB	BC_02000 文件	2012-3-29 20:02
Case.bc_02000.mpi	1 KB	MPI 文件	2012-3-29 20:02
Case.fl2	7 KB	FL2 文件	2012-3-29 20:02
Case.fl3	88,128 KB	FL3 文件	2012-3-29 20:02
Case.flb	641 KB	FLB 文件	2012-3-29 20:02
Case.rs0	14,247 KB	RS0 文件	2012-3-29 19:40
Case.rs0.mpi	1 KB	MPI 文件	2012-3-29 19:40
Case.rs1	14,247 KB	RS1 文件	2012-3-29 19:51
Case.rs1.mpi	1 KB	MPI 文件	2012-3-29 19:50
Case.ssf	133 KB	SSF 文件	2012-3-31 22:41
Case.ssf%	133 KB	SSF% 文件	2012-4-9 10:58
cfdsolver.ia32-unknown-winnt	10,984 KB	应用程序	2012-3-29 18:20
head_NoFem	659,787 KB	HTCC 文件	2012-3-29 20:02

类型：LOCK 文件
修改日期：2012-3-29 18:21
大小：0 字节

图 8 - 10　单缸流场计算结果文件示意图

3）排序及 MPC 约束

首先利用 Hypermesh 软件对缸盖进行网格划分，然后在体网格中提取水套的面网格，并利用 renumber 功能对气缸盖的水腔表面网格单元和节点重新编号，对气缸盖实体网格单元和节点重新编号，如图 8 - 11 所示，导出 . inp 文件，利用 Matlab 编程产生约束的 . mpc 文件，使映射在水腔表面网格的热边界条件能一一对应到缸盖实体单元上，最终能进行缸盖的整体温度场计算。

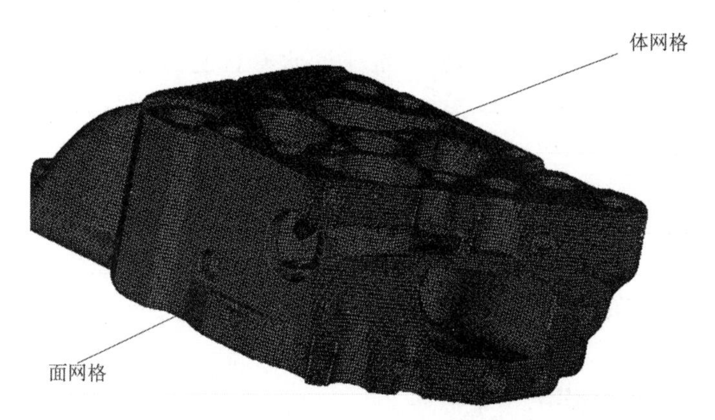

图 8－11　重新排序的缸盖体网格和水腔表面网格（附彩插）

4）热边界条件映射

为了实现冷却液与水套壁面的流固耦合，首先要得到水套侧的热边界条件，并激活映射模块的“FEM－INTERFACE”选项；在图 8－12 处设置水套表面的 CFD selection，以方便后面不同形式网格之间的映射。映射后会产生一个“_HeatData_Element_Averaged. inp”文件，记录水腔表面的温度和换热系数信息。

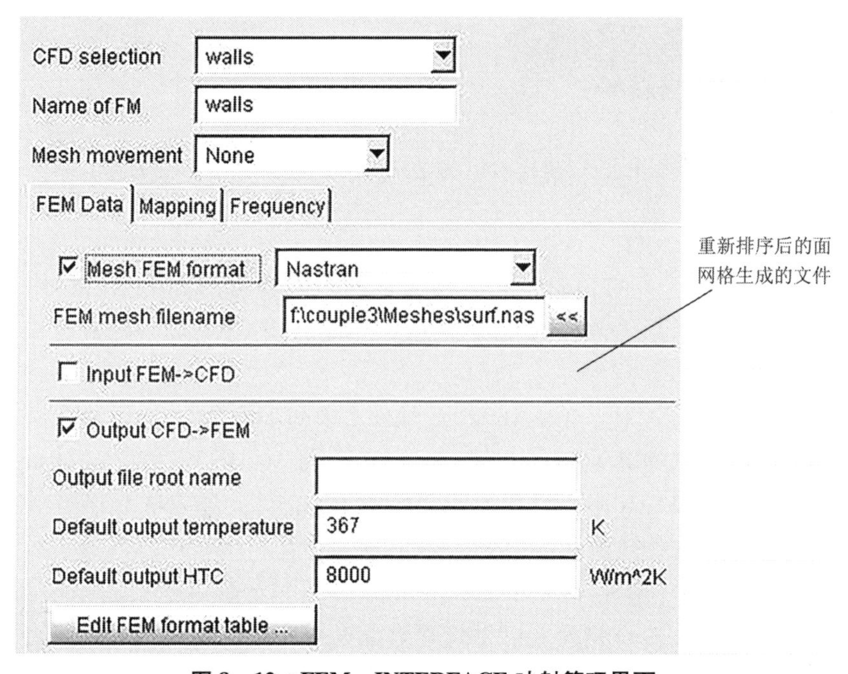

图 8－12　FEM－INTERFACE 映射管理界面

映射热边界条件需要完成两次计算：先进行常规的水套冷却系统水流分布计算。计算结束后，在软件界面中新建一个映射计算例子（FEM 计算），设置相关参数，并把 Hypermesh 中生成的水套部分（surf）表面网格导入 FIRE 软件中，作为被接受映射的结构网格，如图 8－13 所示。水套的 CFD 流体网格要与被映射的结构网格坐标一致，并且前者的网格密度要大于后者，才能使 FIRE 水套计算的热边界条件映射到结构网格中，并生成含有热边界条件的 . inp 映射文件。

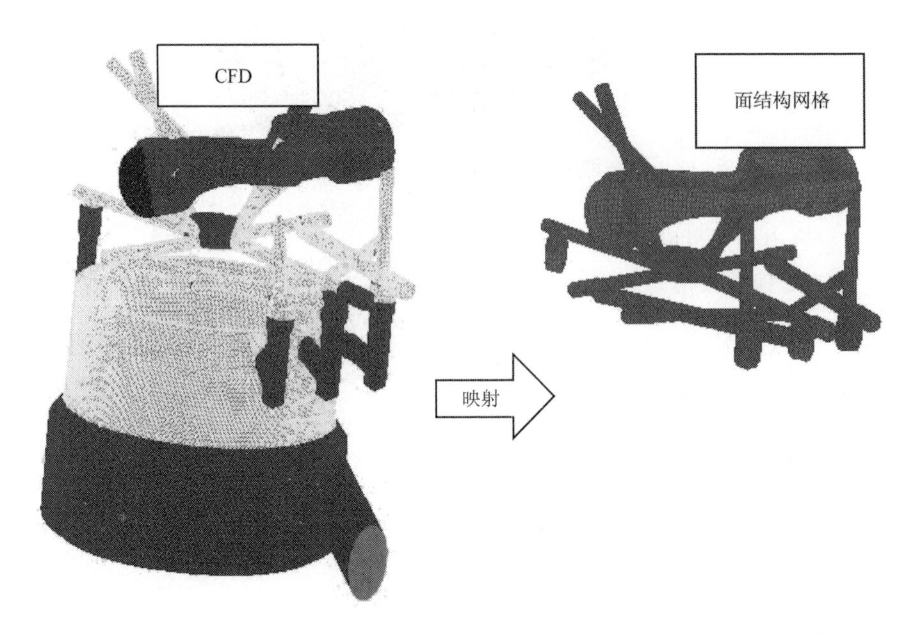

图 8－13　水套网格映射图

5）编写 . inp 文件

编写一个 job－1 的 . inp 文件，将生成的重新编号的面网格、体网格及 CFD 得到的换热系数等信息编入 . inp 文件，导入 ABAQUS 软件，并生成一个 job－2 的 . inp 文件。

6）修改 . inp 文件，导入 ABAQUS 软件实现初步耦合

编辑上述得到的名为 job－2 的 . inp 文件，将 Matlab 程序产生的 . mpc 约束文件加入 job－2. inp 中，另存为一个新的 Job 文件，导入 ABAQUS 软件即可实现水套与缸套传热的初步耦合。

7）火力面换热边界

当前对燃烧室的研究大多以平均等效温度作为环境温度，通过将气缸盖燃烧室表面进行划区以确定换热系数，火力板划区如图 8－14 所示。计算时

采用第三类传热边界条件，即给定加热表面和散热表面处介质（燃气、冷却液、冷却空气）的换热系数和温度值。参考一维性能仿真软件 GT - Power 的仿真结果，气缸盖火力板平均换热系数约为 1 500 W/(m^2 · s · K)，燃气平均温度为 800 ℃左右。

气缸盖边界条件如表 8 - 2 所示。

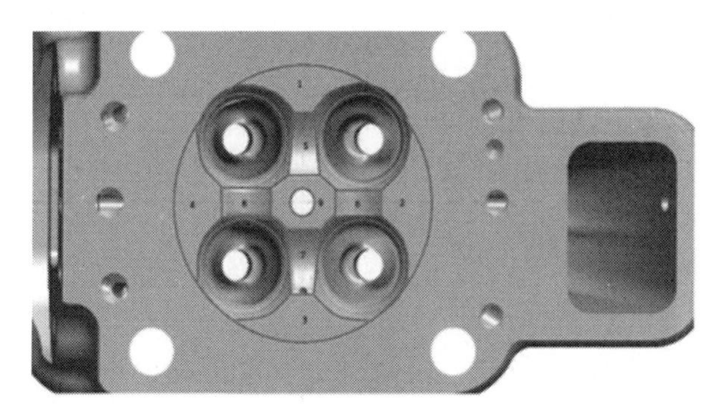

图 8 - 14　气缸盖底板分区图

表 8 - 2　气缸盖温度场计算边界条件

位置	换热系数/(W · m^{-2} · K^{-1})	环境温度/℃
自由表面	20	25
排气道内壁	1 000	483. 5
进气道内壁	150	68
润滑油表面	100	110
底板表面 1	1 468	800
底板表面 2	1 468	800
底板表面 3	1 468	800
底板表面 4	1 468	800
底板表面 5	1 720	800
底板表面 6	1 810	800
底板表面 7	1 720	800
底板表面 8	1 950	800
底板表面 9	1 210	800

得到气缸盖所有壁面含有热边界条件的映射文件、排序完整的 Face 表面网格文件、3D 体网格文件和起约束作用的 . mpc 文件后，就可导入 ABAQUS 进行最后的温度场计算；在计算之前，需要编写一份在 ABAQUS Command 运

行的计算程序，程序中应包含上述多种不同文件的输入顺序、各部分数据的连接关系及其他相关定义等，同时还要准备一份含有缸盖物理属性的材料文件。

如此，便可进行缸盖的初始温度场的计算，将结果文件导入软件的可视化界面便可得到缸盖温度场云图，同时还可以生成缸盖各部分壁面节点的温度分布数据。

8）耦合循环迭代

经过初次热边界条件映射、耦合计算后，便能得到该状态下的气缸盖温度分布情况，通过结果分析和试验数据对比可知，初次的模拟结果与实测值仍存在一定的误差，并未实现真正意义上的耦合计算。因为在首次水套 CFD 计算时，由于无法精确定义水腔壁面的温度分布数据，只能依靠经验参数设置壁面平均初始值，由此计算出初次耦合的热边界条件不可避免地存在一些误差。要想实现真正意义上的耦合，就得让两部分结果和热边界条件在壁面处产生互换和迭代影响。

通过 ABAQUS 后处理功能，可以直接提取水套壁面所有网格节点的温度数据，经过格式转换和处理编辑，最终得到能使 CFD 软件识别的输入文件。因为这部分计算温度值更加接近实际值，因此把它作为水套计算的壁面温度，将使计算结果更加准确。在 FIRE 软件中，把这部分数据替代初次水流分布计算时所设的初始值，再次进行水套的水流分布计算并重复 6）~7）的耦合模拟过程。经过多次迭代计算，对比前后两次的输出结果，当两者的结果误差在合理范围内时，耦合迭代结束。以水套壁面为例，具体流程如图 8－15 所示。

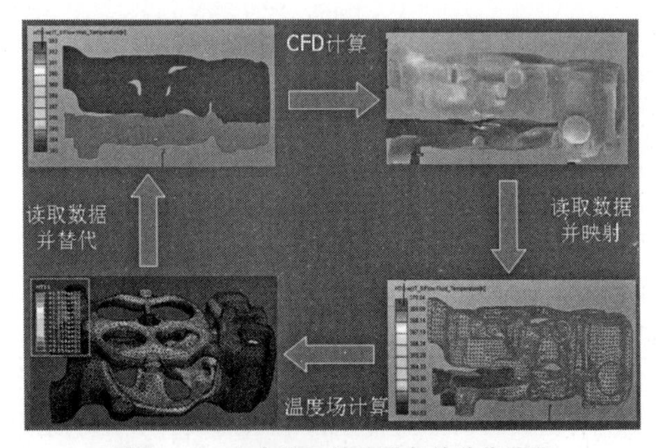

图 8－15　水套壁面热边界条件迭代流程

当迭代完成后，把最后的结果导入 ABAQUS/CAE 后，便可得到气缸盖最终的温度分布云，并进行相关后处理工作。

2. 接触、位移和力边界条件

本章采用了组合结构进行计算，能够较准确地模拟气缸盖实际的约束情况。在软件中，定义了气缸盖与缸垫，缸垫与缸套、机体，缸套与支承环等各处的面－面接触属性，并设定了接触摩擦系数。这些接触较为真实地模拟了缸盖真实的约束关系，但由于接触是一种非线性约束，软件计算的迭代时间和难度也随之加大。

对机体主要施加了对称面约束以消除其刚体位移。

气缸盖通过四根紧固双头螺柱连接于机体，每个螺柱预紧力为 130 kN。施加预紧力时假定气缸盖与机体、气缸垫均匀接触，即预紧力在螺柱螺母与气缸盖螺栓孔接触处是均匀分布的。在预紧工况下定义预紧力加载方式为加载力，大小为 130 kN，在热－机工况分析初始时选择加载方式为保持当前螺栓长度，这样能较准确地体现在爆压及热应力作用后螺栓预紧载荷的变化。热应力分析时只定义梁单元与气缸盖和机体的耦合约束，施加很小的预紧力，以观察温差作用下气缸盖热应力的分布情况。

气体爆发压力 22 MPa，按均匀分布处理，将作用在气门上的气体爆发压力等效加载在气门与气缸盖相接触的环形面上，如图 8－16 所示红色环形区域。

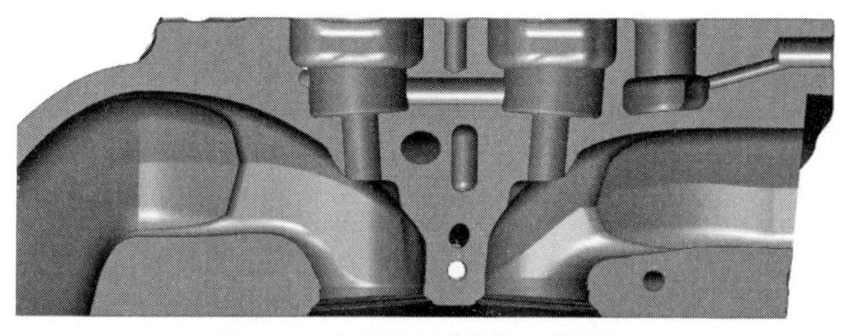

图 8－16　气门作用力等效（附彩插）

3. 气缸盖温度及应力场分布

1）稳态温度场结果

根据以上计算结果，同时将材料的导热系数随温度变化情况考虑在内，计算分析了气缸盖的温度场。表 8－3 所示为材料热膨胀系数特性，列出了材料的导热系数随温度变化的情况。

表 8-3　材料热膨胀系数特性

温度/℃	室温	100	200	300	400	500	600
导热系数 /($W \cdot m^{-1} \cdot K^{-1}$)	29.9	28.9	31.5	33.3	32.3	31.3	28.8

图 8-17 所示为得到的气缸盖温度场。火力面最高温度达 405 ℃，位于两排气门之间的鼻梁区。可以看出，在鼻梁区域温度梯度极大，在这样的高温及高温度梯度下，气缸盖局部区域极易产生很大的应力集中现象，导致结构局部区域出现塑性变形，材料出现损伤，在长期的循环工作条件下极易产生疲劳破坏。

图 8-17　气缸盖稳态温度场分布

图 8-18 所示为单缸机测温试验测点布置，气缸盖测温试验在单缸机上进行。试验测点位置安装高温热电偶，按照气缸盖测温试验大纲，待气缸盖达到指定的工况时对测点的温度数据进行记录。对于气缸盖鼻梁区，由于温度梯度大，为了准确地得到该区域的温度分布，在气缸盖鼻梁区域布置较密的测点，以便后续温度仿真结果标定为准确地分析气缸盖的热-机耦合应力场奠定基础。

表 8-4 为气缸盖火力面温度测试试验测点温度值与计算温度值的对比。从表中可以看出，温度场仿真计算结果与实测值之间的误差均在 5% 以内，数值计算能够较为准确地反映气缸盖的实际温度场分布情况。

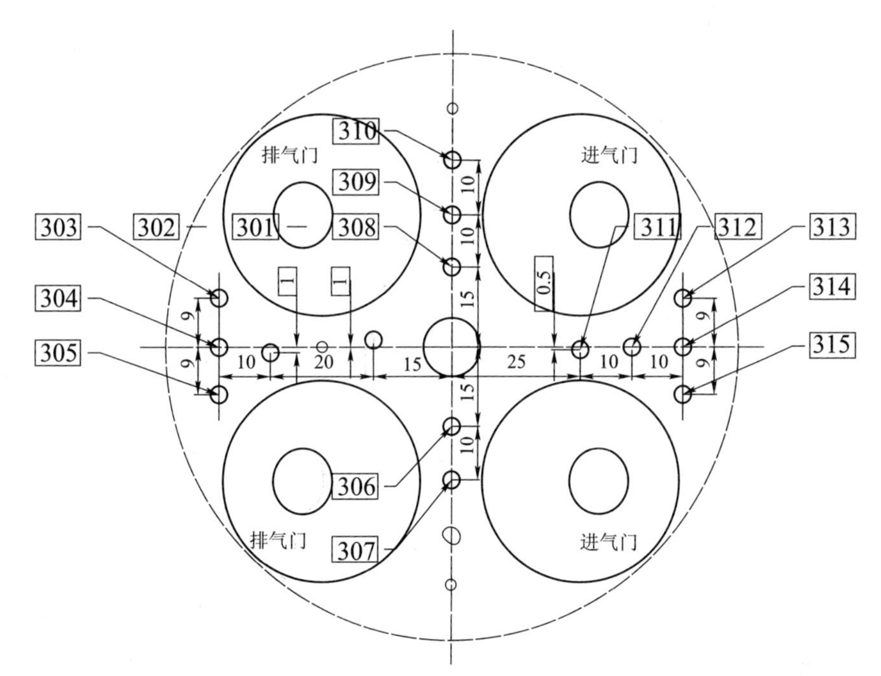

图8-18 气缸盖火力面测点布置图

表8-4 气缸盖温度场数值模拟结果与试验数值对比

测点	301	302	303	304	305	306	307	308
试验值/℃	360.13	358.71	337.84	357.6	366.83	291.04	320.15	272.55
模拟值/℃	356.81	357.32	336.4	359.176	364.845	291.598	322.531	273.707
误差/%	-0.92	-0.38	-0.39	0.44	-0.54	0.19	0.74	0.42
测点	309	310	311	312	313	314	315	
试验值/℃	270.78	271.77	256.2	268.48	212.94	240.49	218.99	
模拟值/℃	276.681	276.681	256.629	265.092	211.708	237.792	219.619	
误差/%	2.18	1.81	0.17	-1.26	-0.58	-1.12	0.29	

2）预紧工况应力

由于RuT300材料较脆，其承压特性远高于抗拉特性，在对这类材料进行强度校核时一般选用第一强度理论，主要关注结构的最大主应力的数值和所处的位置。将预紧工况下气缸盖的数值计算结果与试验数据进行对比，

表 8 -5 为对比结果。

表 8 -5　气缸盖应力场数值模拟结果与试验数值对比

片号	试验值/MPa	模拟值/MPa	误差/%
301	68.23	66.321 8	-2.796 716 987
302	48.96	47.375 1	-3.237 132 353
303	45.05	47.660 4	5.794 450 61
304	118.06	117.923	-0.116 042 69
305	48.09	51.032 7	6.119 151 591
306	89.96	91.430 2	1.634 281 903
309	60.41	54.636 7	-9.556 861 447
310	48.53	46.458 8	-4.267 875 541
311	105.89	109.4	3.314 760 601
312	88.80	89.589 2	0.888 738 739

在预紧工况下，气缸盖上只承受紧固螺栓的预紧力作用。图 8 - 19 为气缸盖预紧工况下最大主应力云图。计算结果显示，气缸盖在预紧工况下最大主应力位于图 8 - 19 所示 1 处，主要是由其同侧两根预紧螺栓向下施加了很大的预紧力，在该处产生很大的弯矩，形成类似悬臂梁弯曲时根部应力集中效应。但由于该处为圆角且很大，壁厚，危险系数并不太大。

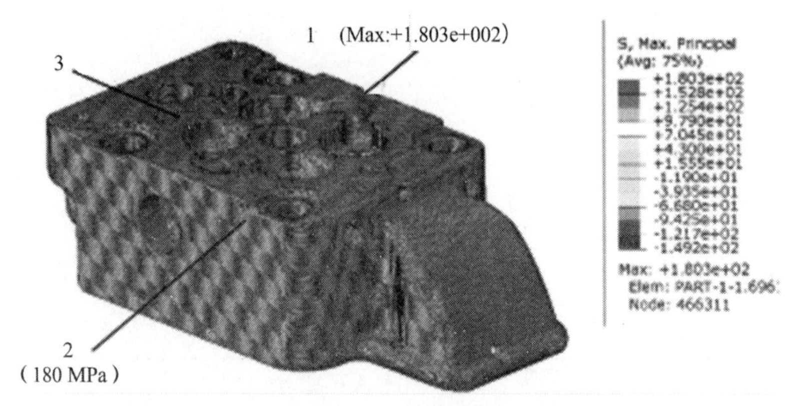

图 8 -19　预紧工况下气缸盖最大主应力云图

图中 2 处为螺栓沉孔与侧面直角过渡处，预紧螺栓沉孔根部受压面上承受螺栓 130 kN 的预紧载荷，而根部外侧非承压面与侧面为直角过渡，在承压面上较大的压应力作用下该直角过渡处产生了很大的拉应力，该处为危险区域，其原因为结构设计上的缺陷和该处较大的螺栓预紧力，在结构改进设计时应将此处的直角过渡改为圆角或将沉孔改成凸台以降低应力值。

图中 3 处为缸盖两个出砂孔与缸盖上部孔之间形成的“鼻梁”式结构，如图 8－20 所示。该鼻梁结构最薄处仅为 5.7 mm 左右，在靠近排气门端两根预紧螺栓作用下，该处承受很大的拉应力，其值为 150.5 MPa。在后面的热－机及热应力分析中该处主应力值很大，成为结构强度的危险部位，后面会对该处结构进行深入分析。

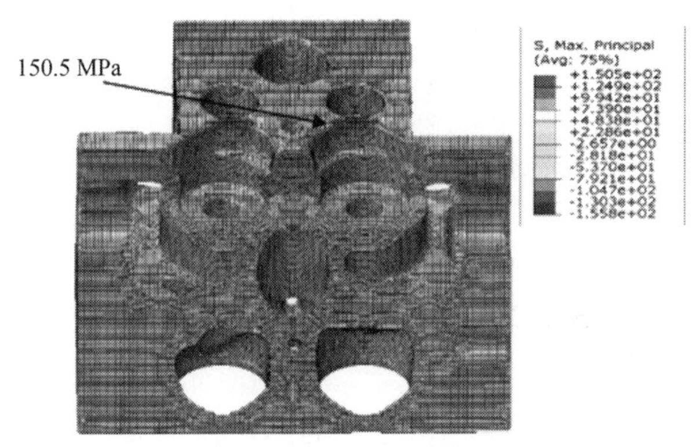

图 8－20　预紧工况下出砂孔“鼻梁”处最大主应力

图 8－21 为气缸盖排气道及冷却水腔处的最大主应力分布云图。从图中可以看出，排气道在贴近火力面侧形成较大的应力。在气缸盖背部的较大的冷却水腔与两排气门圆柱形成较大的应力，主要因为该处受到预紧力形成的弯矩作用，由于该处为圆角过渡，并没有形成太大的应力集中。

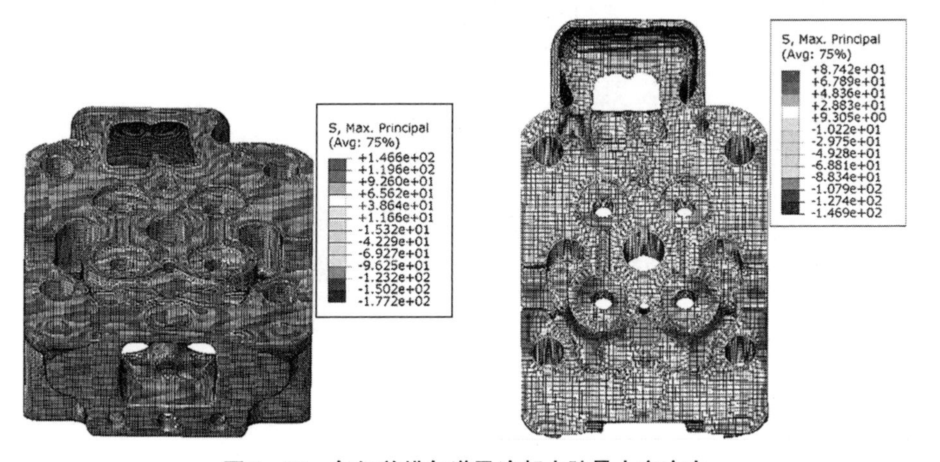

图 8－21　气缸盖排气道及冷却水腔最大主应力

图 8 - 22 为气缸盖进气道鼻梁处应力分布云图，该处最大主应力值为 93 MPa。

图 8 - 23 为钻孔处应力分布情况，主要冷却孔相交处形成较大的应力集中。

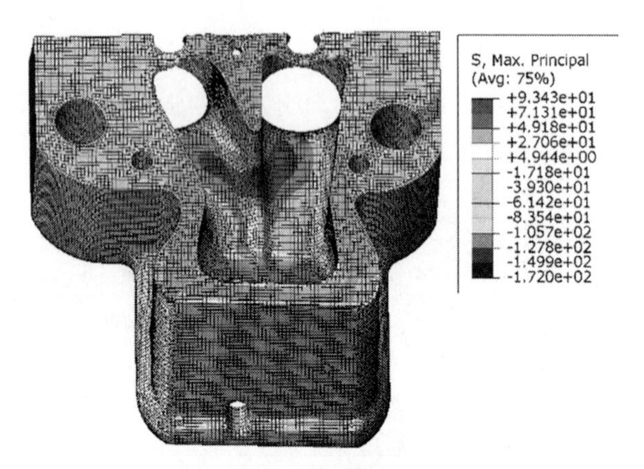

图 8 - 22　气缸盖进气道鼻梁最大主应力

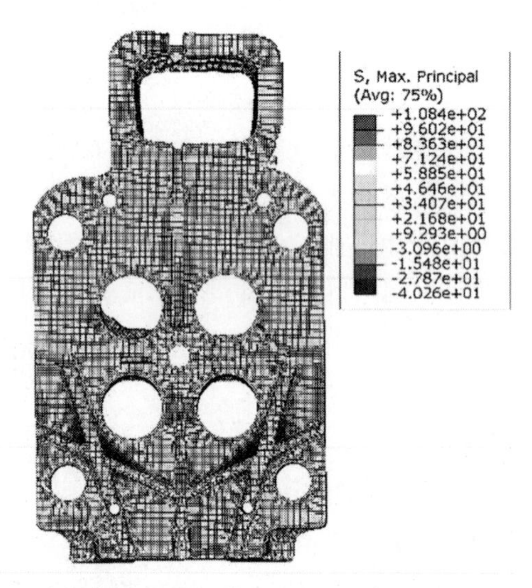

图 8 - 23　气缸盖火力板侧钻孔冷却水腔最大主应力

3）热应力

将组合结构中螺栓与气缸盖机体的耦合约束保持不变，预紧力减至很小，使其仅提供对气缸盖的自由度约束，将气缸盖稳态温度场加载到气缸盖模型上，对气缸盖进行热应力计算，以分析在气缸盖自身温差及外界约束下其内部热应力分布情况。图 8 – 24 为气缸盖在热负荷下的塑性应变云图。

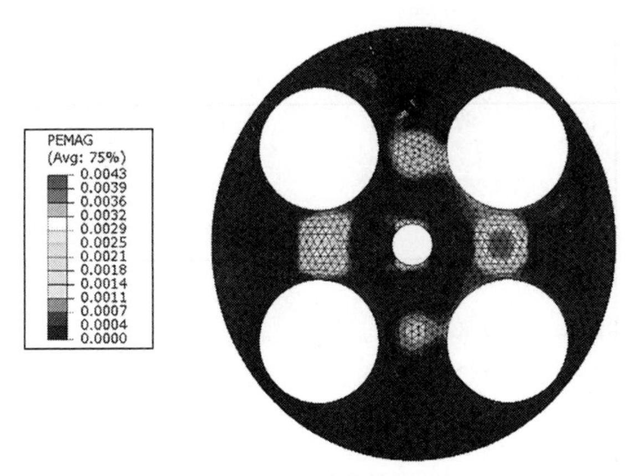

图 8 – 24　热负荷下气缸盖火力面等效应力及塑性应变云图

从计算结果可知，在温差及外界约束作用下，气缸盖火力面鼻梁区产生了最大 0.002 4 的塑性应变，图 8 – 25 为两进气门之间鼻梁区塑性变形的局部云图。

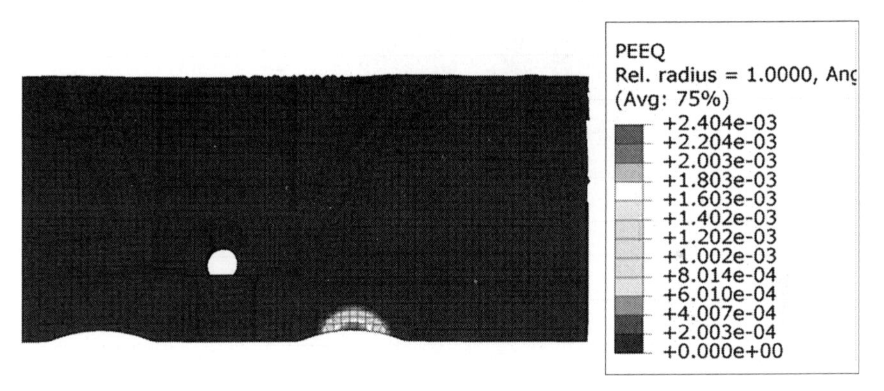

图 8 – 25　两进气门之间鼻梁区等效塑性应变局部剖分云图

由于在鼻梁区域产生了塑性应变，在柴油机启 – 停工作循环中该区域不断产生塑性累积，极易产生低周疲劳破坏。因此需要对气缸盖鼻梁区域进行结构改进设计或加强鼻梁区域的冷却，以减小其热应力值。

预紧工况下在出砂孔附近形成的“鼻梁”区最大主应力值为 197.3 MPa，图 8 – 26 为热负荷下该处的最大主应力云图。

图 8 – 27 为气缸盖在热负荷下火力面侧最大主应力分布云图。从图中可以看出，由于螺栓约束了气缸盖的受热变形，在气缸盖螺栓孔内侧产生较大的应力。气缸盖火力面最大主应力约为 269 MPa，主要承受压应力作用。

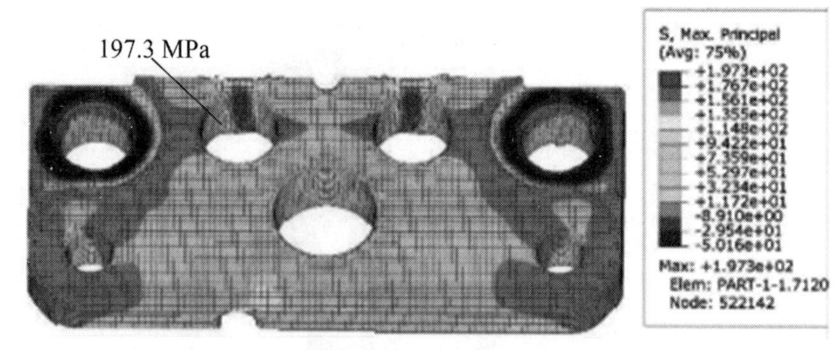

图 8-26 热负荷下出砂孔“鼻梁”最大主应力云图

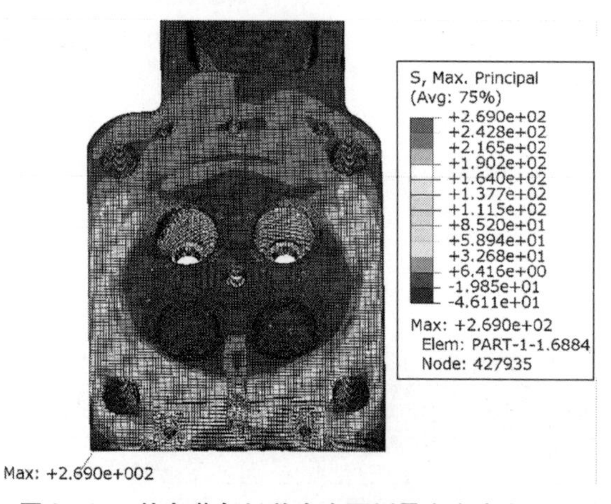

图 8-27 热负荷气缸盖火力面侧最大主应力云图

8.3.4 结果处理及评价

某型气缸盖 10 h 考核工况热-机耦合疲劳寿命预测

上一小节，对于某型气缸盖通过采用流固热耦合的方式计算得到了62 kW下其温度场及应力场分布，通过与实测温度进行对比，校核了气缸盖的换热边界。此外，通过分析气缸盖高应力区位置及影响因素，为后面结构的疲劳寿命预测及结构改进提供了参考依据。

本小节将对某型气缸盖 10 h 考核工况下的疲劳寿命进行预测研究。根据军用柴油机考核标准，气缸盖典型工况为 10 h 一个工作循环，具体步骤为：

（1）启动：逐步增加转速、负荷，使冷却介质和机油达到规定要求。

（2）100% 标定转速、外特性扭矩工况，运转 60 min。

85%标定转速、外特性扭矩工况，运转 420 min；

80%标定转速、外特性扭矩工况，运转 100 min；

最大扭矩转速、最大扭矩工况，运转 20 min。

（3）检查最低空载转速。

（4）冷却停车。

考虑到结构载荷谱制定的复杂度，确定了标定转速（4 200 r/min）、85%标定转速、80%标定转速及最大扭矩转速等四种考核工况。

在对柴油机燃烧室零件的载荷谱研究中，针对上述考核工况，通过数值仿真计算，得到了标定转速（4 200 r/min）、85%标定转速、80%标定转速及最大扭矩转速工况下的缸内压力曲线，其最高值分别为 22 MPa、19.6 MPa、17.97 MPa 及 23.1 MPa。这样，将仿真得到的燃气平均温度及换热系数等边界参数代入四个工况仿真模型中，采用准静态分析的方法，通过数值计算得到四个工况下的气缸盖应力及温度场分布。图 8－28 为标定转速工况下气缸盖火力面温度分布，其最高值为 452 ℃，以气缸盖热冲击考核试验的温度场工况为标定工况，该仿真计算结果将为后面的热冲击考核试验提供依据。其他两工况下（85%及 80%标定转速）火力面最高温度值分别为 386 ℃及 367 ℃，均位于排气鼻梁区。

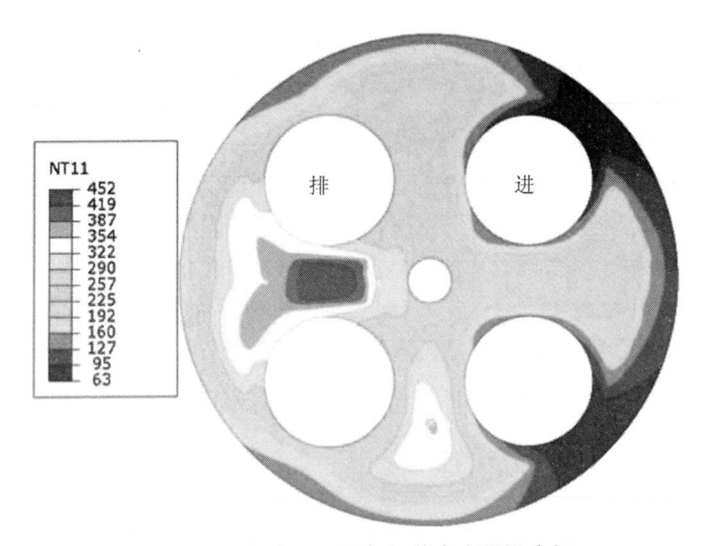

图 8－28　标定工况下气缸盖火力面温度场

对结构件进行疲劳寿命预测，其步骤主要是：

（1）确定结构中的疲劳危险部位。

（2）求出危险部位的应力或应变谱。

（3）由材料的疲劳寿命曲线或疲劳寿命模型确定各载荷水平对应的疲劳寿命。

（4）采用损伤累积理论，求出危险部位的疲劳寿命。

针对气缸盖结构，大量的工程破坏案例表明，气缸盖火力面排气鼻梁区是其最容易发生疲劳失效的部位。结合本专题前面对某型气缸盖的应力场及温度场数值仿真计算结果，其排气鼻梁区温度最高，产生的塑性应变值最高，如图 8－29 所示。除了排气鼻梁，对于四气门气缸盖，其他三个鼻梁区域也是疲劳危险部位，某型气缸盖火力面应力最大点出现在进气鼻梁区。本节根据后续疲劳寿命分析工作量的大小及危险部位的影响因素，将排气鼻梁及进气鼻梁作为疲劳寿命的危险部位，在排气鼻梁上选择温度及应力水平最高点作为预测点，进气鼻梁将应力最大点作为预测点。

$$\begin{cases} D_{\text{total}} = \sum_i \left\{ (1.42 - M)\left[-0.0467 \dfrac{\left(\dfrac{\Delta T}{100}\right)^{\gamma}}{\left(\dfrac{t_i}{10}\right)^{\nu}} + 2.214 \right]^{-1} \right\}^{\frac{1}{0.42}} + \\ \qquad \sum_i \dfrac{2N_i}{\left[\dfrac{\sqrt{3(\Delta\tau/2)^2 + S(\Delta\sigma/2)^2}}{\sigma_{\text{f}}' - 2\sigma_{\text{n,mean}}} \right]^{1/b}} + \sum_i \left[1 - \left(1 - \dfrac{N_i}{N_{\text{c}}}\right)^{\frac{1}{1+\alpha+\beta}} \right] \\ N_{\text{c}} = 2fR^{-1}\sigma_{\text{e}}^{-\alpha}(1+\alpha+\beta)^{-1} \end{cases} \tag{8-1}$$

上式即为本专题建立的某型气缸盖用蠕墨铸铁材料的非线性热－机耦合疲劳损伤累积模型。在该模型中，$\Delta\tau/2$ 和 $\Delta\sigma/2$ 为危险点处最大剪应力及正应力幅值，σ_{e}为该点处等效应力。为此，在对气缸盖有限元计算结果进行处理时，需要提取出预测点的主应力数值及等效应力数值。

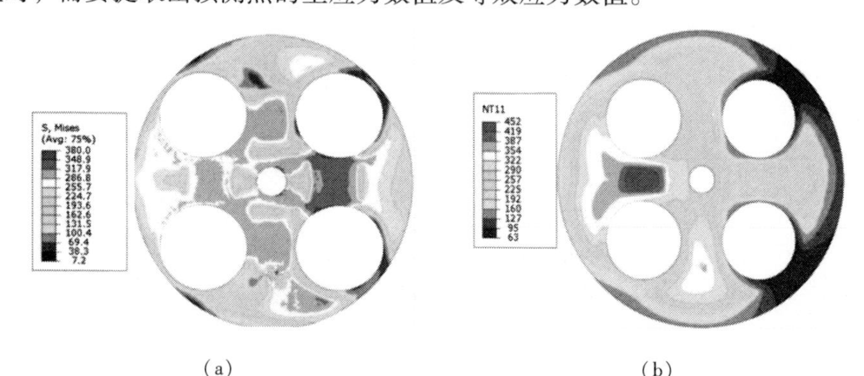

（a）　　　　（b）

图 8－29　气缸盖火力面应力场及温度场分布（标定工况）

（a）应力场；（b）温度场

从图 8－29 中可以看出，在标定工况下，火力面温度最大值出现在排气鼻梁区，为 452 ℃，应力最大值在进气鼻梁区，为 380 MPa。其他各工况下气缸盖火力面区域的温度场及应力场均采用有限元分析的方法获得，其应力场及温度场的分布规律基本一致，排气鼻梁区温度最高，进气鼻梁区应力最高，区别主要在温度及应力数值。

对于气缸盖蠕墨铸铁材料的热－机耦合损伤累积模型，为了求得最大剪应力平面上的剪应力及正应力，需要从有限元计算结果中提取出主应力数值，以便为后面求得模型中所需要的变量提供支撑。在排气鼻梁预测点上，其主应力数值由小到大依次为 －337.145 2 MPa，－130.461 1 MPa 和 －11.013 7 MPa。在进气鼻梁预测点上，其主应力数值为 －371.685 8 MPa，－125.105 1 MPa 和 －12.029 1 MPa。下式为进气及排气鼻梁预测点的应力张量。

进气预测点：

$$[\sigma^{1}_{ij}] = \begin{bmatrix} -13.08 & -0.94 & -19.38 \\ -0.94 & -125.28 & -6.58 \\ -19.38 & -6.58 & -370.46 \end{bmatrix} \tag{8-2}$$

排气预测点：

$$[\sigma^{2}_{ij}] = \begin{bmatrix} -11.12 & -0.90 & -5.72 \\ -0.90 & -130.51 & -3.35 \\ -5.72 & -3.35 & -336.99 \end{bmatrix} \tag{8-3}$$

由主应力在三维 Mohr 应力圆中绘制出该点的 Mohr 应力圆如图 8－30 所示。

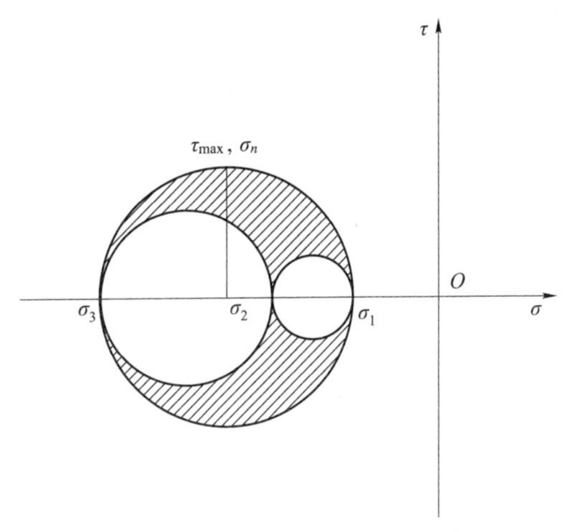

图 8－30　预测点三维 Mohr 应力圆

通过 Mohr 应力圆求得进气预测点的最大剪应力平面上的剪应力及正应力分别为 179.83 MPa 和 -191.86 MPa。采用同样的方法可求得排气预测点的最大剪应力平面上的剪应力及正应力分别为 163.07 MPa 和 -174.08 MPa。气缸盖火力面最大等效应力位于进气鼻梁上，其值为 353.3 MPa。气缸盖火力面最高温度位于排气鼻梁区域，最高温度值为 405 ℃，最高温度附件区域的应力值为 286.2 MPa。

根据上述方法，得到进气及排气预测点的最大剪应力、正应力及等效应力数值，这些应力数值连同预测点位置的温度列于表 8-6。

表 8-6　气缸盖疲劳寿命预测点载荷

预测点		工况 1	工况 2	工况 3	工况 4
进气端	剪应力/MPa	191.58	171.82	162.15	179.83
	正应力/MPa	-209.63	-182.30	-179.33	-191.86
	等效应力/MPa	380.00	331.23	325.18	353.30
	温度/℃	289	251	238	265
排气端	剪应力/MPa	157.65	187.25	181.52	163.07
	正应力/MPa	-168.82	-176.26	-169.58	-174.08
	等效应力/MPa	270.15	293.42	280.23	286.19
	温度/℃	452	386	367	405

在表 8-6 所示的排气门预测点等效应力在标定转速下是四个工况下最小的，这主要是在标定转速下温度达到 452 ℃，在该温度下材料的抗拉强度相比于低温区急剧下降，此外，随着温度的升高，结构塑性变形带来的应力释放效应变得明显，两者共同作用下使得高温下等效应力降低。

在柴油机 10 h 考核流程中，在每一工况下，随着柴油机进入每一考核工况并且稳定运转后，在气缸盖火力面上的两个预测点的温度及应力水平随着柴油机做功循环会产生微小的变化，高频的爆发压力变化仅对热-机耦合损伤模型中的蠕变损伤部分产生影响，从准确度及工作量来考虑，设定在柴油机每一做功循环中表 8-6 所示的应力及温度不变。

这样，根据各工况下的应力及温度数值，可以得到应力及温度随工况变化的关系图，如图 8-31 所示。

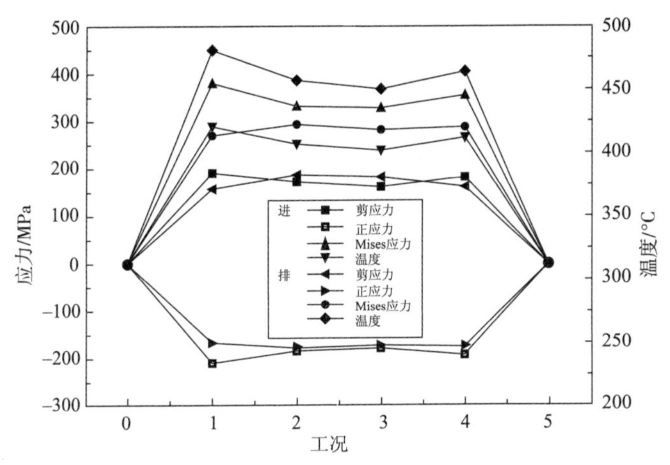

图 8 – 31　进气鼻梁预测点应力及温度随工况变化的关系

从图中可以直观看出，随着考核工况的变化，预测点上的应力变化并无统一的变化规律，表明温度及塑性变形对结构的应力响应造成了复杂的影响，不能简单地认为应力随工况变化产生等效的数值变化。

为了对气缸盖结构进行疲劳寿命预测，图 8 – 31 所示的进气鼻梁预测点应力 – 工况变化关系图需要转化成应力 – 时间及温度 – 时间历程图，这里温度也作为一种载荷形式，对结构的疲劳寿命产生直接的影响。图 8 – 32 所示为简化后的气缸盖进气鼻梁预测点的载荷 – 时间历程图，图 8 – 33 所示为排气鼻梁预测点载荷 – 时间历程图。

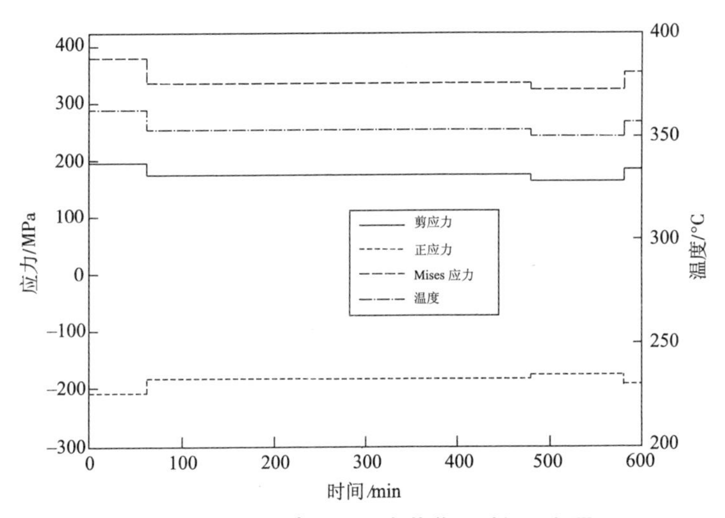

图 8 – 32　进气鼻梁预测点载荷 – 时间历程图

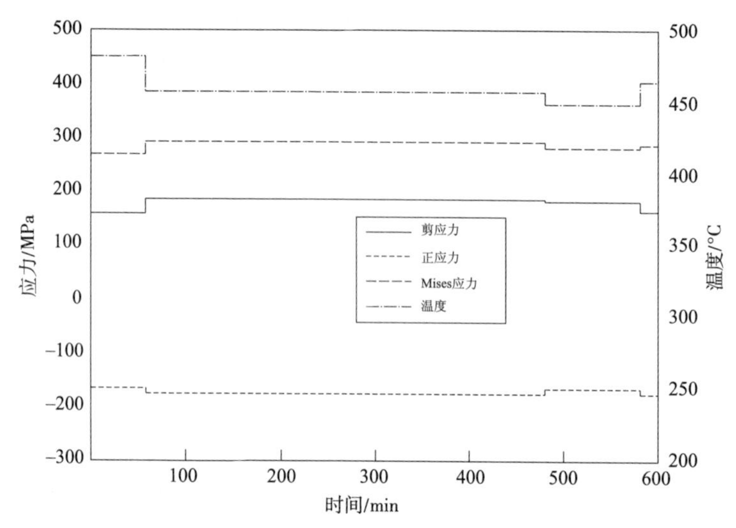

图 8－33　排气鼻梁预测点载荷－时间历程图

根据结构件疲劳寿命预测方法，上述两图即是气缸盖疲劳危险部位的块状载荷谱，该载荷谱包含有测点位置的应力及温度信息，将用于后面的热－机模型寿命分析中。至此，热－机耦合损伤累积模型中所需要的载荷变量已经清楚。尽管如此，对气缸盖的疲劳寿命预测尚需最后一步——材料模型到结构件模型的修改，即疲劳寿命模型由材料级向结构级应用时的参数修正。对模型进行参数修正主要是因为材料试验时的载荷频率与结构件实际的加载频率存在差异，造成结构件的蠕变损伤的大小存在区别。在材料的热－机耦合疲劳试验中，载荷频率为 0.5 Hz，而在气缸盖结构中，变化的机械载荷即是爆发压力，其频率高达 35 Hz。这样巨大的频率差，必然影响到对蠕变损伤的准确估量。

前面的研究得出的蠕墨铸铁材料的热－机耦合损伤累积模型各参数如表 8－7所示。

表 8－7　蠕墨铸铁材料非线性热－机耦合疲劳损伤模型参数

σ_f'	b	α	β	R
213.5	－0.034 45	－2.597	2.41	－44 110 015.8

对模型需要修正的参数为 R，前面对材料蠕变损伤研究中已经表明参数 R 受载荷拉压循环变化的影响，因此，需要对气缸盖在各考核工况下的参数值进行修正，表 8－8 为修正后的 R 值，其他参数值保持不变。

表8-8　各工况下修正的 *R* 值

参数	工况1	工况2	工况3	工况4
载荷频率/Hz	35	29.5	28	31.5
$R/(\times 10^9)$	-3.323	-3.102	-2.620	-3.085

综上所述，即完成了气缸盖疲劳寿命预测所需的模型参数及载荷变量的准备，后面将对所设定的两个疲劳危险点的疲劳寿命进行预测分析。

式（8-4）三项求和式分别为热疲劳损伤、机械疲劳损伤和蠕变损伤，其和设定为1，公式中 i 即为1~4，代表了四个工况，每个工况下的损伤值累积，最后求出热-机耦合疲劳寿命 N 的数值。

$$D_{\text{total}} = \sum_i \left\{(1.42 - M)\left[-0.0467\frac{\left(\frac{\Delta T_i}{100}\right)^{\gamma}}{\left(\frac{t_i}{10}\right)^{\nu}} + 2.214\right]^{-1}\right\}^{\frac{1}{0.42}} + \sum_i \frac{2N_i}{\left[\frac{\sqrt{3(\Delta\tau/2)^2 + S(\Delta\sigma/2)^2}}{\sigma_f' - 2\sigma_{n,\text{mean}}}\right]^{1/b}} + \sum_i \left\{1 - \left[1 - \frac{R\sigma_e{}^{\alpha}(1+\alpha+\beta)N_i}{2f}\right]^{\frac{1}{1+\alpha+\beta}}\right\} \tag{8-4}$$

表8-9、表8-10分别给出了进气鼻梁及排气鼻梁预测点所需要的寿命预测参数及变量值。其中，时间 t 为每工况的作用时间，加热温度设定常温为25 ℃，四个工况下的转速分别为4 200 r/min、3 780 r/min、3 570 r/min和3 360 r/min，由此计算得出各工况下爆发压力的作用频率。

表8-9　进气鼻梁预测点载荷及参数列表

参数	工况1	工况2	工况3	工况4
σ_f'	213.5			
b	-0.034 45			
α	-2.597			
β	2.41			
γ	1.2			
ν	0.478			
S	0.91			
$R/(\times 10^9)$	-3.323	-3.102	-2.620	-3.085

续表

载荷参数	工况 1	工况 2	工况 3	工况 4
f/Hz	35	29.5	28	31.5
ΔT/℃	289	251	238	265
t/s	3 600	25 200	6 000	1 200
$\Delta\tau/2$/MPa	95.790	9.880	4.835	8.840
$\Delta\sigma/2$/MPa	104.815	13.665	1.485	6.265
$\sigma_{n,mean}$/MPa	−104.815	−195.965	−180.815	−185.595
等效应力/MPa	380.00	331.23	325.18	353.30

表 8－10　排气鼻梁预测点载荷及参数列表

参数	工况 1	工况 2	工况 3	工况 4
σ_f'	213.5			
b	−0.0344 5			
α	−2.597			
β	2.41			
γ	1.2			
ν	0.478			
S	0.91			
R/($\times 10^9$)	−3.323	−3.102	−2.620	−3.085
载荷参数	工况 1	工况 2	工况 3	工况 4
f/Hz	70	59.5	56	63
ΔT/℃	427	361	342	380
t/s	3 600	25 200	6 000	1 200
$\Delta\tau/2$/MPa	78.825	14.800	2.865	14.225
$\Delta\sigma/2$/MPa	84.410	3.720	3.340	2.250
$\sigma_{n,mean}$/MPa	−84.410	−172.540	−172.920	−171.830
等效应力/MPa	270.15	293.42	280.23	286.19

将表 8－9、表 8－10 内各参数及载荷量代入式（8－4）的热－机耦合疲劳损伤模型中，最后求得两预测点的疲劳寿命，如表 8－11 所示。

表8-11　预测点热-机耦合疲劳寿命

预测点	每循环损伤	循环次数	寿命/h
进气鼻梁预测点	0.001 78	561	5 610
排气鼻梁预测点	0.003 61	277	2 770

气缸盖在10 h考核工况下，其循环次数为277次，等效寿命为2 770 h。

8.4　气缸盖可靠性评价

8.4.1　气缸盖失效区可靠性评价

气缸盖失效区可靠性评价可按照8.1节中的方法进行，主要流程如下：

(1) 进行气缸盖铸造、热处理过程仿真分析，得到气缸盖铸造残余应力。

(2) 根据气缸盖实际工作情况，确定火力面以及其他壁面的温度和对流换热系数，经过相关流体计算得到水套的对流换热系数，并用上述参数进行气缸盖稳态温度场仿真计算。

(3) 根据气缸盖实际工作情况，确定气缸盖火力面的爆发压力，以及螺栓预紧力，利用步骤(1)计算得到的铸造残余应力以及步骤(2)计算得到的气缸盖稳态温度场，进行气缸盖应力应变仿真计算。

(4) 利用步骤(3)计算得到的气缸盖应力应变场结果计算气缸盖疲劳寿命。

(5) 针对实际失效位置，分析失效位置应力应变状态，以及疲劳强度。根据疲劳强度的结果，利用如今比较流行的经验法对其进行评价，对于疲劳安全系数，如果疲劳安全系数高于1.5，就能初步证明此结构是安全的；对于疲劳次数，疲劳次数如果高于10^7，认为此结构是无限寿命；对于疲劳损伤，如果损伤达到了1，证明此结构可能会在疲劳损伤为1的地方发生破坏。

气缸盖失效区可靠性评价方法详见8.2~8.3节。

8.4.2　考虑气缸盖多因素分散性的气缸盖可靠性评价

由于气缸盖的生产过程以及工作过程都十分复杂，存在着多种因素影响气缸盖的疲劳强度，即存在较大的分散性。因此准确预测气缸盖的疲劳强度十分困难。于是在考虑气缸盖多因素分散性的情况下预测气缸盖的疲劳强度是非常有必要的。

目前考虑气缸盖分散性的方法中比较流行的是蒙特卡罗算法，即对需考虑分散性的参数进行蒙特卡罗随机抽样。气缸盖疲劳强度评估的主要参数有材料参数、温度参数、载荷参数、工艺参数、机构参数，以及其他参数，其中比较重要的参数（如材料参数、载荷参数、温度等）需要考虑分散性。

考虑气缸盖多因素分散性的气缸盖可靠性评价过程为：把单缸机作为有限元网格模型进行有限元计算，并用蒙特卡罗随机抽样法对此有限元模型的材料参数和部分边界条件进行简单随机抽样，得到多个算例（应大于等于100）。在此基础上提交经抽样得到的每个算例，最终对结果进行分析，得到应力分布概率函数。

主要评价流程如下：

（1）根据气缸盖所受应力的影响因素，确定热－机耦合计算考虑分散性的参数，包括材料属性、载荷条件、摩擦系数、温度条件；所述材料属性包括弹性模量、泊松比、导热系数、密度、热膨胀系数、屈服应力、比热；所述载荷条件包括螺栓预紧力、爆发压力。

（2）利用气缸盖力学性能测试试验确定各材料参数的平均值，利用工况计算确定气缸盖载荷参数平均值，计算过程详见8.2~8.3节。

（3）基于步骤（2）确定的考虑分散性的参数的平均值，对气缸盖进行热－机耦合有限元分析预测，通过采取单独分析各危险部位（失效区、底板、力墙、顶板）应力分布的方法，缩小各部位的分析范围，提高预测气缸盖应力分布的精确性，此过程参见8.2~8.3节气缸盖应力应变计算过程。

（4）数据的统计计算处理和解释。正态检验国家标准（GB 4882—1985）中指出在随机结构分析中一般将载荷视为正态分布或对数正态分布，材料的力学性能参数则多服从正态分布，因此此研究将所考虑分散性的参数设置均服从正态分布，正态分布随机变量 x 的密度函数和分布函数如下：

$$f(x)=\frac{1}{\sqrt{2\pi}\sigma_x}\exp\left[-\frac{1}{2}\left(\frac{x-\mu_x}{\sigma_x}\right)^2\right]\quad(-\infty<x<+\infty) \tag{8-5}$$

$$F(x)=\frac{1}{\sqrt{2\pi}\sigma_x}\int_{-\infty}^{x}\exp\left[-\frac{1}{2}\left(\frac{x-\mu_x}{\sigma_x}\right)^2\right]\mathrm{d}x \tag{8-6}$$

式中，μ_x、σ_x分别为随机变量 x 的均值和标准差。

然后根据工程经验和文献资料所提供的数据确定随机参数的统计特征，气缸盖参数统计特性如表8－12所示。

表 8-12　气缸盖参数统计特性

分析参数	分布类型	平均值	标准差	变异系数
弹性模量 E/MPa	正态	73 008	1 460.16	2%
泊松比 μ	正态	0.366	0.003 66	1%
膨胀系数 a/℃$^{-1}$	正态	2.301e-05	4.602e-07	2%
密度 ρ/(t·mm^3)	正态	2.7e-09	5.4e-11	2%
热导率/(W·m^{-1}·K^{-1})	正态	170	3.4	2%
屈服强度/MPa	正态	222.584	4.452	2%
比热/(J·kg^{-1}·K^{-1})	正态	9.04e+9	1.804e+7	2%
爆发压力 1/MPa	正态	109.22	2.184 4	2%
爆发压力 2/MPa	正态	14.9	0.298	2%
爆发压力 3/MPa	正态	89.566	1.791 32	2%
螺栓预紧力 1/N	正态	110 000	2 200	2%
螺栓预紧力 2/N	正态	40 000	800	2%
初始温度/℃	正态	27	0.54	2%
摩擦系数 f	正态	0.15	0.003	2%

基于蒙特卡罗算法自主识别确定的气缸盖参数类型，对需考虑分散性的参数进行正态分布设置，将更多参数的分散性考虑进气缸盖有限元分析预测中，对所述参数进行简单随机抽样，并基于简单随机抽样后的参数值进行多次热-机耦合有限元分析预测。

通过 ISIGHT 软件利用蒙特卡罗算法自主识别确定的气缸盖参数类型，并对需考虑分散性的参数进行正态分布设置，将更多参数的分散性考虑进气缸盖有限元分析预测中，对所述参数进行简单随机抽样；将简单随机抽样后的参数值作为输入，通过 ISIGHT 软件调用 ABAQUS 软件进行多次热-机耦合有限元分析预测。参数分散性设置过程如图 8-34 所示。

（5）利用 Python 程序对步骤（4）计算得到的多次热-机耦合有限元分析预测结果提取应力数据，得到各危险部位的应力分布，通过数据拟合得到各危险部位的应力概率分布。

应力提取方法思路与过程如下：

由于气缸盖关注位置处于明显的多轴应力状态，采用 Von Mises 等效应力无法有效考虑多轴应力状态造成的等效应力提高，用 Von Mises 计算造成过于

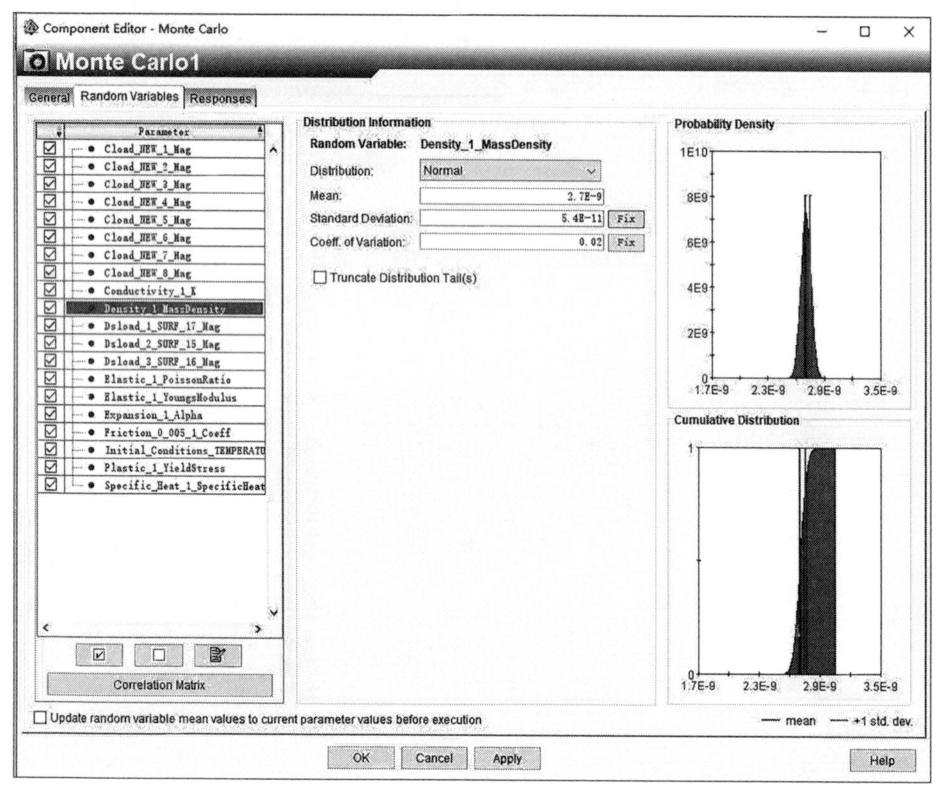

图 8－34　随机变量参数设置

非保守的寿命。因此，需要采用合理方法计算各位置等效多轴应力幅，首先对各点应力进行危险截面遍历，计算危险截面上的等效应力作为该位置的等效应力。具体过程为对 ABAQUS 应力张量计算结果进行分析，以 10°为步长，遍历查找各单元危险截面对应法向向量，再计算该危险截面的等效应力作为多轴等效应力值。

气缸盖结构复杂，工作过程中受到多轴应力，多轴应力造成主应力方向不断变化，常规的等效应力如 Mises 应力、最大应力等方法应用于多轴计算中存在局限性，准确度不足，尤其会造成非保守的寿命计算，因此需确定分析点危险截面，即确定最大损伤截面，继而计算危险截面的等效应力，以危险截面的等效应力作为疲劳寿命计算输入量，由此考虑多轴应力的影响。

结构的每一点由应力张量确定，每个方向均可确定一个截面，危险截面首先需确定各截面的等效应力。若截面的法向为 $\vec{n}$，力张量为 $\vec{s}$，则该方向上正应力幅值和平均值为：

$$\sigma_{\mathrm{a}}=\vec{s}\,\vec{n}=n_x^2\sigma_{\mathrm{a},x}+n_y^2\sigma_{\mathrm{a},y}+n_z^2\sigma_{\mathrm{a},z}+2\left(n_xn_y\tau_{\mathrm{a},xy}+n_xn_z\tau_{\mathrm{a},xz}+n_yn_z\tau_{\mathrm{a},yz}\right)\tag{8-7}$$

$$\sigma_{\mathrm{m}}=\vec{s}\,\vec{n}=n_x^2\sigma_{\mathrm{m},x}+n_y^2\sigma_{\mathrm{m},y}+n_z^2\sigma_{\mathrm{m},z}+2\left(n_xn_y\tau_{\mathrm{m},xy}+n_xn_z\tau_{\mathrm{m},xz}+n_yn_z\tau_{\mathrm{m},yz}\right)\tag{8-8}$$

剪应力的幅值和平均值为：

$$\tau_{\mathrm{a}}=\sqrt{s_{\mathrm{a}}^2-\sigma_{\mathrm{a}}^2}\tag{8-9}$$

$$s_{\mathrm{a}}=\sqrt{\sigma_{\mathrm{a},x}^2+\sigma_{\mathrm{a},y}^2+\sigma_{\mathrm{a},z}^2}\tag{8-10}$$

$$\tau_{\mathrm{m}}=\sqrt{s_{\mathrm{m}}^2-\sigma_{\mathrm{m}}^2}\tag{8-11}$$

$$s_{\mathrm{m}}=\sqrt{\sigma_{\mathrm{m},x}^2+\sigma_{\mathrm{m},y}^2+\sigma_{\mathrm{m},z}^2}\tag{8-12}$$

使用修正最大剪应变能量准则，得到等效应力幅值和平均值：

$$\sigma_{\mathrm{ea}}=\sqrt{\sigma_{\mathrm{a}}^2+\left(\frac{\sigma_{\mathrm{limt}}}{\tau_{\mathrm{limt}}}\right)^2\cdot\tau_{\mathrm{a}}^2}\tag{8-13}$$

$$\sigma_{\mathrm{em}}=\sqrt{\sigma_{\mathrm{m}}^2+\left(\frac{\sigma_{ys}}{\tau_{ys}}\right)^2\cdot\tau_{\mathrm{m}}^2}\tag{8-14}$$

式中，τ_{limt}和τ_{ys}分别为材料剪切疲劳极限和剪切屈服强度。由此得到各点在各截面上的等效应力幅σ_{ea}和平均应力σ_{em}。

危险截面的确定通过遍历方式求得。某一个点任一截面方向由 2 个角度坐标（φ，γ）确定，因此，在 180°范围内，以 15°为单位，分别旋转变化 2 个坐标，每个角度均分为 12 个角度值，因此，共计算 $12\times12=144$ 次，对每个截面方向计算其等效应力幅和平均值，最后确定最大损伤对应的截面即为危险截面。

最大损伤的计算通过海格图确定，采用的方法为定平均应力法。即在海格图上，针对不同截面的不同平均应力，计算得到等效应力超过海格图边界线的部分，海格图边界线 σ_{H} 随平均应力增加而降低变化，其为平均应力函数，表示为 $\sigma_{\mathrm{H}}(\sigma_{\mathrm{em}})$，则（$\varphi$，$\gamma$）截面等效应力幅超过海格图边界的部分为：

$$\Delta\sigma_{\mathrm{a,H}}=\sigma_{\mathrm{ea}}(\varphi,\ \gamma)-\sigma_{\mathrm{H}}\left(\sigma_{\mathrm{em}}\right)\tag{8-15}$$

对计算的所有截面的 $\Delta\sigma_{\mathrm{a,H}}$进行比较，最大的截面即为危险截面。

气缸盖关注位置在工作过程中均承受压应力，相比平均应力是零，压平均应力对疲劳强度产生有益的作用，通过下述公式将压平均应力耦合至应力幅中：

$$\sigma_{\mathrm{ae}}=\sigma_{\mathrm{ea}}\Big/\left(1+a\frac{|\sigma_{\mathrm{m}}|}{b}\right)\tag{8-16}$$

式中，σ_{ea}是危险截面上的多轴等效应力幅；σ_{m}是多轴平均等效应力；a 和 b 为材料参数，通常 a 大约为材料扭转疲劳强度和拉伸强度的比值，对于铝合金而言，该值约为 0.5；b 为材料的屈服强度，所研究材料的屈服强度约为 200 MPa。将有限元计算各单元应力张量进行多轴遍历后得到多轴等效应力幅值和多轴等效平均应力。将应力幅和平均应力代入上式中即得到考虑压平均应力的等效应力幅。

（6）利用步骤（5）中拟合得到的各危险部位的应力概率分布和大量试验结果得到的应力强度概率分布进行比较，以此评估气缸盖的可靠性。

参考文献

[1] Seung K C, Grandhi R V, Canfield R A. 结构可靠性设计［M］. 北京：国防工业出版社，2014.

[2] 柴油机设计手册委员会. 柴油机设计手册［M］. 北京：中国农业机械出版社，1984.

[3] 古莹莹. 柴油机可靠性分析及风险评估［M］. 北京：清华大学出版社，2012.

[4] 郝静如，米洁，李启光. 机械可靠性工程［M］. 北京：国防工业出版社，2008.

[5] 黄玮. 柴油发动机构造与原理［M］. 北京：科学出版社，2009.

[6] 蒋世忠，王凤喜. 柴油机的结构原理与维修［M］. 北京：机械工业出版社，2013.

[7] 雷艳. 现代内燃机设计技术［M］. 北京：北京工业大学出版社，2011.

[8] 马经球. 柴油机制造工艺学［M］. 大连：大连海事大学出版社，2000.

[9] 熊峻江. 疲劳断裂可靠性工程学［M］. 北京：国防工业出版社，2008.

[10] 袁兆成. 内燃机设计［M］. 北京：机械工业出版社，2012.

[11] 左正兴，廖日东，冯慧华. 高强化柴油机结构仿真与分析［M］. 北京：北京理工大学出版社，2010.

[12] 曹炼博. 气缸盖热-机耦合疲劳寿命试验研究［D］. 北京：北京理工大学，2015.

[13] 陈思南. 冷启动过程中柴油机气缸盖热-机耦合应力及低周疲劳寿命计算分析［D］. 杭州：浙江大学，2016.

[14] 陈毅. 4D25G 型柴油机整机有限元分析［D］. 天津：天津大学，2011.

[15] 方强. 国Ⅴ柴油机气缸盖正向设计开发及多场耦合三维数值分析［D］. 天津：天津大学，2012.

[16] 高超. 基于双向流固耦合的柴油机气缸盖热-机疲劳分析［D］. 天津：

天津大学，2018.

[17] 葛长景．船用柴油机气缸盖多场耦合仿真及参数敏感性分析[D]．上海：上海船用柴油机研究所，2020.

[18] 郭冰彬．铸造铝合金压蠕变与低周疲劳耦合特性研究与应用[D]．北京：北京理工大学，2016.

[19] 郭冰彬，詹樟松，彭博，等．铝合金气缸盖低周热疲劳寿命计算评估[J]．内燃机学报，2017，35 (2)：164 - 170.

[20] 何联格，左正兴，向建华．气缸盖鼻梁区水腔结构及两相流动参数对沸腾传热影响研究 [J]．内燃机工程，2014，35 (3)：62 - 68.

[21] 胡欢．热 - 机耦合作用下缸盖结构强度与疲劳研究 [D]．天津：天津大学，2017.

[22] 黄荣．基于细观 GTN 模型的蠕铁气缸盖损伤研究 [D]．北京：北京理工大学，2016.

[23] 黄宗辉．基于 AnyCasting 的 M3500 蠕铁气缸盖铸造工艺优化[D]．上海：上海交通大学，2009.

[24] 蒋玉宝．热 - 机载荷下气缸盖蠕变 - 疲劳损伤研究 [D]．北京：北京理工大学，2016.

[25] 景国玺，张儒华，郭昌明，等．高强化柴油机缸盖传热特性分析与改进设计 [J]．车用发动机，2014 (2)：1 - 5.

[26] 康明明．大功率游艇用柴油机气缸盖的设计与开发 [D]．天津：天津大学，2016.

[27] 李媛．铝合金气缸盖铸造及热处理过程数值模拟研究 [D]．北京：北京理工大学，2019.

[28] 廖日东，左正兴，邹文胜．温度对气缸盖应力分布影响的研究[J]．上海：内燃机学报，2001，19 (3)：253 - 257.

[29] 凌家驹．考虑强化传热的柴油机缸盖鼻梁区流道结构设计研究 [D]．北京：北京理工大学，2018.

[30] 刘金祥，廖日东，张有杨，等．6114 柴油机缸盖有限元结构分析 [J]．内燃机学报，2004 (4)：367 - 372.

[31] 刘震涛，陈思南，黄瑞，等．考虑材料塑性的某柴油机缸盖热状态及疲劳分析 [J]．内燃机工程，2016，37 (6)：222 - 228.

[32] 刘震涛，陈思南，黄瑞，等．高功率密度柴油机气缸盖热状态分析及改进 [C]．中国内燃机学会 2014 年学术年会暨材料与工艺分会和昆明内燃机学会联合学术年会，昆明，2014.

[33] 刘震涛，陈思南，黄瑞，等．同功率密度柴油机气缸盖热负荷分析与优化［J］. 浙江大学学报（工学版），2015，49（8）：1544－1552.

[34] 罗国良．柴油机机体缸盖组件的数值仿真和试验研究［D］. 天津：天津大学，2015.

[35] 骆清国，冯建涛，刘红彬，等．大功率柴油机缸内传热与热负荷分析研究［J］. 内燃机工程，2010，31（6）：32－37.

[36] 骆清国，刘红彬，龚正波，等．柴油机气缸盖流固耦合传热分析研究［J］. 兵工学报，2008（7）：769－773.

[37] 孟令春．考虑铸造残余应力的柴油机气缸盖有限元分析［D］. 北京：北京理工大学，2016.

[38] 邱学军，白曙，侯刘闻迪．内燃机冷却水腔表面形貌对沸腾换热影响的研究［J］. 柴油机设计与制造，2020，26（1）：9－15.

[39] 沈红斌．内燃机气缸盖强度和可靠性的有限元法研究［D］. 天津：天津大学，2003.

[40] 陶建忠，佟德辉，李国祥，等．6200 型柴油机气缸盖强度的有限元分析［J］. 农业机械学报，2007，38（11）：204－210.

[41] 王俊杰．面向柴油机强化的缸盖冷却结构优化［D］. 杭州：浙江大学，2018.

[42] 王龙．高功率密度柴油机气缸盖疲劳寿命预测及优化设计研究［D］. 北京：北京理工大学，2021.

[43] 王潇嵩．柴油机气缸盖铸铁材料的高温氧化和热裂纹演化行为研究［D］. 北京：北京理工大学，2018.

[44] 王兆文，黄荣华，成晓北，等．重型车用柴油机气缸盖内流动与传热研究［J］. 汽车工程，2008，4（30）：312－316.

[45] 王兆文，黄荣华，成晓北，等．车用柴油机气缸盖热负荷的改善［J］. 华中科技大学学报（自然科学版），2008（8）：99－102.

[46] 魏鑫．缸盖冷却水腔局部结构对疲劳强度的影响研究［D］. 杭州：浙江大学，2016.

[47] 吴波，王增全，左正兴，等．基于试验载荷谱的气缸盖失效机理仿真分析［J］. 汽车工程，2018，40（2）：234－238.

[48] 肖涛．柴油机缸盖热负荷及热疲劳仿真技术研究［D］. 上海：上海交通大学，2011.

[49] 杨大军．蠕铁气缸盖疲劳寿命预测研究［D］. 北京：北京理工大学，2015.

[50] 杨松林. 考虑关联结构的气缸盖热 - 流 - 固耦合仿真分析 [D]. 北京：北京理工大学，2016.

[51] 杨文萍. 发动机受热件热负荷及影响规律研究 [J]. 汽车博览，2021(26)：37 - 38.

[52] 叶斌. 船用柴油机关键受热零部件热负荷分析及控制研究 [D]. 上海：上海交通大学，2016.

[53] 尹旭. 缸盖热可靠性工程设计基础问题研究 [D]. 天津：天津大学，2015.

[54] 张华阳，左正兴，刘金祥，等. 基于缩孔预测的蠕墨铸铁气缸盖铸造工艺改进 [J]. 内燃机学报，2014，32 (3)：283 - 287.

[55] 张卫正，张国华，郭良平，等. 铸铁缸盖热疲劳寿命试验及高温蠕变修正 [J]. 内燃机工程，2002，23 (6)：67 - 69.

[56] 张云. 四气门缸盖生产过程中蠕墨铸铁工艺的应用研究 [D]. 上海：上海交通大学，2011.

[57] 赵楠，徐敏. G26 柴油机气缸盖强度的有限元分析 [J]. 机电设备，2012，29 (2)：70 - 74.

[58] 朱小平，刘震涛，俞小莉. 热 - 机耦合条件下气缸盖强度及疲劳寿命分析 [J]. 机电工程，2011，28 (10)：1176 - 1179.

[59] 祖炳锋，徐玉梁，刘捷，等. 车用柴油机缸孔变形整体接触多场分步耦合模拟 [J]. 天津大学学报，2009，42 (11)：1011 - 1016.

彩 插

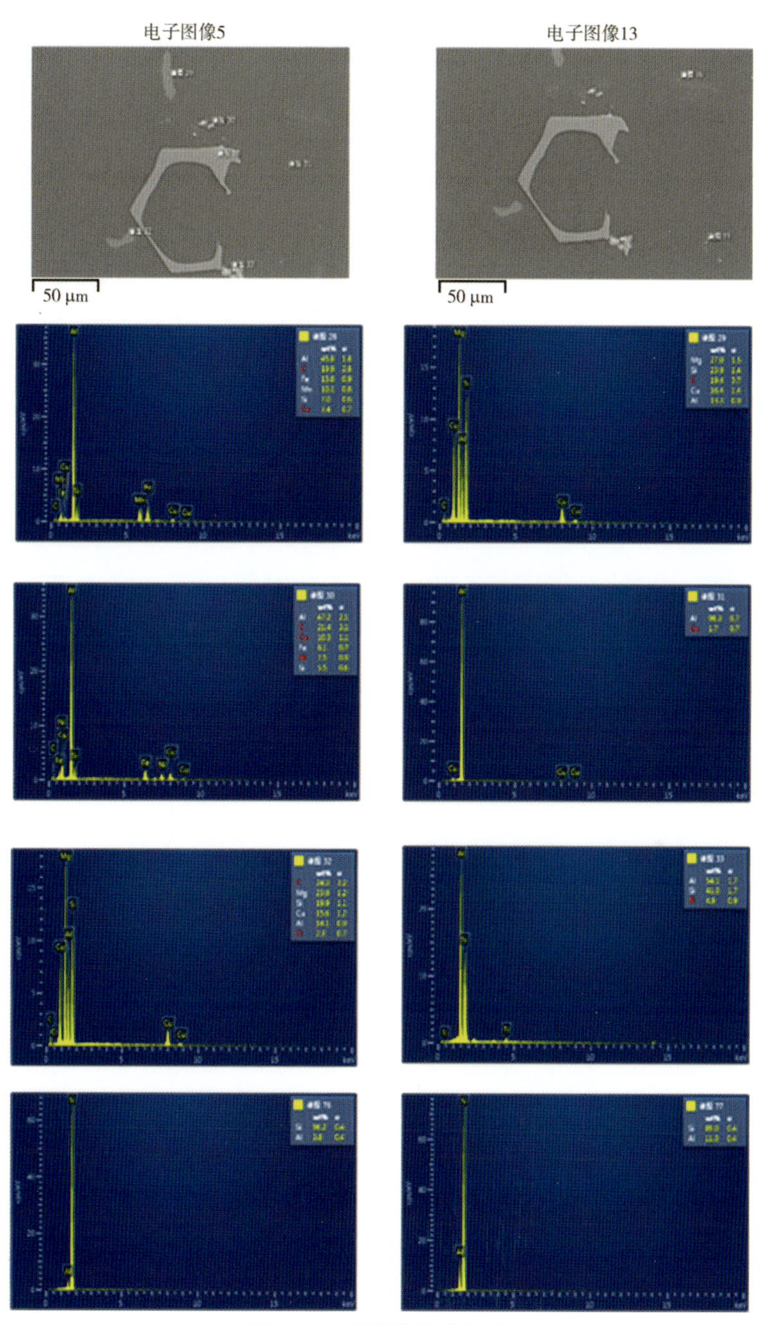

图 3-6　顶板能谱分析图

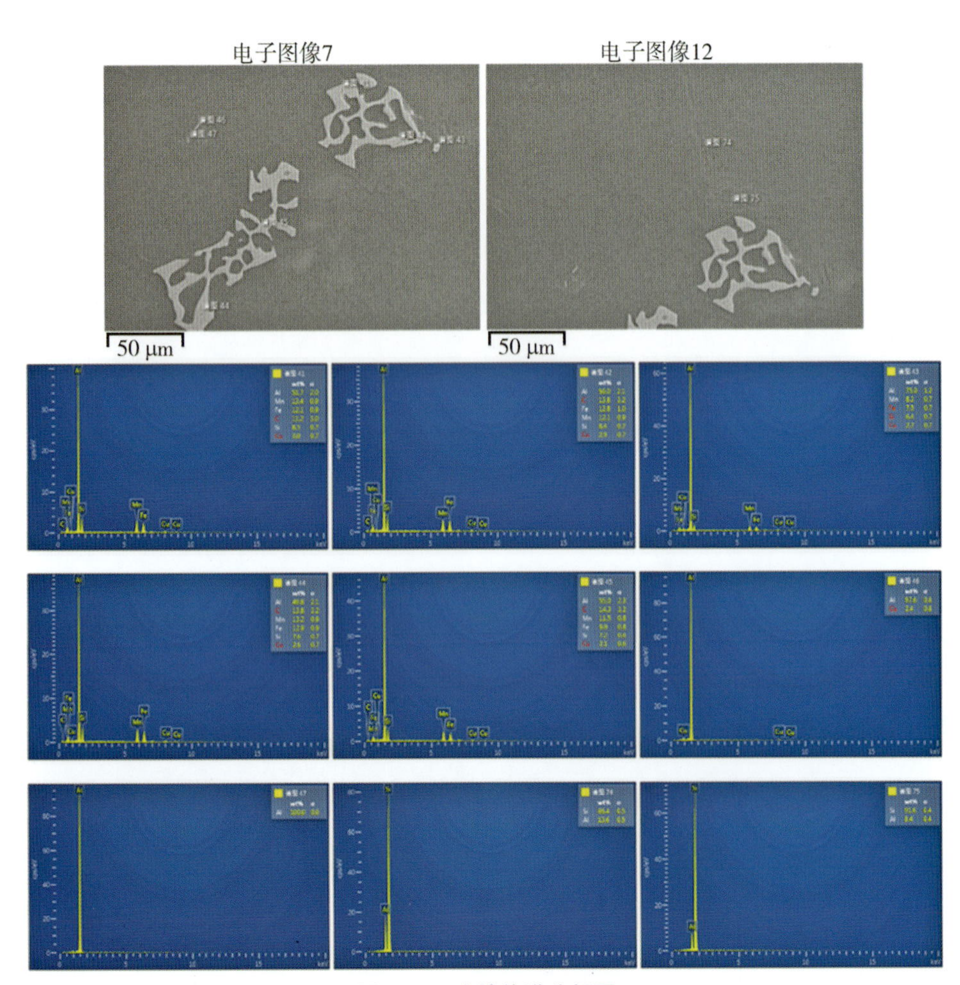

图 3-7　力墙能谱分析图

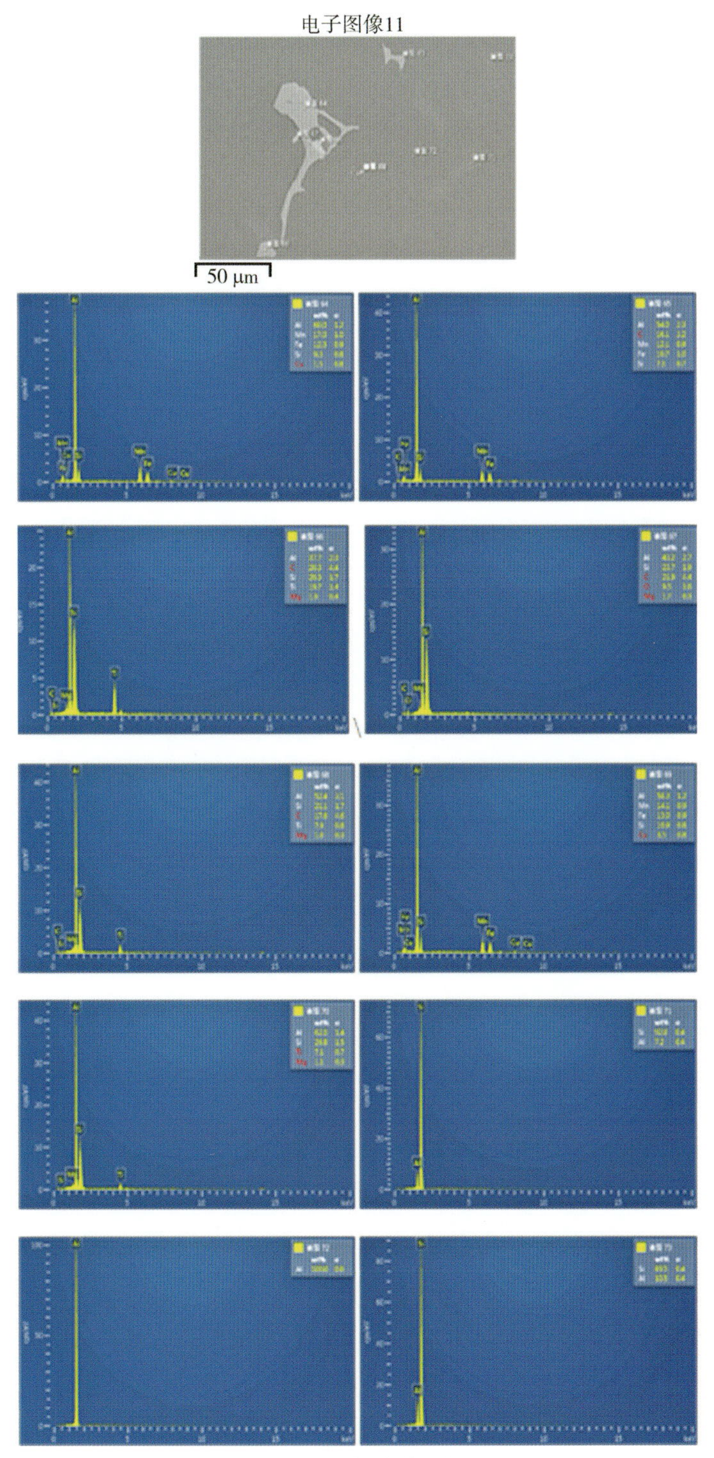

图 3－8　底板能谱分析图

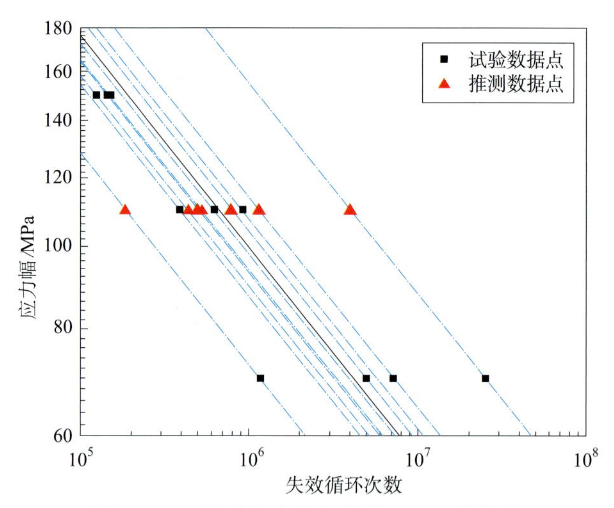

图 4-20　通过每个数据点的 *S*-*N* 曲线族

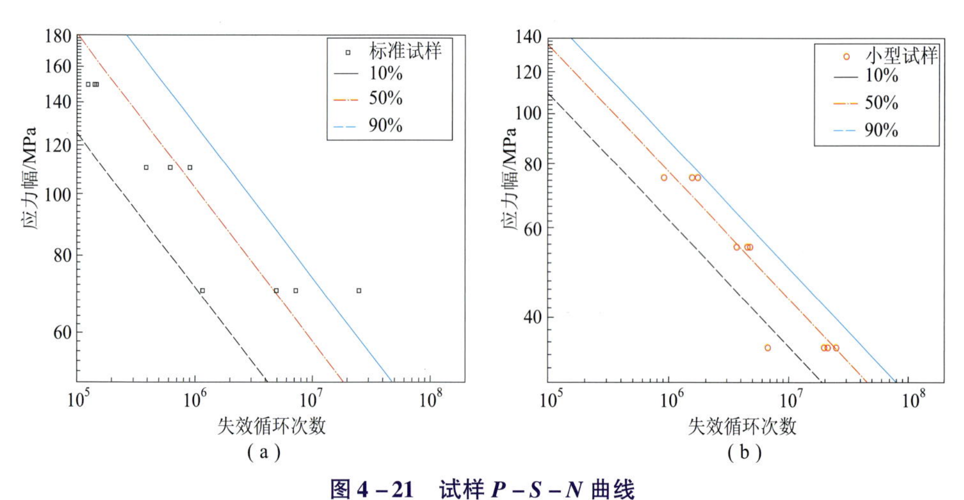

图 4-21　试样 *P*-*S*-*N* 曲线

(a) 标准试样 ***P*-*S*-*N*** 曲线；(b) 小型试样 ***P*-*S*-*N*** 曲线

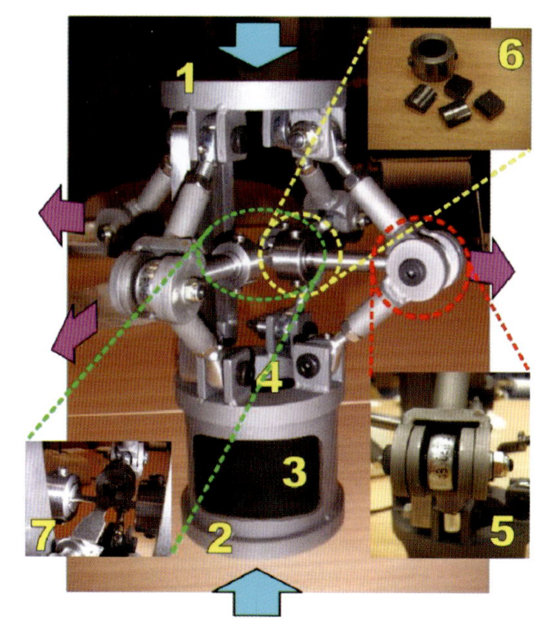

图 4－26　工装实物图

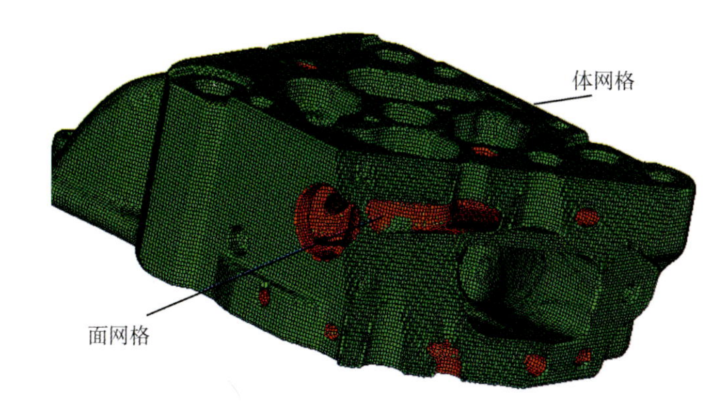

图 8－11　重新排序的缸盖体网格和水腔表面网格

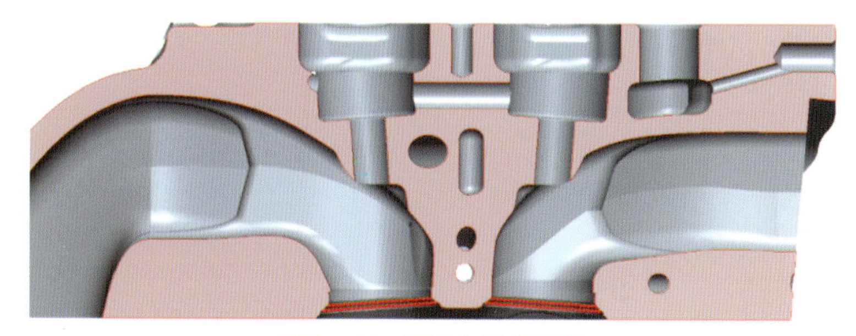

图 8－16　气门作用力等效